Revit建筑建模

主　编　张　彬　刘丽妍　刘　静
副主编　孔　锐　霍　哲　沈　义　李　米　陈德明
主　审　徐宏伟

黑龙江大学出版社
HEILONGJIANG UNIVERSITY PRESS
哈尔滨

图书在版编目（CIP）数据

Revit 建筑建模 / 张彬，刘丽妍，刘静主编. -- 哈尔滨 : 黑龙江大学出版社，2024.3
ISBN 978-7-5686-1089-6

Ⅰ. ①R… Ⅱ. ①张… ②刘… ③刘… Ⅲ. ①建筑设计－计算机辅助设计－应用软件－教材 Ⅳ. ①TU201.4

中国国家版本馆 CIP 数据核字（2024）第 030774 号

Revit 建筑建模
Revit JIANZHU JIANMO
主　编　张　彬　刘丽妍　刘　静
副主编　孔　锐　霍　哲　沈　义　李　米　陈德明
主　审　徐宏伟

责任编辑　高　媛
出版发行　黑龙江大学出版社
地　　址　哈尔滨市南岗区学府三道街 36 号
印　　刷　华雅逸彩（北京）文化有限公司
开　　本　787 毫米 ×1092 毫米　1/16
印　　张　11.25
字　　数　242 千
版　　次　2024 年 3 月第 1 版
印　　次　2024 年 3 月第 1 次印刷
书　　号　ISBN 978-7-5686-1089-6
定　　价　48.00 元

前　言

建筑信息模型(building information model,BIM)技术是一种应用于工程设计、建造、管理的数据化工具,在我国发展速度很快,且受到相关政策支持。Revit 是我国建筑业建筑信息模型体系中使用最广泛的软件之一。本书结合 Revit 2020 软件,针对国内设计出图的标准,系统而详尽地帮助读者掌握 Revit 软件的各种操作技能,并运用 Revit 软件进行建筑信息模型的创建。本书主要是基于"教、学、做一体化,以任务为导向,以学生为中心"的设计理念,符合现代职业能力的迁移理念。以一个个典型的任务为导向,让学生借助 Revit 软件完成每一步任务。通过任务的完成,学生将掌握建筑模型、族、体量创建的流程、方法及技巧,最终能独立完成"1+X"建筑信息模型(BIM)职业技能等级考试——初级中的实操试题。本书内容丰富,实用性强,以图文并茂的方式由浅入深地讲解了软件的基本功能、操作技巧和操作流程。本书特点如下:

(1)采用项目化教学方式编写,围绕项目建立教学目标,进行任务分解,逻辑清晰,实践性强,帮助学生更快捷、有效地掌握 Revit 软件的操作。

(2)紧密结合"1+X"建筑信息模型(BIM)职业技能等级考试,可作为配套学习资源。2019 年,教育部推出职业教育改革"1+X"证书制度,建筑信息模型为"1+X"证书制度首批试点。本书在实际项目的常规操作外进行知识点延伸,并配以重难点说明,更有效地帮助读者围绕"1+X"证书制度内容进行知识点梳理。

(3)融入"课程思政",通过各任务的学习,使学生树立科技报国的使命担当,培养精益求精的工匠精神,增强对传统文化的自信与认同感,并具备良好的职业道德。

本书可作为各大院校工程管理、工程造价、土木工程等专业的教学用书,也可供工程技术人员参考学习。同时,对参加建筑信息模型相关的认证考试同样具有指导意义。

张彬、刘丽妍、刘静为本书主编,孔锐、霍哲、沈义、李米、陈德明为本书副主编,徐宏伟为本书主审。具体分工如下：张彬编写项目一的任务 1 及项目二、项目三，共计 8.8 万字；刘丽妍编写项目一的任务 2～6，共计 6.0 万字；刘静编写任务 7～14，共计 5.8 万字；孔锐编写任务 15～16，共计 0.8 万字；霍哲编写任务 17，共计 0.5 万字；沈义编写任务 18，共计 0.7 万字；李米编写任务 19，共计 0.7 万字；陈德明编写任务 20，共计 0.9 万字。

由于编者水平有限，书中难免有不足之处，恳请广大读者批评指正，以便及时修订与完善。

编者

2023 年 5 月

目　录

项目一　建筑模型创建与编辑

◆ 教学目标

学生通过本项目的学习，熟悉 Revit 软件的基本界面；掌握 Revit 软件基本图元命令的绘制使用方法；掌握 Revit 软件基本编辑命令的使用方法；了解 Revit 软件场地布置等知识，能根据需要快速、准确地绘制建筑模型。

任务 1　创建及编辑标高

◆ 任务介绍

标高表示建筑物各部分的高度，是建筑物某一部位相对于基准面（标高的零点）的竖向高度，是竖向定位的依据。

Revit 软件绘制模型时，首先需要确定的是建筑高度方向的信息，这些高度方向的信息需要用标高来反映，在模型的绘制过程中，将通过标高确定建筑构件的高度和空间位置。Revit 软件建模时首先需要创建项目的标高。标高的创建及编辑的方法作为项目开始阶段必备的图元要素，很多操作方法通用于轴网的创建及编辑。

本任务是训练软件熟练度的开始。通过本任务的学习，熟悉 Revit 软件建模界面，能根据图纸熟练创建及编辑项目的标高，能够完全掌握常用的命令并养成良好的作图习惯，对提高后续的建模效率十分关键。

◆ 任务布置

根据图 1-1-1 所示数据，绘制小别墅的标高。

图 1-1-1　小别墅标高

◆ 知识链接

一、创建标高

Revit 软件创建标高的方法有三种:绘制标高、复制标高和阵列标高。根据不同情况选择创建标高的方法,并在立面视图或剖面视图中创建标高。项目浏览器中展开“立面(建筑立面)”项,双击任意立面,即切换至相应立面视图,双击视图名称“北”进入北立面视图,样板文件自带标高 1、标高 2,如图 1-1-2 所示。

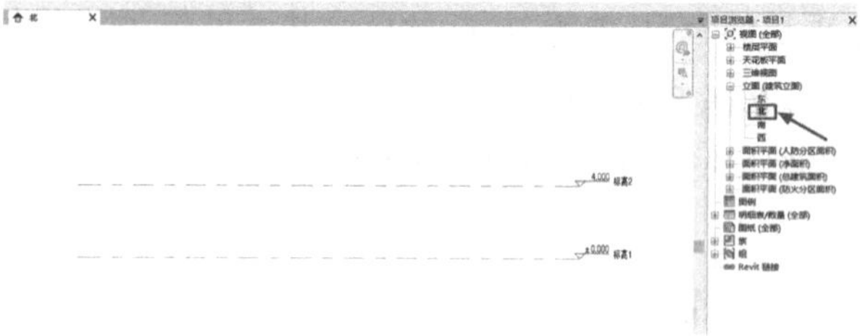

图 1-1-2　选择北立面视图

1. 绘制标高

单击“建筑”选项卡→“基准”面板→“标高”工具(如图 1-1-3 所示),进入绘制标高模式,默认绘制工具是“直线”的绘制方式,这时状态栏会显示“单击以输入标高起点”。将光标移动到“标高 2”左侧标头正上方,当出现对齐虚线时,单击鼠标左键,确定绘制标高的起点(如图 1-1-4 所示);从左向右移动光标到“标高 2”右侧标头上方,当出现对齐虚线时,再次单击鼠标左键,确定绘制标高终点,完成“标高 3”绘制(如图 1-1-5 所示)。

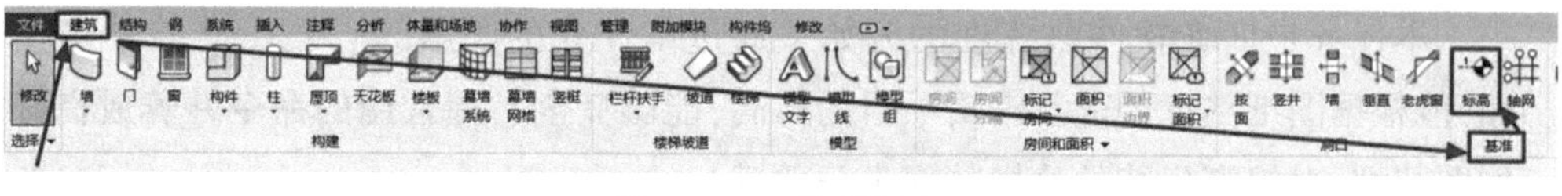

图 1-1-3　绘制标高

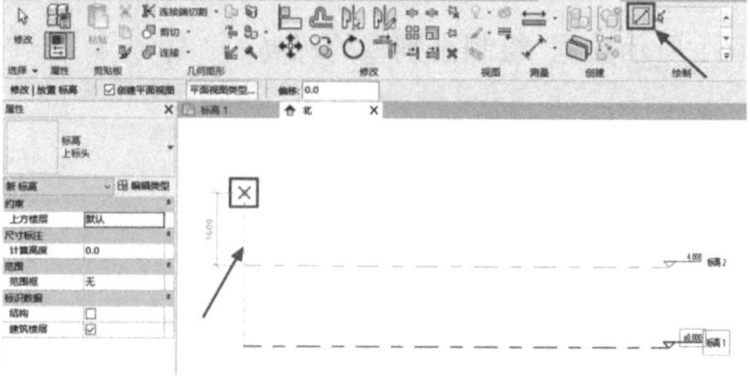

图 1-1-4　捕捉标高起点

2. 复制标高

利用工具栏“复制”工具，创建标高 3。

单击图 1-1-2 视图中“标高 2”，进入“修改|标高”选项卡，单击“修改”面板→“复制”工具，选项栏勾选“约束”和“多个”（图 1-1-6），此时，状态栏显示“单击可输入移动起点”，移动光标在标高 2 上，单击一点作为复制参考点，垂直向上移动光标，输入间距值（按项目所需输入，单位为毫米），“Enter”键确认后复制出“标高 3”，“Esc”键退出复制命令，如图 1-1-7 所示。

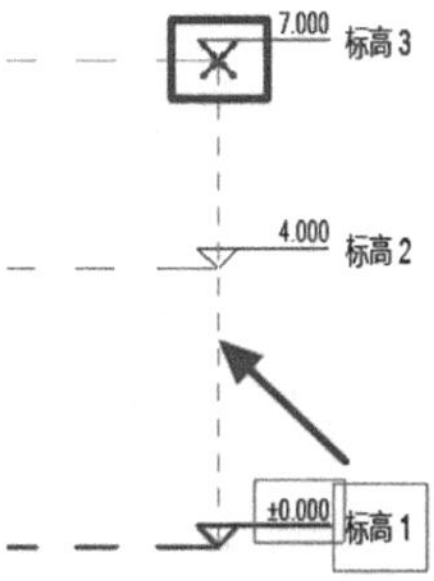

图 1-1-5　捕捉标高终点

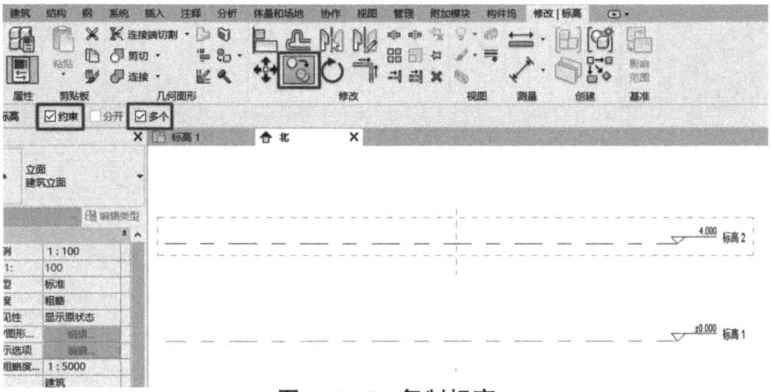

图 1-1-6　复制标高

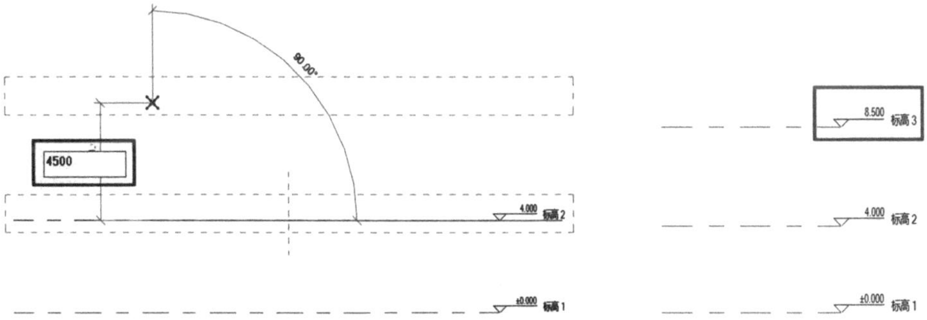

图 1-1-7　复制出标高 3

3. 阵列标高

利用工具栏“阵列”工具，创建标高 3。单击图 1-1-2 视图里的“标高 2”，进入“修改|标高”选项卡，单击“修改”面板→“阵列”工具，选项栏选择“线性”阵列，“成组并关联”不勾选，“项目数”按需要输入，单击“第二个”，勾选“约束”，如图 1-1-8 所示，移动光标在标高 2 上单击一点作为阵列参考点，然后垂直向上移动光标，输入间距值（按项目所需输入，单位为毫米），“Enter”键确认，用阵列工具创建“标高 3”，如图 1-1-9 所示。

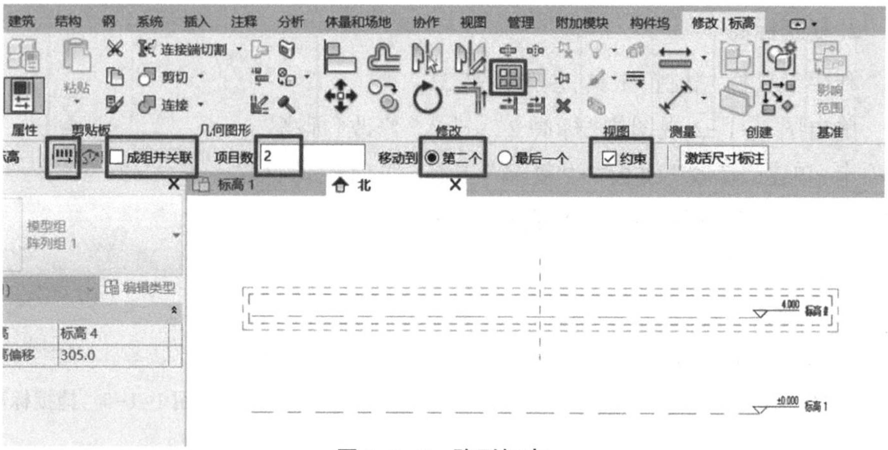

图 1-1-8 阵列标高

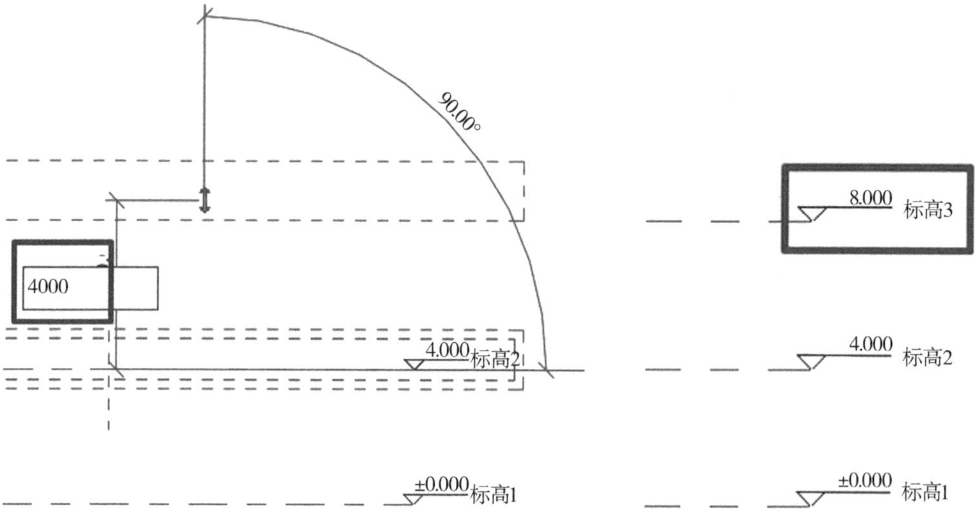

图 1-1-9 阵列出标高 3

【重点提示】

(1)当楼层标高数量较多或相邻标高间距一样时,可以采取复制、阵列等方式快速创建标高。

(2)标高不允许出现重复的名称,标高的名称有继承性,如前一条标高线名称为 F1,再创建标高的名称自动为 F2,以此类推。

(3)绘制标高标头为蓝色,复制、阵列标高的标头为黑色。绘制标高会同时生成相应平面视图,而复制和阵列标高则不会生成平面视图。平面视图需单独设置才能生成,单击“视图”选项卡→“创建”面板→“平面视图”→“楼层里面”→打开“新建楼层平面”对话框,选中“标高 3”,然后单击“确定”。具体操作如图 1-1-10 所示。

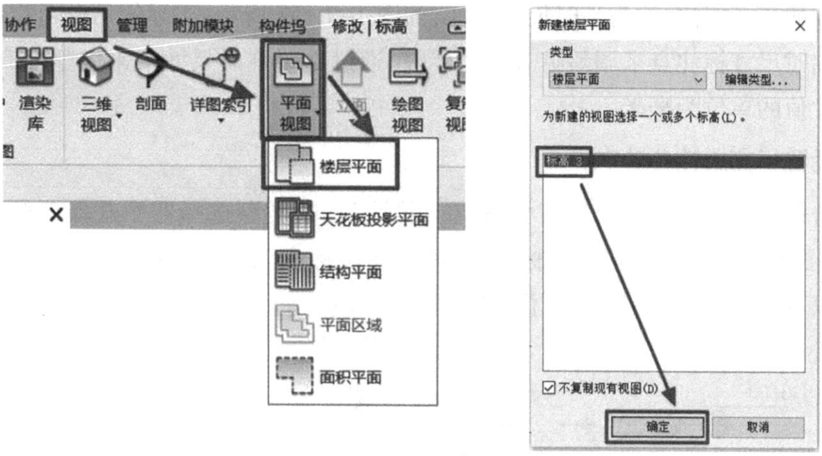

图 1-1-10　调出复制、阵列标高的相应平面视图

二、编辑标高

1. 更改标高名称

双击标高名称“标高 1”，输入“F1”，按 Enter 键，在弹出的对话框中，如图 1-1-11(a)所示，选择“是(Y)”，同时更改相应平面视图的名称，即项目浏览器里楼层平面的“标高 1”会相应调整为“F1”，如图 1-1-11(b)所示。

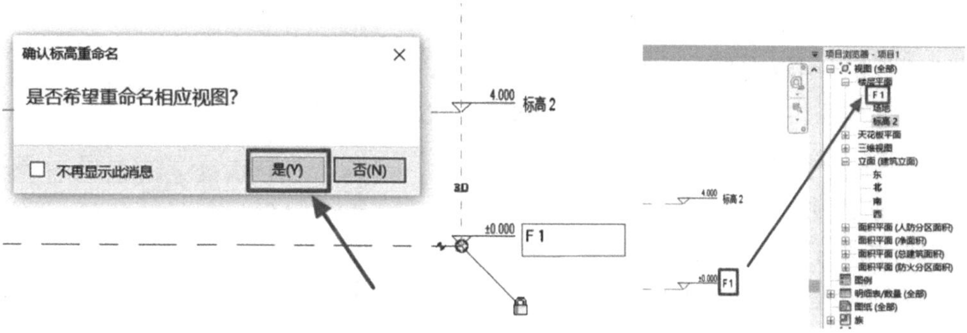

(a)　　(b)

图 1-1-11　标高重命名

2. 调整标高间距

方法一：标高值调整。

双击要调整标高标头的标高值，激活文本框，输入新的数值，按 Enter 键确认，标高值的单位是米。通过修改标高的标高值来调整标高间距，如图 1-1-12 所示。

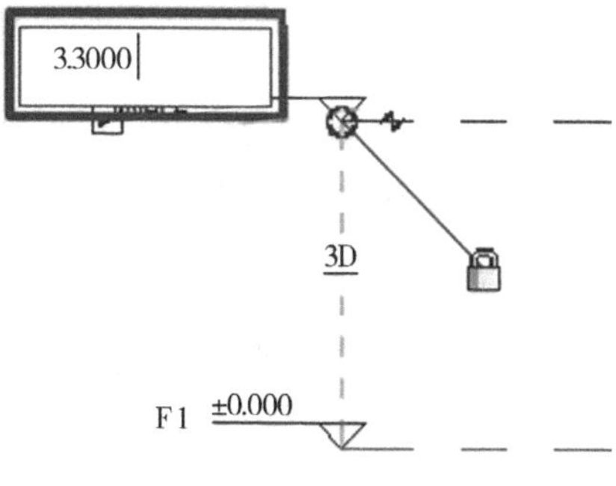

图 1-1-12　更改标高值

方法二：临时尺寸值调整。

单击标高名称“F2”时会显示与相邻图元

之间距离的蓝色标注，称为临时尺寸标注，如图 1-1-13 所示，实际使用时可以根据需要拖动临时尺寸标注点来调整临时尺寸界限，通过更改临时尺寸值来调整标高间距，临时尺寸值的单位为毫米。

3. 设置标高属性参数

单击任一标高进入选择标高状态，在“属性”面板类型选择器中选择该标高标头类型，如图 1-1-14 所示，通常零标高选择“正负零标高”，零标高以上选择“上标头”，零标高以下选择“下标头”，但为了避免标高线影响，也会选择“下标头”。

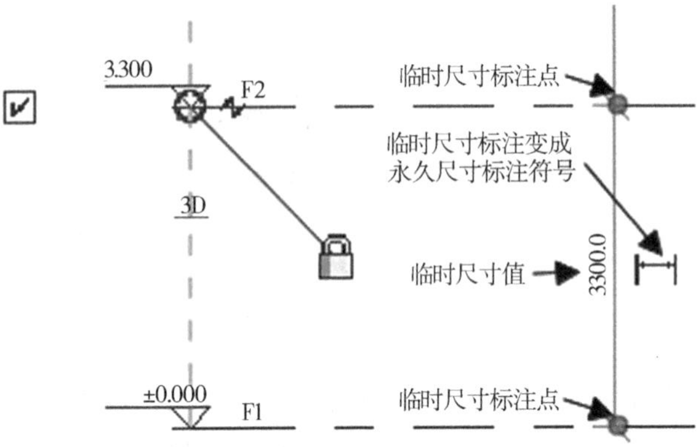

图 1-1-13　更改临时尺寸值

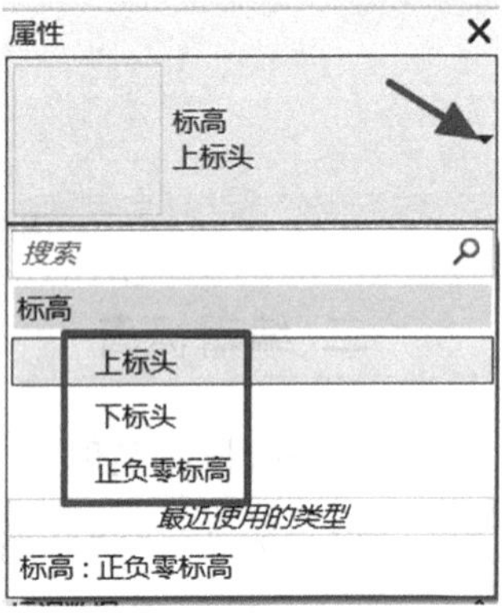

图 1-1-14　标高标头类型选择

单击任一标高进入选择标高状态，单击“属性”面板中“编辑类型”工具，弹出“类型属性”对话框，如图 1-1-15 所示，在该对话框中可以统一编辑该类型标高参数信息。

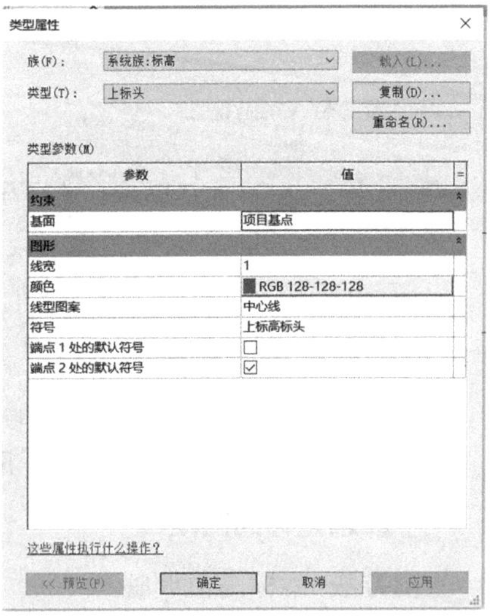

图 1-1-15　“类型属性”对话框

基面：“项目基点”表示在某一标高上显示的高程是基于项目原点的；“测量点”表示显示的高程是基于固定测量点的。

线宽：设置标高类型的线宽、粗细程度，可以使用“线宽”工具来修改线宽编号的定义。

颜色：设置标高线条的颜色，目的是在创建的过程中能更好地区分和发现标高。可以从 Revit 定义的颜色列表中选择颜色或自定义。

线型图案：设置标高线的图案，可以选择已有的，也可以自定义。

符号：确定标高线的标头是否显示编号中的标高号。

端点 1 处的默认符号：默认情况下，在标高线的左端点放置标号。

端点 2 处的默认符号：默认情况下，在标高线的右端点放置编号。

4. **是否显示标高编号**

可在标高属性里批量设置，也可选择某标高时单独设置，选择标高后，标高编号旁边将显示复选框；取消选中，该复选框隐藏编号；再次选中，它显示编号，如图 1-1-16 所示。

5. **标高线长短设置**

选择任一标高后显示的蓝色虚线具有对齐作用，在锁定状态下拖动蓝色圆点，所有标高都能同时进行联动拉伸，单击"锁"标志能将选中的标高解锁，此时拖动蓝色圆点，则仅对所选择标高进行拉伸，如图 1-1-16 所示。

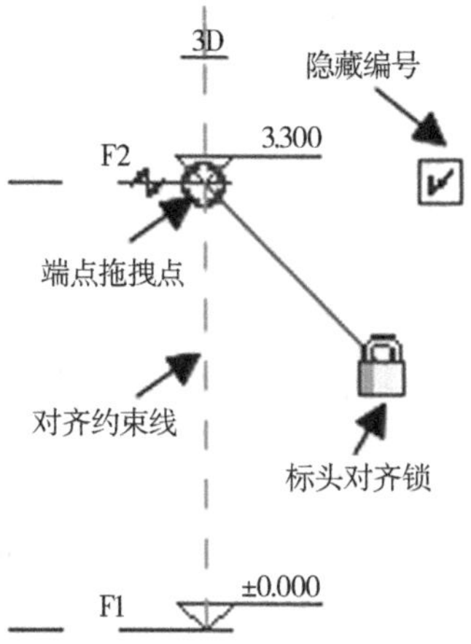

图 1-1-16　标高的标头

6. **添加弯头**

当两条标高线距离较近时，为了能清晰显示标高编号信息，需通过"添加弯头"来区分：单击添加弯头符号，拖拽至合适位置即可，如图 1-1-17 所示。

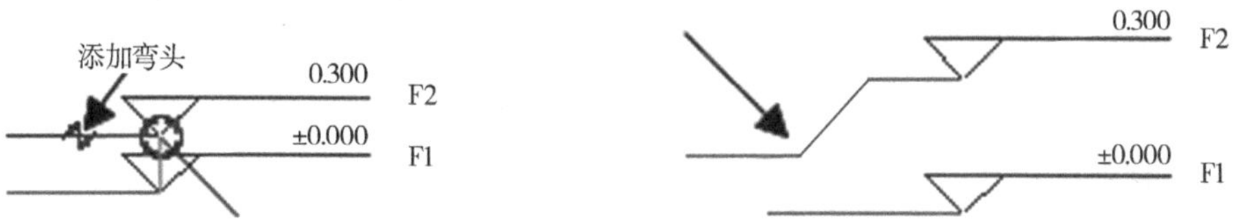

图 1-1-17　添加弯头

◆ 任务实施

标高的创建往往在项目创建的初期进行，创建标高时可以依据个人习惯使用复制、绘制、阵列、拾取等方法。效果如图 1-1-1 所示，具体操作观看二维码视频。

绘制步骤如下：

1. 新建项目。
2. 创建标高"F1"和"F2"。
3. 复制标高。
4. 编辑标高。

◆ 知识拓展

为了快速建模，Revit 界面各部分的名字及位置需熟练掌握。在 Revit 界面中，将各功能按任务标注在不同的选项卡和面板中，如图 1-1-18 所示。

鼠标单击选项卡的名称，可以在各选项卡中进行切换，每个选项卡包括一个或多

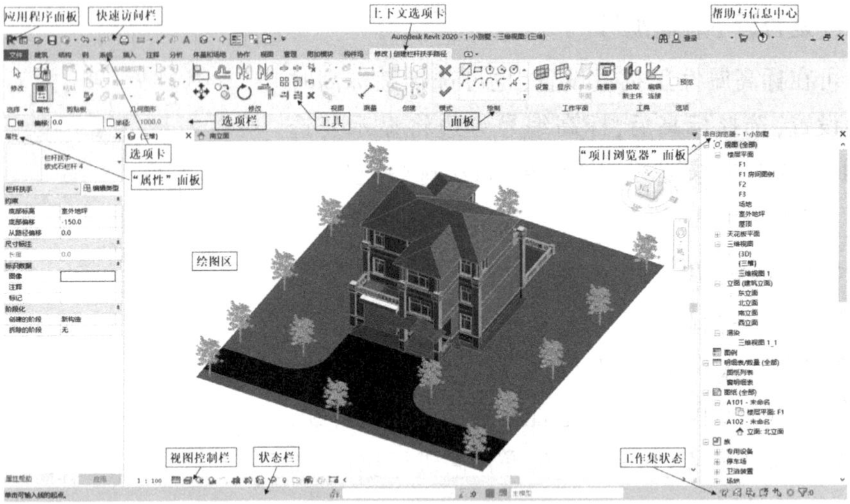

图 1-1-18　Revit 软件界面

个由各种工具组成的面板，每个面板下方显示该面板的名称，单击面板上的工具，可以激活该工具。

移动光标至面板的工具图标上稍作停留，Revit 软件会弹出当前工具的名称及文字操作说明，对于复杂的工具，还将以动画的形式进行演示。

选择对象时，Revit 将自动切换至相关的“修改”上下文选项卡。该选项卡显示进行编辑、修改的工具。

Revit 软件提供了非常完善的帮助文件系统，方便用户在使用困难时进行查阅。

项目浏览器用于组织和管理当前项目中包含的所有信息，包括项目中所有视图、明细表、图纸、族、组、链接等项目资源，按逻辑层次关系组织这些项目资源，方便用户管理。

展开和折叠各分支，将显示下一层级的内容。使用项目浏览器，双击对应的视图名称，可以方便在项目的各视图中进行切换。

属性、项目浏览器面板关闭后，如需重新显示，可通过“视图”选项卡→“窗口”面板→“用户界面”工具进行切换，如图 1-1-19 所示。

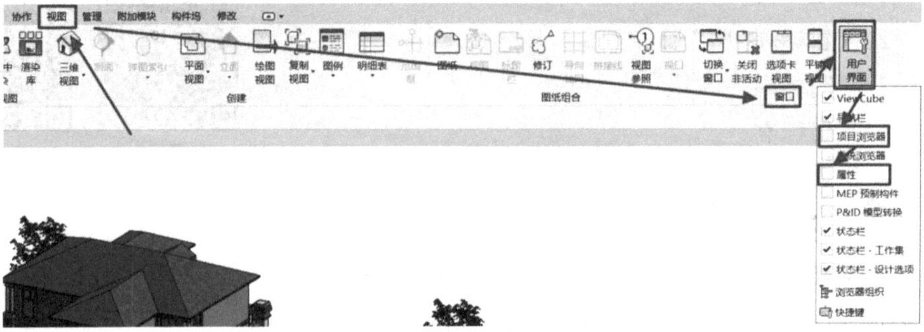

图 1-1-19　调出“属性”“项目浏览器”面板

任务2　创建及编辑轴网

◆ 任务介绍

轴网由横向轴线和纵向轴线组成,是确定建筑物主要构件相对尺寸的基准线。

轴网的主要作用是构件定位,不属于模型。Revit 软件通过轴网确定了多个垂直的有限工作平面,与标高确定的水平工作平面形成“三维”空间,共同定位构件的具体位置。在应用 Revit 软件绘制模型时,标高创建完成后,可将视图切换至任意平面(例:楼层平面视图中 F1 视图)进行轴网的创建及编辑。

学生通过本任务的学习,能根据图纸熟练创建及编辑项目的轴网。理解 Revit 软件的操作思路及技巧,为后续高效准确地完成建筑建模做准备。

◆ 任务布置

根据图 1-2-1 所示数据,绘制小别墅的轴网。

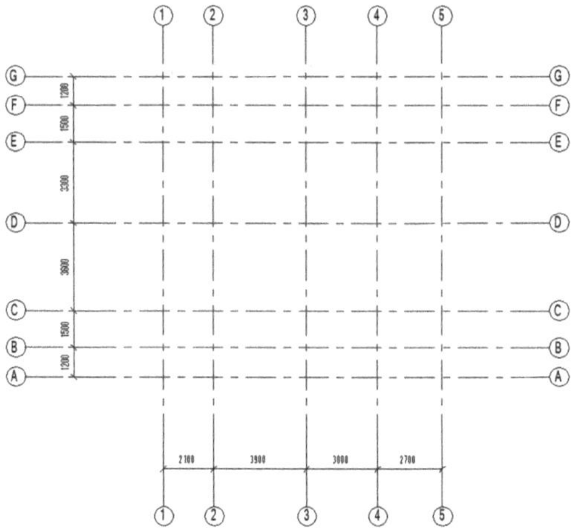

图 1-2-1　小别墅轴网

◆ 知识链接

一、创建轴网

创建轴网的方法与创建标高的方法类似,共有三种:绘制轴网、复制轴网和阵列轴网。在创建轴网时,可以根据项目的具体情况选择创建轴网的方法,应在平面视图中创建轴网。在项目浏览器中展开“楼层平面”,双击任意平面,切换至相应平面视图,如:双击视图名称“F1”进入一层平面视图。此时项目浏览器中“F1”平面视图名称加粗显示,如图 1-2-2 所示。

图 1-2-2　进入平面视图 F1

1. 绘制轴网

单击“建筑”选项卡→“基准”面板→“轴网”工具(如图 1-2-3 所示),进入绘制轴网模式,默认绘制工具是“直线”的绘制模式,状态栏显示“单击可输入轴网起点”,“属性”面板默认类型为“轴网 6.5 mm 编号间隙”,将光标移动到视图范围左下方捕捉一点,单击鼠标左键,确定绘制轴网的起点,如图 1-2-4 所示;向上移动光标到视图范围左上方,当出现垂直捕捉虚线及“临时尺寸:角度”为“90.00°”时,再次单击鼠标左键,绘制轴网终点,“Enter”键确认后轴网绘制完成,编号为“①”,如图 1-2-5 所示。

图 1-2-3　绘制轴网

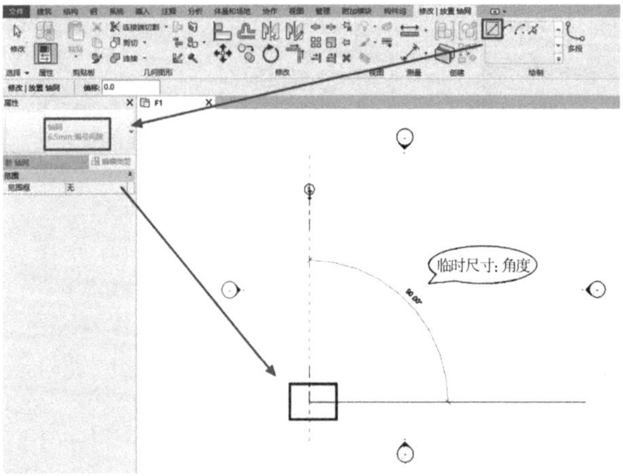

图 1-2-4　捕捉轴网起点

图 1-2-5　捕捉轴网终点

2. 复制和阵列轴网

复制和阵列轴网的方法与复制标高和阵列标高的方法相同,此处不做过多讲解。

【重点提示】

(1)Revit 软件平面视图绘图区域中默认显示东、南、西、北四个方向的立面视图图标,在绘制轴网和建筑模型时,需将轴网和建筑模型绘制在立面图标范围之内。图标位置可以通过移动工具进行调整,如图 1-2-6 所示。

(2)Revit 建模中结束绘制模式的方法有三种:连续按两下“Esc”键结束绘制模式(图元绘制完成后,按键盘“Esc”键 1 次,退出当前操作步骤,但仍停留在当前绘制模式;“Esc”键 2 次,退出当前绘制模式);“Enter”键确认后,“Esc”键退出绘制模式;鼠标右键选择“取消”结束绘制模式,如图 1-2-7 所示。

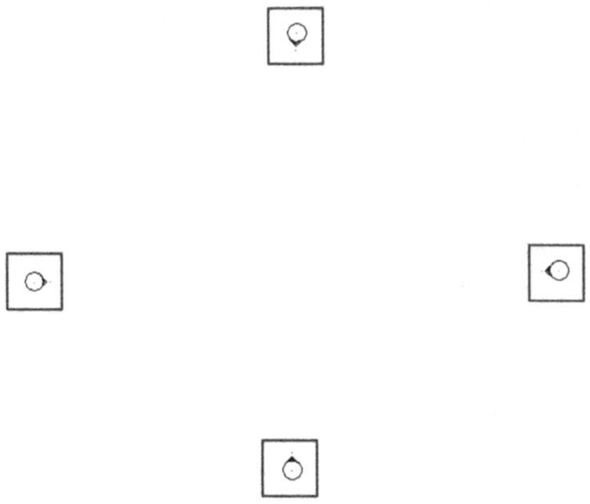

图 1-2-6　立面图标

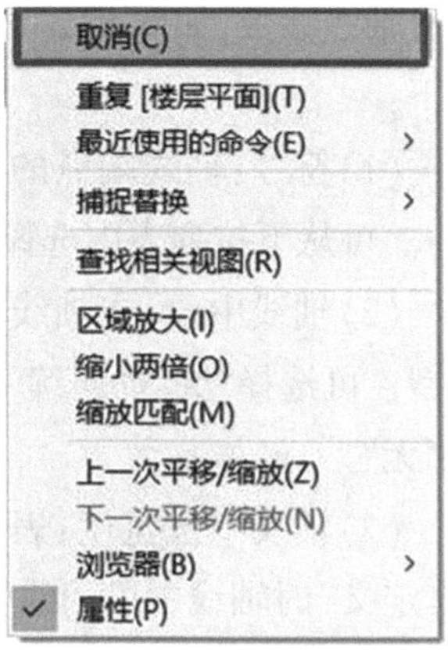

图 1-2-7　取消命令

二、编辑轴网

1. 设置轴网属性参数

单击任一轴网进入选择轴网状态,在“属性”面板类型选择器中选取该轴网对应的类型,软件自带三种轴网类型:“6.5 mm 编号”“6.5 mm 编号自定义间隙”“6.5 mm 编号间隙”,如图 1-2-8 所示,一般轴网类型默认选择“6.5 mm 编号间隙”。类型名称下显示该类型的实例参数,如图 1-2-9 所示,可设置轴线范围框和名称。需要注意:修改实例参数仅改变所选择轴线的参数,其他轴线相应参数不变。

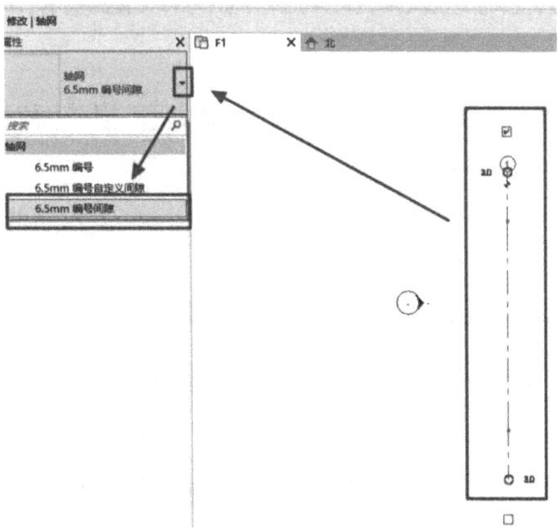

图 1-2-8　轴网类型选择器

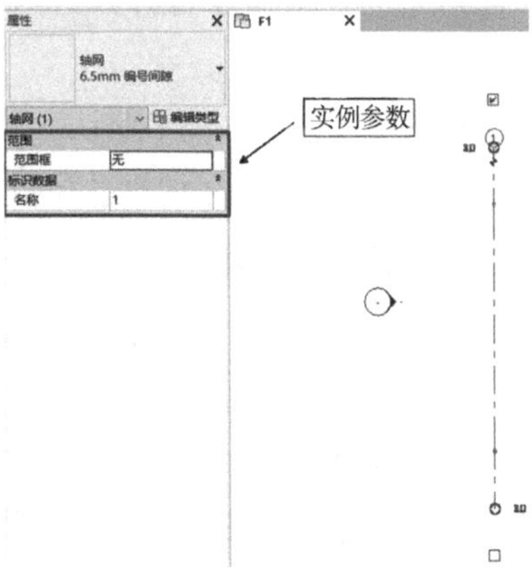

图 1-2-9　实例参数

单击任一轴网进入选择轴网状态，单击“属性”面板中的“编辑类型”工具，打开“类型属性”对话框可对该类型参数进行统一编辑，如图 1-2-10 所示。与实例参数不同，对类型参数的修改将改变与当前所选轴线同类型的所有轴线参数，如图 1-2-11 所示，各参数含义如下：

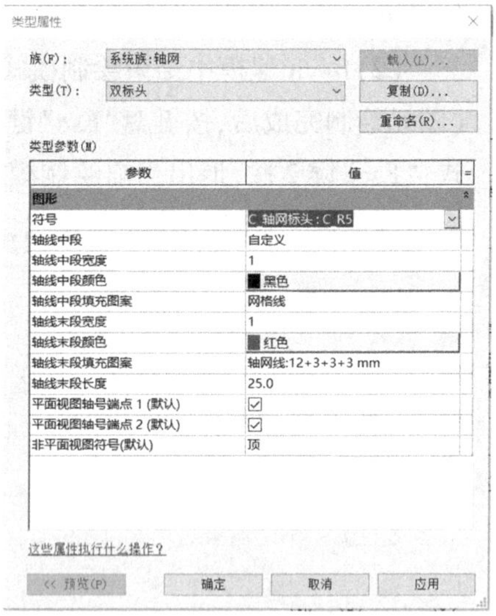

图 1-2-10　轴网“类型属性”对话框

（1）符号：轴线端点的符号（轴网标头/轴号）。可从下拉列表中选择不同的标头族。

（2）轴线中段：在轴线中显示轴线中段的类型。可选择“无”“连续”“自定义”，软件默认“无”。

（3）轴线中段宽度：表示轴线中段参数为“自定义”时轴线中段的线宽。

（4）轴线末段宽度：表示“轴线中段”参数为“连续”时的线宽；“轴线中段”为“无”或“自定义”时轴线末端的线宽。

（5）轴线末段填充图案：表示轴线的线样式。

（6）轴线末段长度：表示“轴线中段”参数为“无”或“自定义”时轴线末段的长度（图纸空间）。

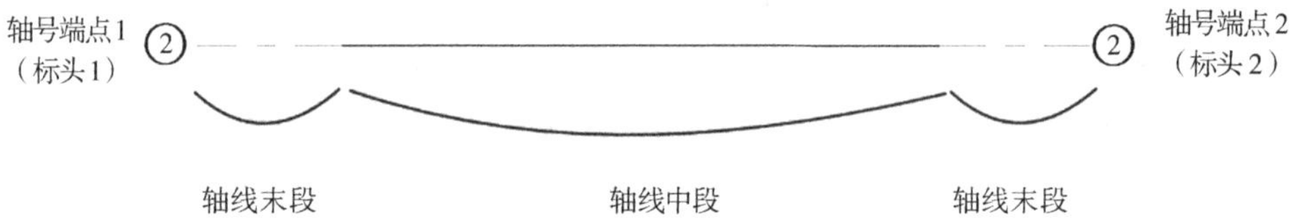

图 1-2-11　轴线类型参数示例

（7）平面视图轴号端点 1/2（默认）：通过勾选或取消勾选，显示或隐藏轴线起点/终点符号（轴网标头）。

（8）非平面视图符号（默认）：在非平面视图的项目视图（如立面视图和剖面视图）中，轴线上显示编号的默认位置：“顶”“底”“两者（顶和底）”“无”。

2. 轴网的影响范围

单击任一轴网进入选择轴网状态，绘图区域轴号旁显示“3D”标识符号，轴线端点显示空心圆圈，如图 1-2-12 所示，此时对此轴线所做的修改会影响到所有平面视图。移动光标至此处鼠标左键点击“3D”标识符号，此时标识符号变为“2D”，同时轴线端点显示实心圆点，如图 1-2-13 所示，此时对此轴线所做的修改只影响本平面视图，不影响其他平面视图。

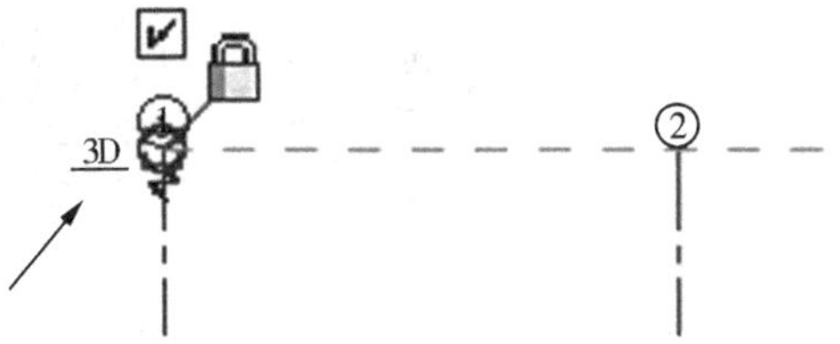

图 1-2-12　轴网“3D”符号

图 1-2-13　轴网“2D”符号

若将所选轴线的影响范围更改应用到其他平面，完成上述操作后，移动光标至“修改 | 轴网”上下文选项卡→“基准”面板→“影响范围”，弹出“影响基准范围”对话框，选择需要影响的平面视图，单击“确定”，完成影响范围的修改，如图 1-2-14 所示。

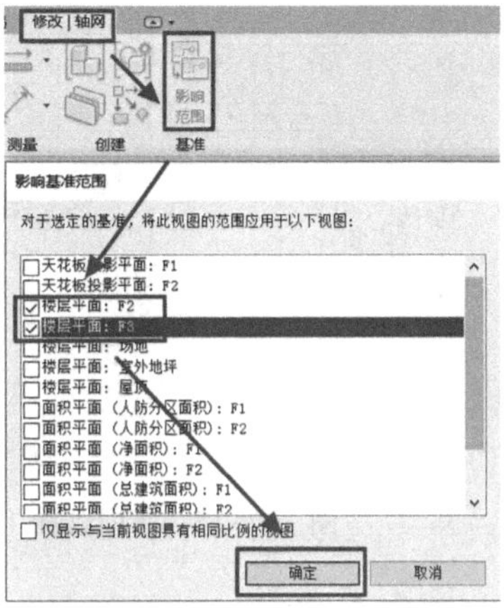

图 1-2-14　影响基准范围

3. **轴网锁定/解锁**

轴网绘制和编辑完成后，即可进行模型图元的绘制，为了防止在绘制其他图元时删除或移动轴网，应将轴网进行锁定。

打开任一平面视图，框选全部轴网，点击“修改 | 轴网”上下文选项卡→“修改”面板→“锁定”工具，完成轴网锁定，如图 1-2-15 所示。轴网被锁定后，可以选择轴网、修改轴号名称以及编辑轴号位置，但不能对轴网进行移动、删除等修改。

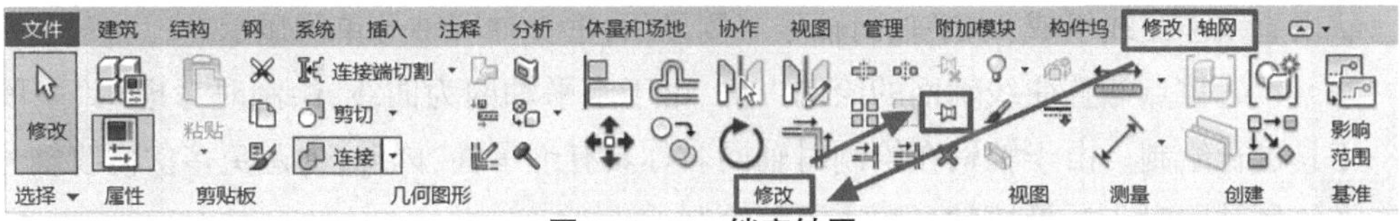

图 1-2-15　锁定轴网

解锁轴线时，选择需要解锁的轴线，点击“修改 | 轴网”上下文选项卡→“修改”面板→“解锁”工具，完成轴网解锁，如图 1-2-16 所示。

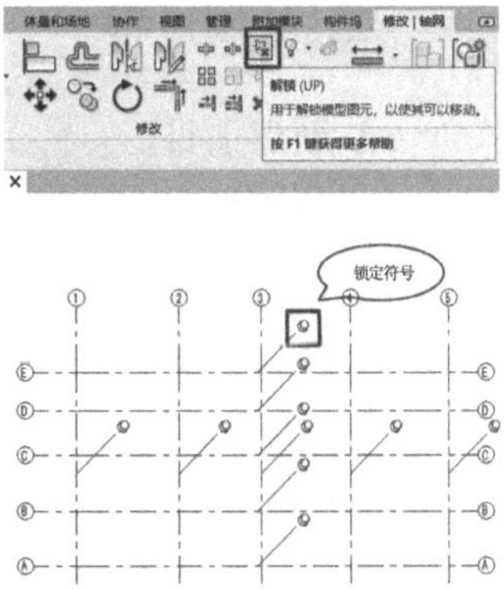

图 1-2-16　解锁轴网

4. **轴网其他内容的编辑方法**

更改轴网名称、调整轴网间距、显示轴网编号、设置轴网界限长度、添加弯头等的方法与标高编辑的方法相同，此处不做过多介绍。

◆ 任务实施

轴网的创建方法与标高类似，所不同的是轴网创建是在平面视图中完成的。需要注意的是，为保证后期建模时轴网的位置不变，创建完成后应对轴网进行锁定，效果如

图 1-2-1 所示,具体操作观看二维码视频。

◆ 知识拓展

“多线段”创建轴网(中国图学学会——“全国 BIM 技能等级考试”一级试题):根据给定数据创建标高与轴网,显示方式参考图 1-2-17 和图 1-2-18,请将模型以“标高轴网”为文件名保存到考生文件夹中。

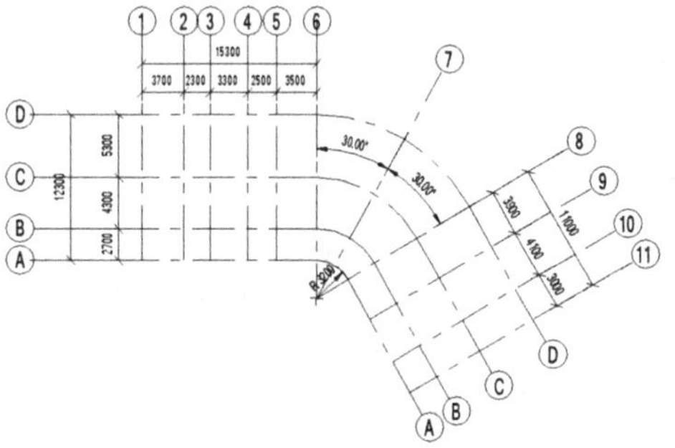

图 1-2-17　平面视图 1∶300

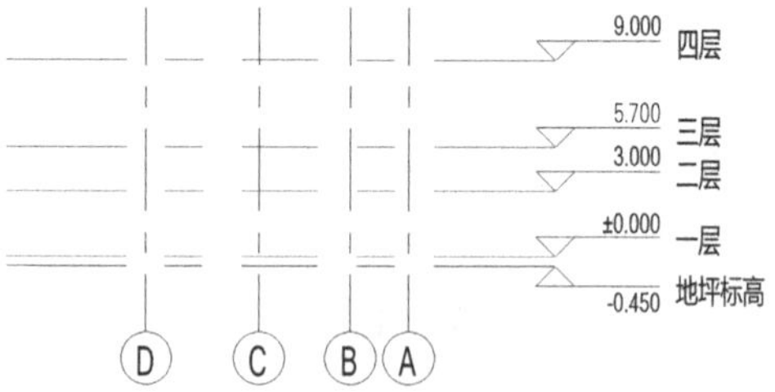

图 1-2-18　西立面视图 1∶300

一、题型分析

这是考试真题,主要考查标高、轴网的绘制方法。由西立面视图可知该项目“地坪标高”为“-0.450 m”,共四层,标高的轴号单侧显示。平面视图显示该项目轴网形状由直线和曲线组成,水平轴网轴号双侧显示,垂直轴网轴号单侧显示。

本题重点考查曲线轴网的绘制方法,由于水平轴网为曲线,绘制时考虑用“多段”工具进行绘制。由于轴网在绘制时轴网名称具有继承性,因此,为避免多次修改轴号,在绘制轴网时应尽量按轴号顺序进行绘制。

二、绘制过程

1. 新建项目。
2. 绘制标高。
3. 绘制轴网。

具体操作观看二维码视频。

【重点提示】

(1)本题中垂直方向数字轴网轴号单向显示,水平方向字母轴网轴号双向显示,绘制时应采用不同的轴网类型。

(2)多段线绘制轴线时,各线段之间一定要保证连续。

任务 3　墙体的绘制和编辑

◆ 任务介绍

墙体是建筑的主要构成构件，在 Revit 中，墙属于系统族，可以通过设置墙参数生成三维墙体模型。一般在标高、轴网创建完成后，创建建筑墙体。

学生通过本任务的学习，了解墙系统族、族类型，熟悉墙体创建的一般步骤，掌握基本墙创建的方法，学会对基本墙类型进行编辑。

◆ 任务布置

根据图 1-3-1 所示数据，绘制小别墅的一层、二层、三层墙体。

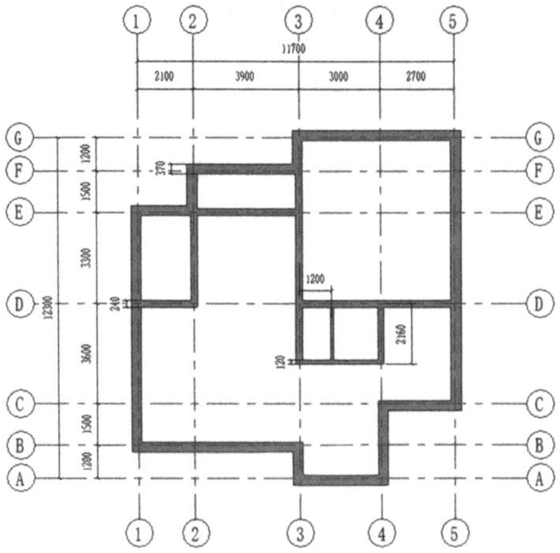

(a)一层墙体平面视图

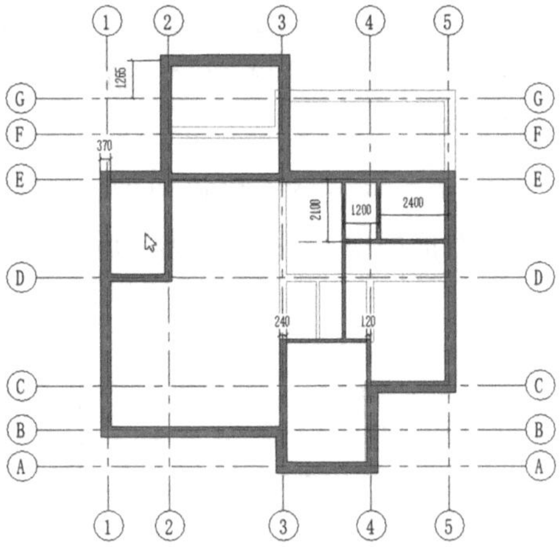

(b)二层墙体平面视图

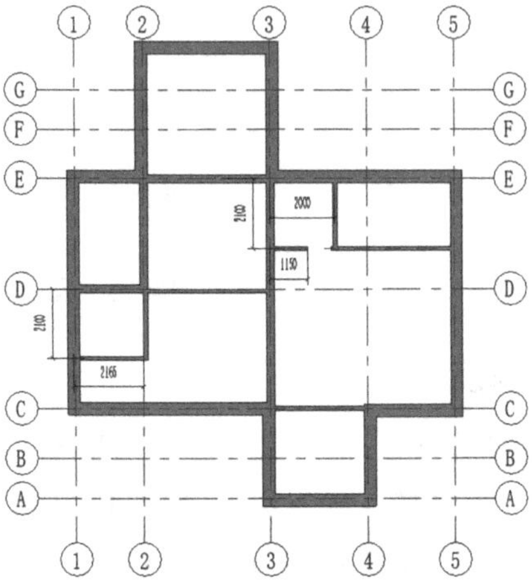

(c)三层墙体平面视图

图 1-3-1　墙体平面视图

◆ 知识链接

双击项目浏览器中“楼层平面”下任一平面视图(如 F1),单击“建筑”选项卡→“构件”面板→“墙”→“墙:建筑”工具,如图 1-3-2 所示。

一、编辑基本墙

1. 基本墙类型设置

在“属性”面板中,软件默认基本墙类型为“常规-200 mm”。点击“类型”选择器,选择与项目接近的类型,如“常规-200 mm”,点击“编辑类型”,进入“类型属性”对话框,点击“复制(D)...”,弹出“名称”对话框,输入新建墙类型名称,如“小别墅-外墙-370 mm”,单击“确定”,如图 1-3-3 所示,完成基本墙“名称”的设置。

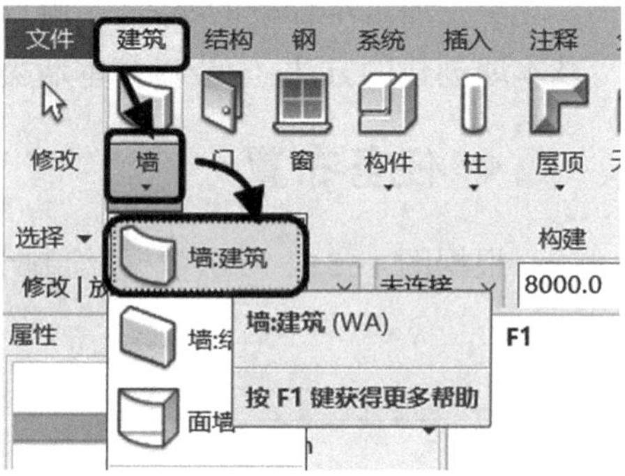

图 1-3-2　调出建筑墙工具

当类型名称需要修改时,可在“类型属性”对话框中点击“重命名(R)...”修改类型名称。

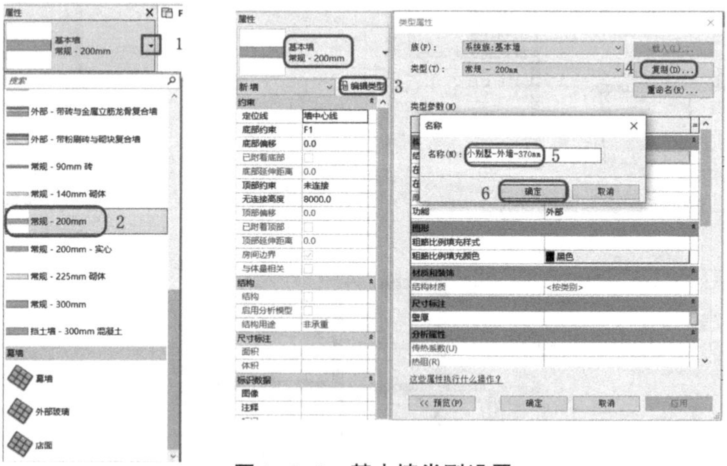

图 1-3-3　基本墙类型设置

2. 基本墙结构参数设置

选择新建的墙体类型名称,在“类型属性”对话框中:“功能”参数可以定义墙体的功能,有“外部”“内部”“基础墙”“挡土墙”“檐底板”“核心竖井”6 个功能可供选择(可根据项目的具体情况进行设置),如图 1-3-4 所示。

“功能”参数设置完后,单击“结构”参数的“编辑...”内容,弹出“编辑部件”对话框,如

图 1-3-5 所示。在该对话框中可以对墙体的功能、材质、厚度以及构造层次进行设置。

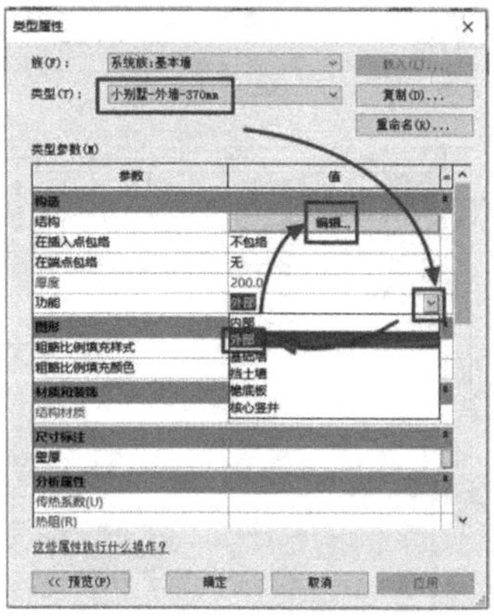

图 1-3-4　功能选择

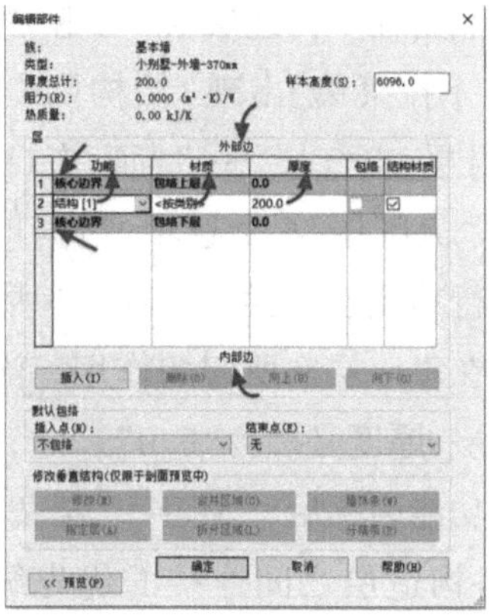

图 1-3-5　“编辑部件”对话框

通常,建筑项目分为建筑结构(如砖墙、混凝土墙、石墙等)和装饰(如水泥砂浆抹面、涂料、饰面砖、保温层、防水层等)两部分。装饰部分一般会依附建筑结构而存在。实际施工时先进行建筑结构施工,后进行装饰施工。Revit 软件在进行模型建立时用“核心边界”对墙体构造层次进行预设。

(1)构造层次

在“编辑部件”对话框中,墙体结构层默认有“外部边”和“内部边”,且分上下两个“核心边界”和一个“结构”三层。其中:上下两个“核心边界”功能、材质和厚度等内容灰显,不可进行编辑,厚度为“0.0”,表示不同材料之间的分隔界面,在绘制墙体时作为墙体的定位参考线,功能为“结构”的功能层必须位于“核心边界”之间。

移动光标至构造层次的序号处,点击鼠标左键,此时所选中的构造层次以黑色显示,例如外“核心边界”,点击“插入(I)”,即在外“核心边界”上建立一个新的构造层次,如图 1-3-6 所示。此时自动默认选择新建的构造层次,可以通过点击“向上(U)”“向下(O)”工具移动构造层次的位置,也可以通过“删除(D)”工具,将多余的构造层次删除。

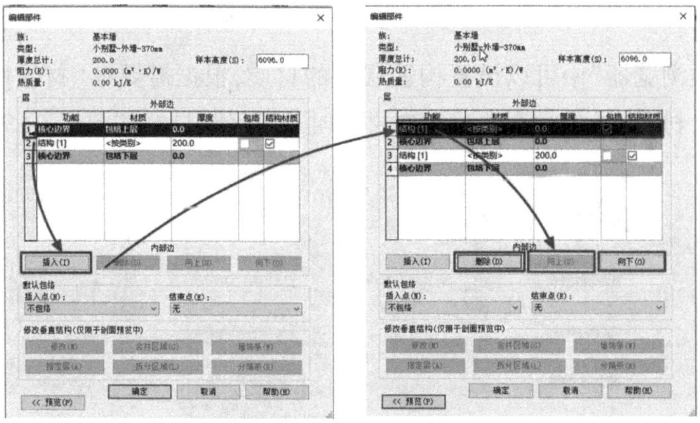

图 1-3-6　新建构造层次

(2)功能

点击任一构造层次“功能”列,单击“结构[1]”下拉菜单,出现“结构[1]”“衬底[2]”“保温层/空气层[3]”“面层 1[4]”“面层 2[5]”“涂膜层”6 个选项,根据项目的具体特征进行功能选择,如图 1-3-7 所示,定义墙体构造在每一层次所起的作用。涂膜层一般为防水层,厚度必须为“0.0”。

功能名称后“[数字]”含义:墙与墙连接时,各构造层之间连接的优先级别。数字越大,该层连接优先级越低。

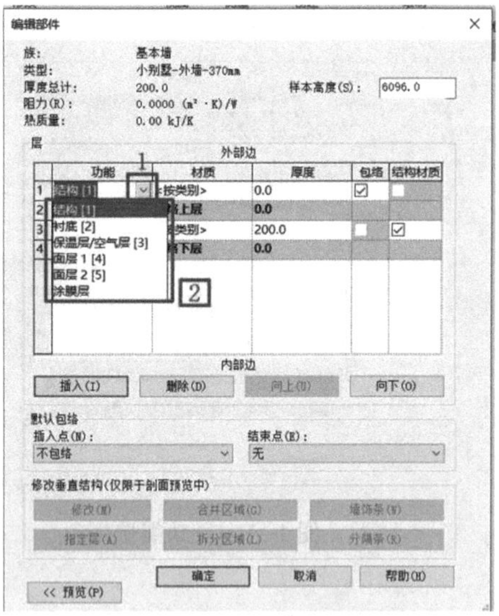

图 1-3-7 功能选择

(3)材质

点击任一构造层次“材质”列,单击“<按类别>”,鼠标左键点击“...”符号,弹出材质浏览器对话框,如图 1-3-8 所示。

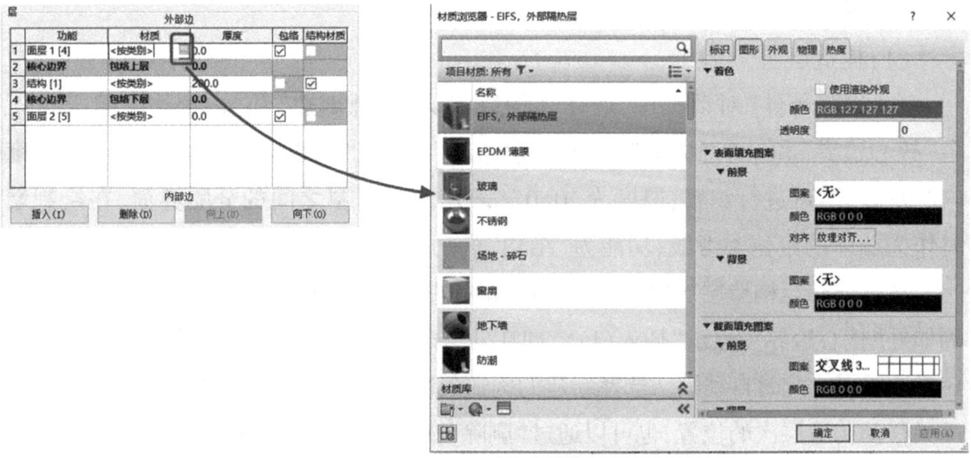

图 1-3-8 材质浏览器

在“材质浏览器”中可以设置构造层次的材质,根据需要在“材质库”中选择相应的材质。如“材质库”中没有项目中的材质时,可新建材质,如图 1-3-9 所示。

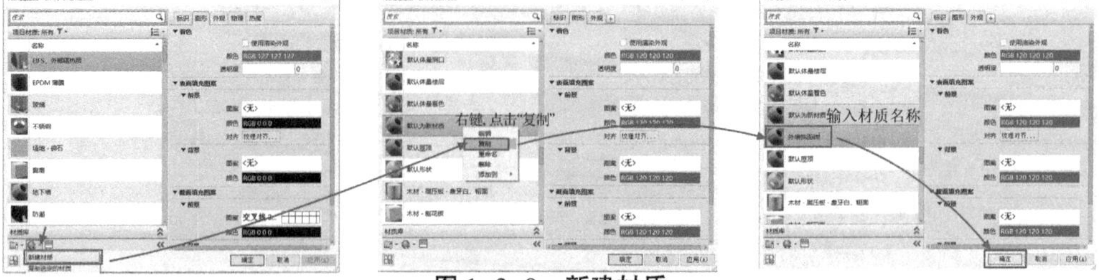

图 1-3-9 新建材质

鼠标单击“材质浏览器”左下角“创建并复制材质”工具下拉列表，单击“新建材质”，材质库中生成“默认为新材质”，鼠标右键，点击“复制”，输入新材质名称，如外墙饰面砖，点击“确定”，完成新材质的创建。

（4）厚度

点击任一构造层次“厚度”，单击数值，输入构造层厚度值，如“25. 0”，如图1-3-10所示，完成厚度的输入。

构造层次及参数设置完后，点击“确定”，退出编辑部件对话框，在“类型属性”对话框中“构造”→“厚度”为“250. 0”是灰显的，不能再做修改。这一厚度值为墙体不同构造层次的厚度之和，如图1-3-11所示。

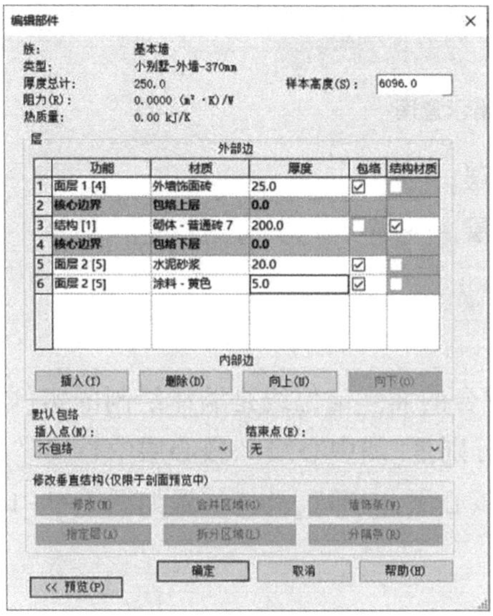

图1-3-10　厚度编辑

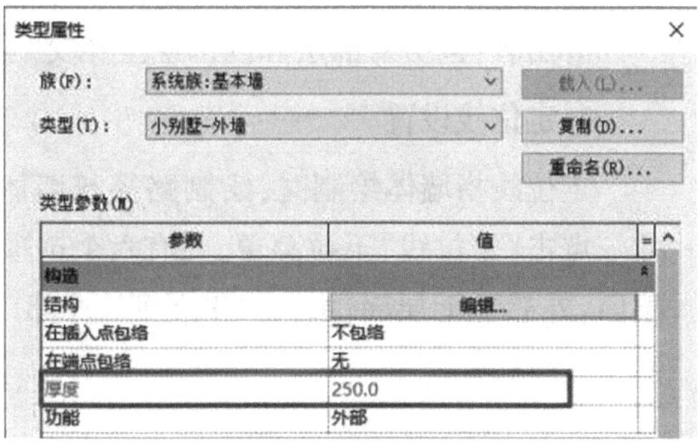

图1-3-11　墙体厚度显示

（5）包络设置

“编辑部件”对话框里“默认包络”可以设置两个参数：“插入点（N）”和“结束点（E）”。其中“插入点（N）”下拉菜单中有四个选项，分别是“不包络”“外部”“内部”“两者”；“结束点（E）”下拉菜单中有三个选项，分别是“无”“外部”“内部”，如图1-3-12所示。包络设置同样可以在墙体“类型属性”对话框中设置，数据相互关联。

插入点包络：墙层在门或窗处进行包络的方式。

结束点/端点包络：墙层在墙端点处进行包络的方式，如图1-3-13所示。

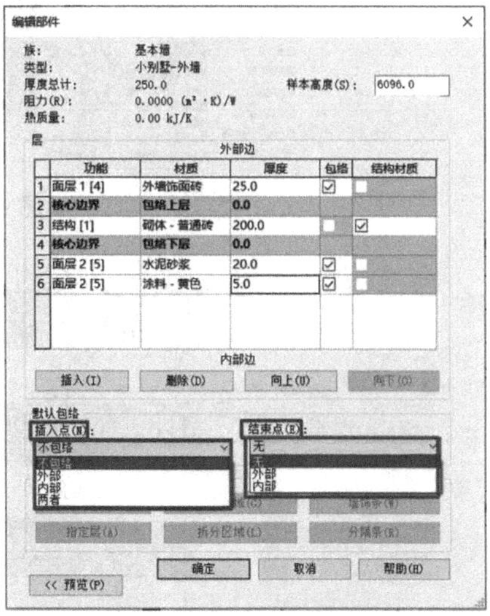

图1-3-12　包络设置

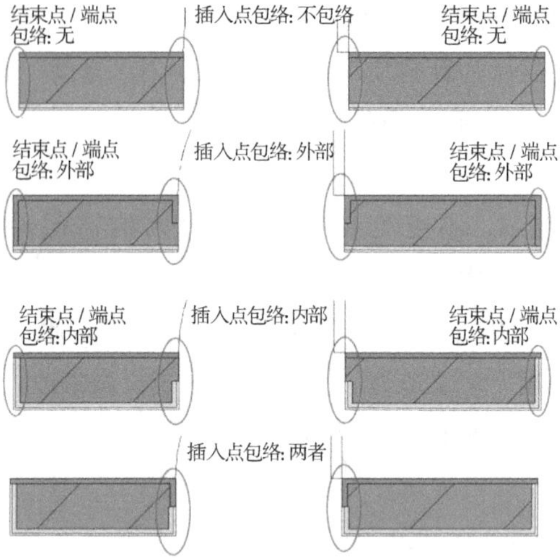

图 1-3-13　包络示意图

①外部:核心层的外部层包络至相交内部层。

②内部:核心层的内部层包络至相交外部层。

③两者:包络外部层和内部层至相交。

3. 定位线设置

定位线指墙体绘制时,绘制路径与墙体重合的面。定位线是墙体绘制的实例参数。点击“定位线”下拉菜单,共有六个选项,分别是“墙中心线”“核心层中心线”“面层面:外部”“面层面:内部”“核心面:外部”“核心面:内部”,具体位置如图 1-3-14、图 1-3-15 所示。

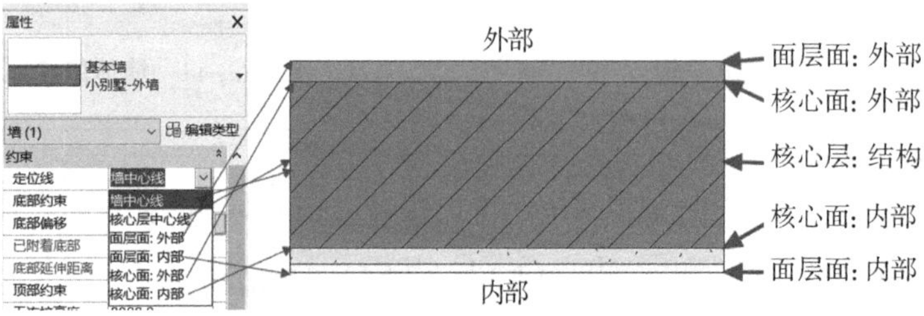

图 1-3-14　墙体的定位方式

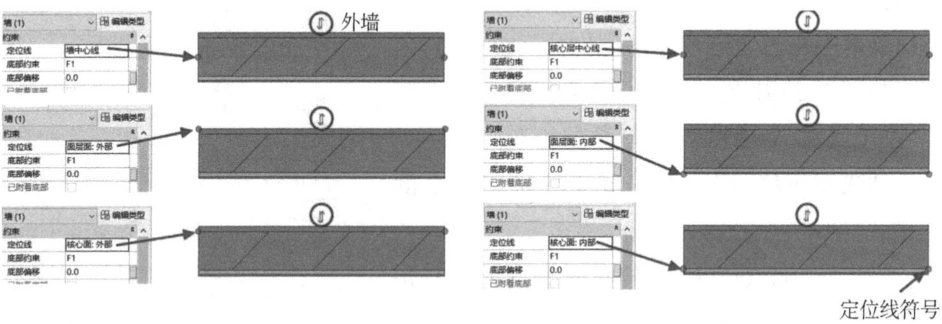

图 1-3-15　墙体的定位线

4. 底部/顶部约束设置

设置“属性”面板:“底部约束”“底部偏移”的值(可以是参照标高)确定墙体的底部高度,“顶部约束”“顶部偏移”的值确定墙体的顶部高度,如图 1-3-16 所示。

“底部偏移”指相对于“底部约束”的偏移值,同样,“顶部偏移”指相对于“顶部约束”的偏移值,如图 1-3-17 所示。该墙体的“底部约束”为“F1”,“底部偏移”为“-450. 0”,“顶部约束”为“直到标高:F2”,“顶部偏移”为“0. 0”。

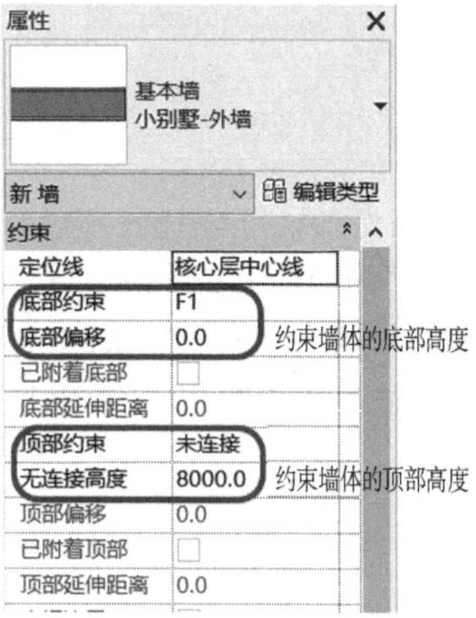

图 1-3-16　墙体高度设置

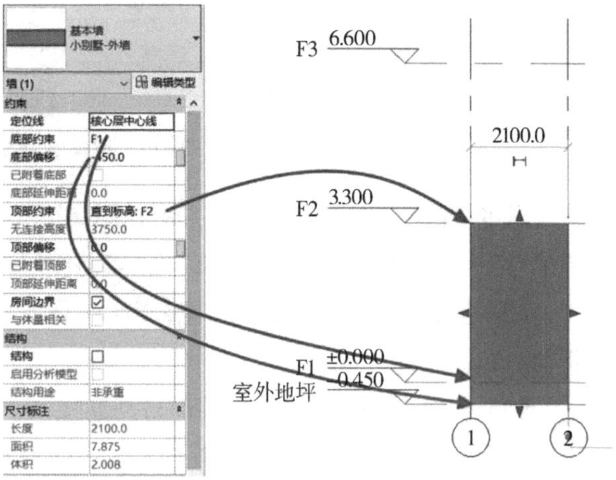

图 1-3-17　墙体高度参数设置

“顶部约束”除提供了标高层的约束面之外,还提供了无连接选择,直接在“无连接高度”内输入墙的高度,即可确定墙体相对于“底部约束”的高度,如图 1-3-18 所示。该墙体的“底部约束”为“F1”,“底部偏移”为“0. 0”,“顶部约束”为“未连接”,“无连接高度”为“3500. 0”。

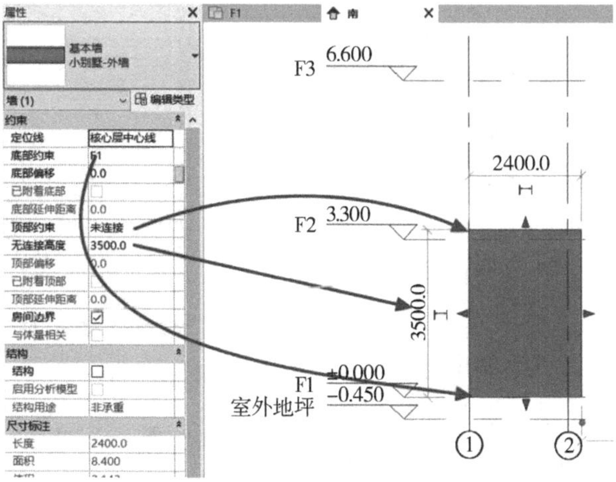

图 1-3-18　无连接高度设置

5. **墙体选项栏参数设置**

(1)高度/深度。

高度:与属性面板中“底部约束”和“顶部约束”具有相同的效果,且数据设置可以相互联动,如图 1-3-19 所示。在选项栏中仅能设置“顶部约束”和“未连接高度”,“底部约束”默认为当前楼层平面标高,“底部偏移”默认为“0.0”

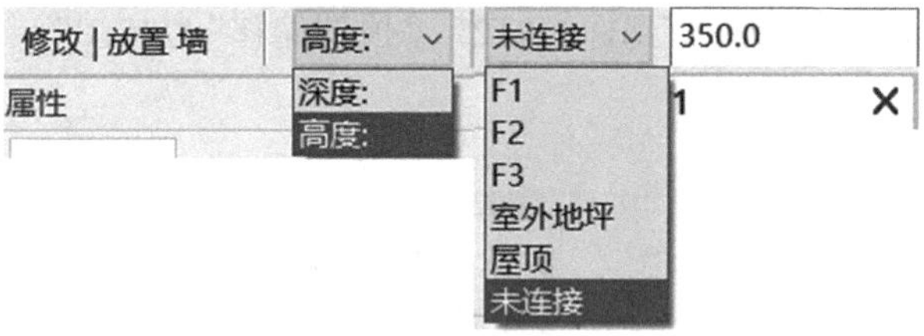

图 1-3-19　墙体选项栏高度设置

深度:深度设置与高度设置方法相同,默认“底部约束”为当前楼层平面标高,“底部偏移”为“-500.0”,“顶部约束”为“当前楼层平面标高”,“顶部偏移”为“0.0”。

(2)定位线:墙体的水平位置参考线,与实例参数中定位线设置相同,数据相互联动。

(3)链:勾选“链”后,墙体端部自动连接。

(4)偏移:定位线与光标位置选定线之间的水平距离。

(5)半径:绘制弧形墙时可输入半径值。

二、绘制基本墙

基本墙的绘制属于“线性”图元绘制,应在平面视图中进行。关于墙高、墙厚等参数应在“类型属性”和“实例属性”中进行一一设置,最后确定墙体的平面位置。先绘制完墙体再进行属性参数设置具有同样的效果。

进入墙体绘制命令后,在“修改 | 放置 墙”上下文选项卡→“绘制”面板→默认“直线”绘制工具。参数设置完成后,在绘图区域移动光标,捕捉墙体的起点和终点,即可绘制出基本墙图元,如图 1-3-20 所示。绘制完成后按键盘“Esc”键两次,退出墙体绘制模式。

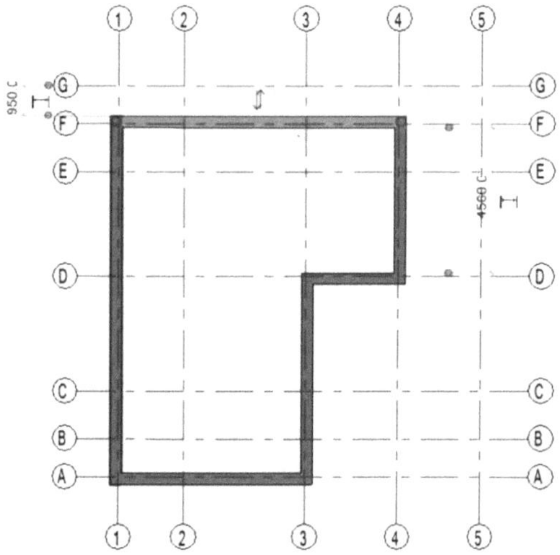

图 1-3-20　绘制基本墙

墙体分为内侧和外侧。在绘制时，以“顺时针”方向绘制可以确保墙体的外部在外侧。需要修改外墙外部方向时，可以通过“空格键”或单击墙体上的外墙符号“↑↓”来切换内外墙方向。

◆ 任务实施

墙体绘制方法为线性绘制。

绘制前创建并编辑墙体类型（墙体结构层厚度、层数以及材质等）。绘制时注意设置墙体的起点标高和终点标高，并按顺时针方向绘制。

一层墙体绘制完成后可以用复制、粘贴工具将其直接复制到二层，然后用修改工具进行修改。效果如图 1-3-1 所示。具体操作观看二维码视频。

◆ 知识拓展

Revit 中内置了 3 种墙系统族：“基本墙”“叠层墙”“幕墙”，本部分介绍“叠层墙”。“叠层墙”是由一面接一面叠放在一起的两面或多面子墙组成的，子墙在不同高度具有不同的墙厚度，叠层墙中所有子墙都被附着。叠层墙的具体建模过程如下。

一、访问“类型属性”

访问类型属性的方法有两种，具体如下：

1. “建筑”选项卡→“构建”面板→“墙”下拉列表中→“墙：建筑”工具，进入绘图命令，“属性”面板→“编辑类型”，弹出“类型属性”对话框→选择“系统族：叠层墙”工具，如图 1-3-21 所示。

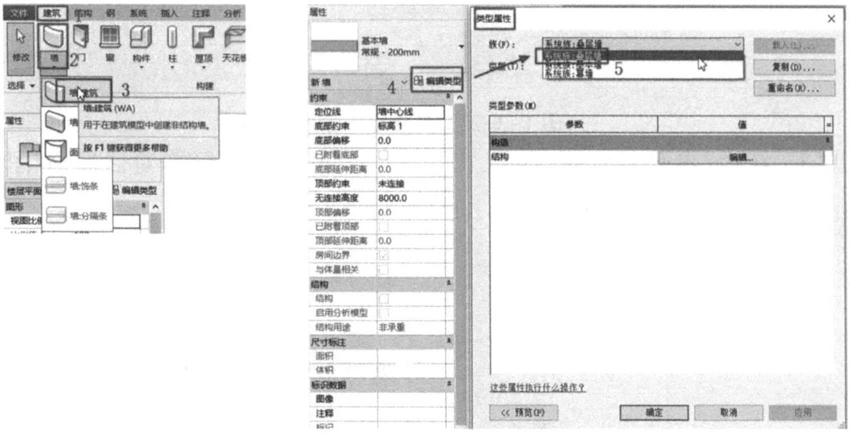

图 1-3-21　访问“类型属性”方法一

2. “项目浏览器”→“族”→“墙”→“叠层墙”→选择“外部-砌块勒脚砖墙”→右键→“类型属性(P)...”，弹出相应对话框，如图 1-3-22 所示。

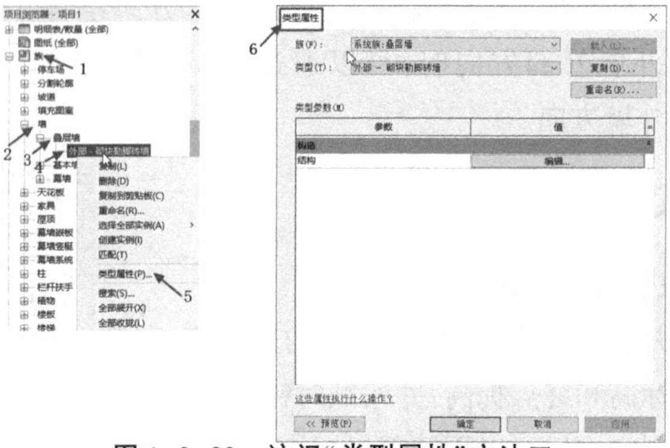

图 1-3-22　访问“类型属性”方法二

二、参数设置

在“类型属性”对话框中，Revit 软件自带类型为“外部-砌块勒脚砖墙”的叠层墙，点击“复制(D)...”，弹出“名称”对话框，输入“叠层墙”，点击“确定”，完成“叠层墙”的命名，点击对话框左下角的“预览”按钮，打开预览窗格，显示所选定墙类型的剖面视图，对墙的所有定义都会在预览窗格中显示，如图 1-3-23 所示。

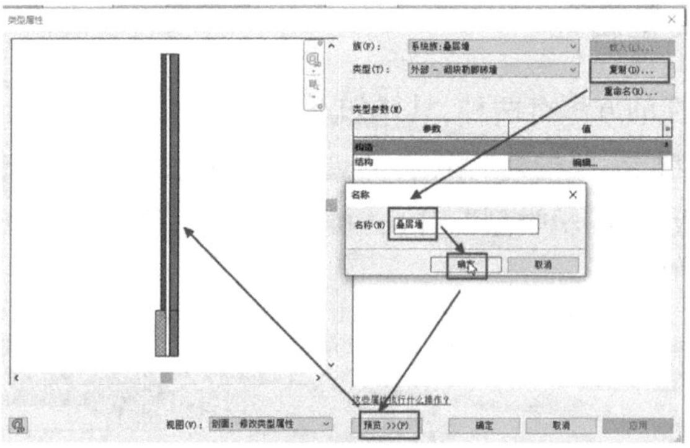

图 1-3-23　叠层墙的新建、预览

单击“结构”参数对应的“编辑...”工具，打开“编辑部件”对话框，如图 1-3-24 所示。

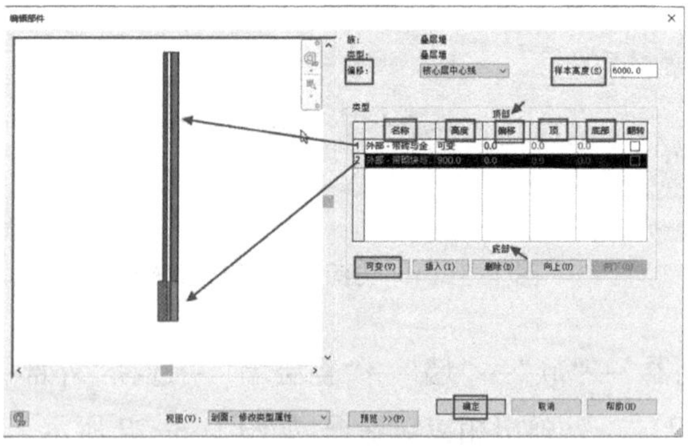

图 1-3-24　叠层墙“编辑部件”对话框

“类型”窗格中的每一行定义叠层墙内的一个子墙，可以通过单击类型列表中的编号进行选择，点击“插入(I)”“删除(D)”按钮，添加或减少子墙的个数；也可通过点击“向上(U)”“向下(O)”按钮，移动所选子墙在垂直高度方向的相对位置。

“偏移”是用来对齐子墙的平面，有“墙中心线”、“核心层中心线”(默认)、“面层面：外部”、“面层面：内部”、“核心面：外部”、“核心面：内部”六个选项，该值用于每面子墙“定位线”的实例属性，如图1-3-25所示。

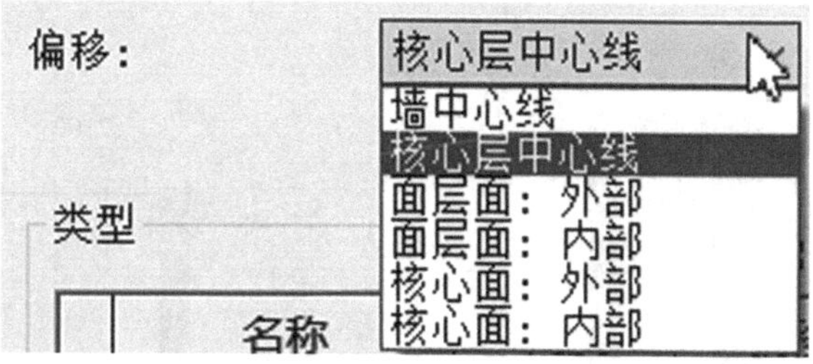

图 1-3-25　偏移参数

在“类型”窗格中可以对各子墙的“名称”“高度”“偏移”“顶”“底部”进行设置：

(1)名称：单击下拉菜单，选择所需的子墙类型(系统自带的墙类型，或自行定义墙类型)。

(2)高度：子墙的无连接高度。叠层墙中必须有一个子墙高度是可变的且高度值不可编辑，可通过选择相应的子墙行并勾选“可变”改变所选子墙高度的“可变”状态。

(3)偏移：设置子墙定位线与主墙外侧(预览窗格左侧，此方向为“正”值，反向为“负”值)移动的距离。

(4)顶/底部：若子墙在顶部或底部未锁定，可以在“顶”或“底部”输入正值来指定一个可升高墙的距离，或者输入负值来降低墙的高度。这些值分别决定着子墙的“顶部延伸距离”和“底部延伸距离”的实例属性。

三、叠层墙绘制

叠层墙的绘制方式与基本墙绘制方法相同，此处不做过多讲解。

任务4　幕墙的绘制和编辑

◆ 任务介绍

幕墙是建筑的围护外墙，又称为“帷幕墙”，是建筑中常用的带装饰效果的墙体。玻璃幕墙共有五种构造形式：全隐框玻璃幕墙、半隐框玻璃幕墙、明框玻璃幕墙、挂架式玻璃幕墙、无骨架玻璃幕墙。

Revit 自带三种幕墙类型：幕墙、外部玻璃、店面。幕墙由幕墙嵌板、幕墙网格和竖梃组成。三种类型的区别为是否设置网格及竖梃(网格框架)。

学生通过本任务的学习，学会绘制幕墙、划分网格及竖梃的方法，掌握幕墙的建模过程和方法，掌握幕墙绘制的操作技巧。

◆ 任务布置

根据图 1-4-1 所示数据,绘制小别墅的幕墙。

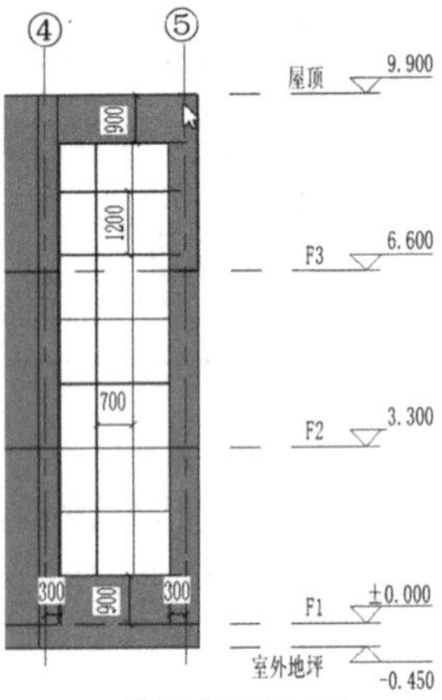

幕墙立面布置图

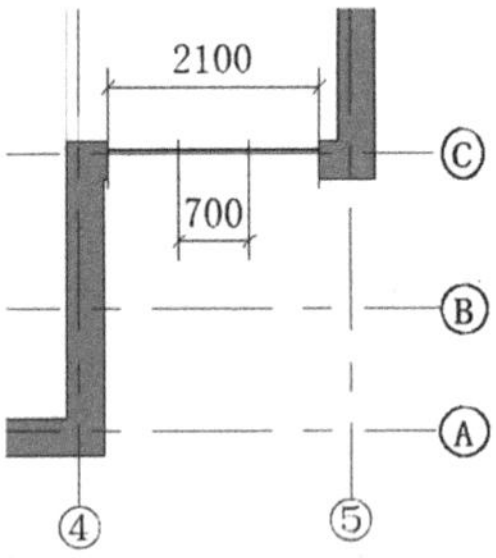

幕墙平面布置图

图 1-4-1 小别墅幕墙布置图

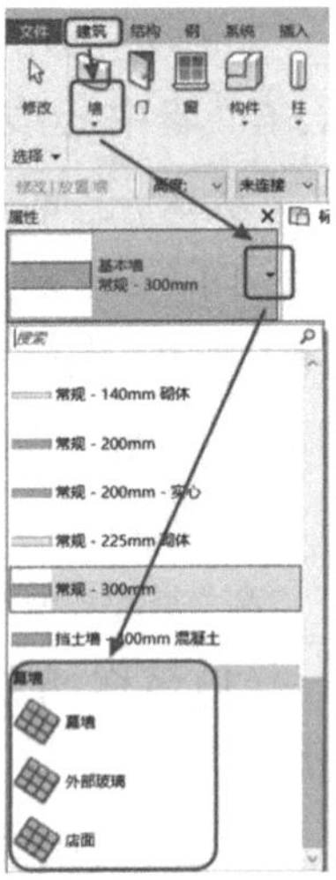

图 1-4-2 幕墙绘制工具

◆ 知识链接

一、绘制幕墙

“建筑”选项卡→“构件”面板→“墙”工具,“属性”面板类型选择器自带三种类型,分别是幕墙、外部玻璃、店面,如图 1-4-2 所示。

幕墙:默认幕墙类型,是一面没有分隔的玻璃面墙,没有预设网格,做弯曲幕墙的时候显示的还是直的幕墙,添加网格后才会弯曲。

外部玻璃:该类型具有预设网格,但是网格间距比较大,网格间距可以调整。

店面:该类型具有预设网格,但网格间距比较小,网格间距可以调整,如图 1-4-3 所示。

常规幕墙是墙体的一种特殊类型,绘制方法和常规墙体相同,且具有墙体的各种属性。

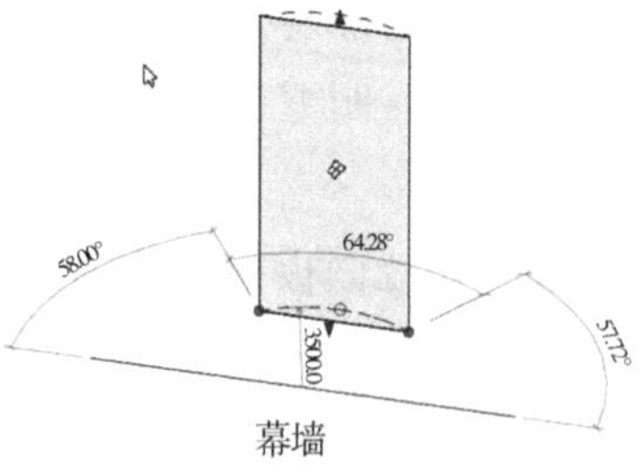

幕墙

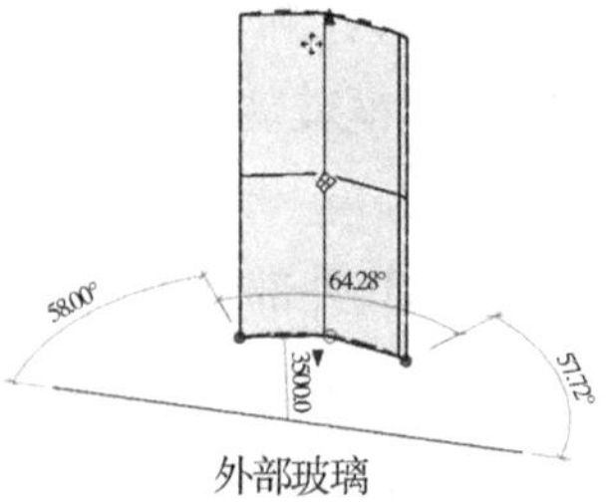

外部玻璃

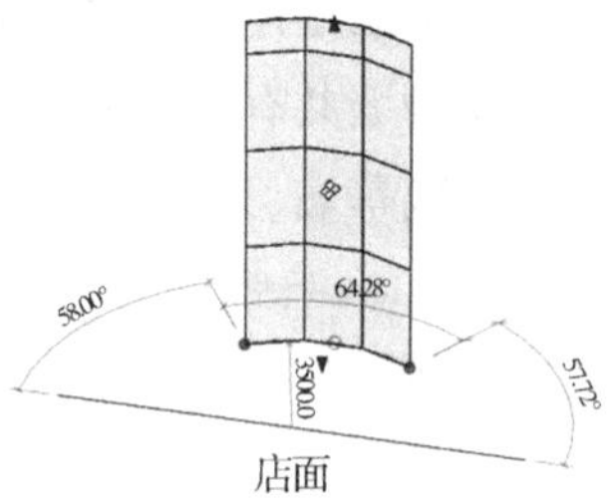

店面

图 1-4-3 幕墙的三种类型

二、编辑幕墙

进入幕墙绘制界面后，点击“类型属性”可以设置幕墙的类型参数，如图 1-4-4 所示，包括垂直网格、水平网格、垂直竖梃、水平竖梃。垂直竖梃和水平竖梃依赖于网格存在。以下为类型参数的含义。

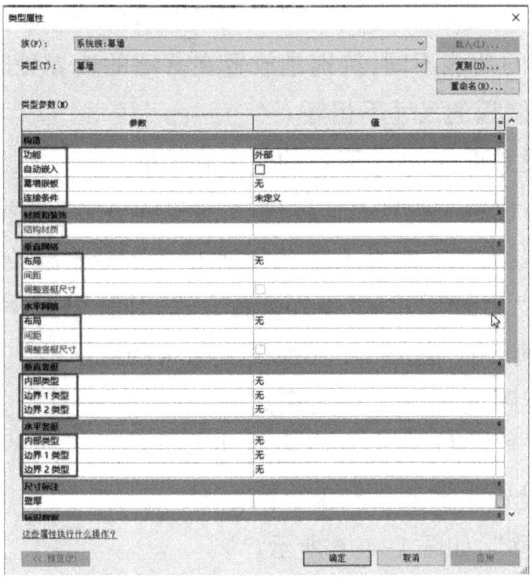

图 1-4-4　幕墙“类型属性”对话框

1. 功能：与基本墙功能一致，指定幕墙的功能作用，可以选择“外部”“内部”“挡土墙”“基础墙”“檐底板”“核心竖井”。

2. 自动嵌入：勾选该参数值，可以将幕墙自动嵌入墙体中。

3. 幕墙嵌板：可以设置幕墙嵌板的族类型，基本墙中的类型在此功能中均可选择。

4. 连接条件：设置各图元类型在交点处竖梃的连续方式，可以选择“未定义”“垂直网格连续”“水平网格连续”“边界和垂直网格连续”“边界和水平网格连续”，如图 1-4-5 所示，幕墙竖梃设置了“边界和水平网格连续”方式。

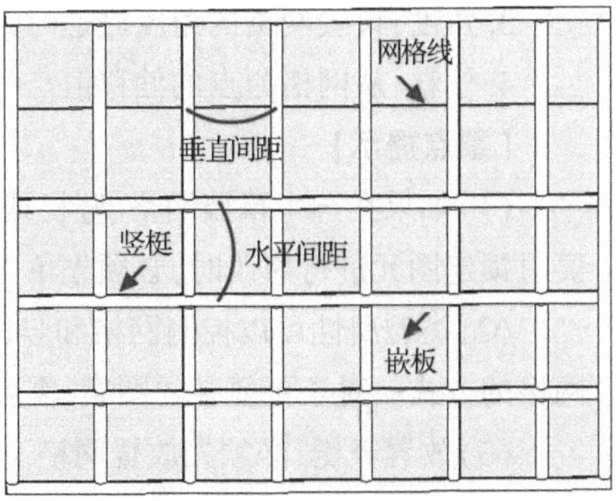

图 1-4-5　幕墙参数设置

5. 布局：分别设置垂直/水平网格的布局类型，可以选择“无”“固定距离”“固定数量”“最大间距”“最小间距”。

（1）固定距离：根据垂直/水平间距的确定值设置幕墙网格的具体位置。若幕墙的长度不能被整除，Revit 会对幕墙的一端或两端插入一段距离。

（2）固定数量：为幕墙设置不同数量的幕墙网格。

（3）最大间距：为幕墙设置网格间距的最大指定垂直/水平间距值。

（4）最小间距：为幕墙设置网格间距的最小指定垂直/水平间距值。

6. 间距：当“布局”设置为“固定距离”或“最大间距”时，“间距”启用。当“布局”设置为“固定距离”时，Revit 将使用“间距”值设置网格；当“布局”设置为“最大间距”时，Revit 将使用不大于“间距”值对网格进行设置。

7. 调整竖梃尺寸：勾选该参数值，可以调整网格线的位置，以确保幕墙嵌板的尺寸相等。与放置竖梃的功能不同，特别是放置在幕墙的边界处时，即使设置为“固定距离”，也可能会导致嵌板的尺寸不相等。

8. 内部类型：设置垂直/水平竖梃的竖梃族类型。

9. 边界 1 类型：设置左边界上垂直/水平竖梃的竖梃族类型。

10. 边界 2 类型：设置右边界上垂直/水平竖梃的竖梃族类型。

“外部玻璃”和“店面”的类型参数设置方式相同，区别在于“外部玻璃”和“店面”默认预设了网格的固定距离，且前者固定距离大，后者固定距离小。

在实例属性中，“幕墙”除需要设置与基本墙相同的参数外，还需要设置水平网格和垂直网格的“编号”“对正”“角度”“偏移”，如图 1-4-6 所示。

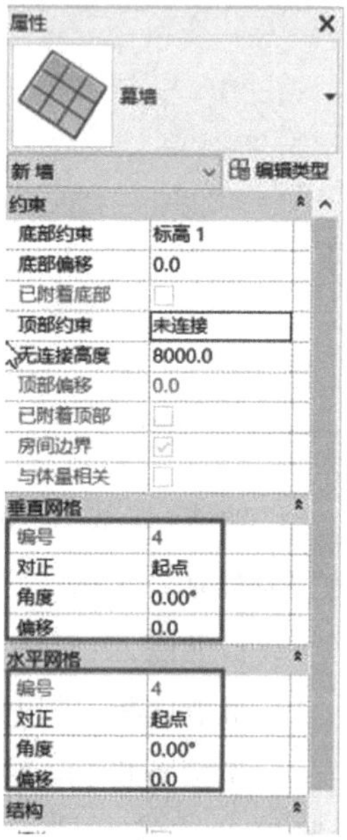

图 1-4-6　幕墙实例参数设置

1. 编号：要应用于墙的幕墙网格数量。除非网格的类型参数设置为“固定数量”，否则不会使用该值。编号指的是内部网格，幕墙网格的边界不参加计数。

2. 对正：指对正网格间距的原点。当设置间距无法平均应用到图元的网格原点时，有三个选项可以选择：“起点”“终点”“中心”。

3. 角度：设置网格的角度。逆时针方向为正值。

4. 偏移：从网格原点的偏移值。

【重点提示】

（1）如果在选中幕墙网格、竖梃或嵌板时进行幕墙的属性设置，将显示锁定图标，要对锁定图元进行修改时，必须先单击锁定图标取消锁定图元。

（2）类型属性可以控制网格和竖梃，但它们仅提供一种创建使用相同间距的常规网格的方式。对于更复杂的图案，需要手动放置幕墙网格。

（3）放置竖梃，必须先放置网格。

三、自定义网格线

1. 打开三维视图或立面视图。

2. 单击“建筑”选项卡→“构建”面板→“幕墙网格”工具。

3.“修改|放置 幕墙网格”上下文选项卡,“放置”面板,选择放置类型工具,如图 1-4-7 所示。

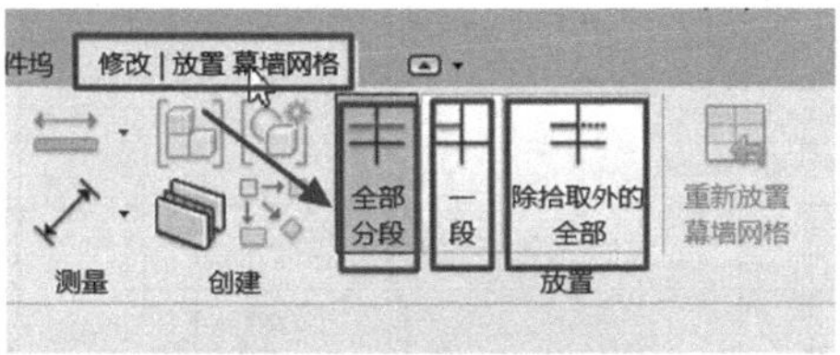

图 1-4-7　放置网格线工具

(1)全部分段:将幕墙网格从嵌板的一条边界放置至相对边界。

(2)一段:将幕墙网格从选定嵌板的一条边界放置至相对边界。

(3)除拾取外的全部:将幕墙网格从一条边界放置至幕墙上的相对边界,然后单击不需要幕墙网格的网格段。

4. 移动光标至幕墙边缘,显示临时网格线和临时尺寸,单击放置网络线,如图 1-4-8 所示。网格的每部分(网格单元)以所选幕墙嵌板的类型分别填充。绘制完成后双击 Esc 键退出。

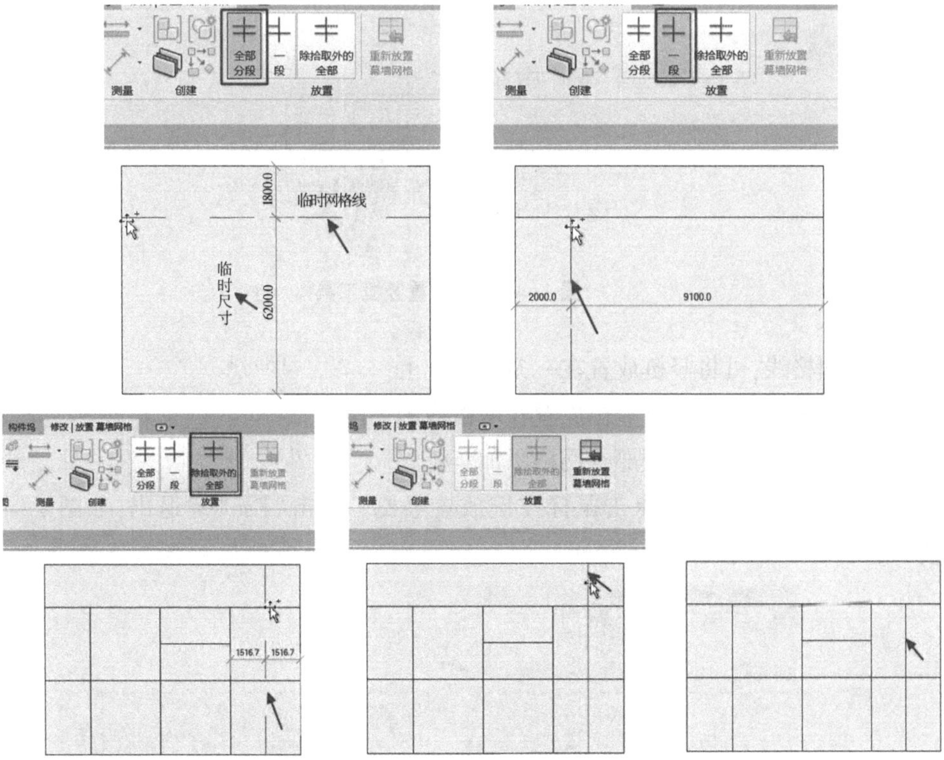

图 1-4-8　放置网格线

5. 修改网格:选择幕墙网格,单击“修改|幕墙网格”选项卡→“幕墙网格”面板→“添加/删除线段”,单击幕墙网格线段以删除该线段,删除线段时,相邻嵌板连接在一

起,如图 1-4-9 所示。

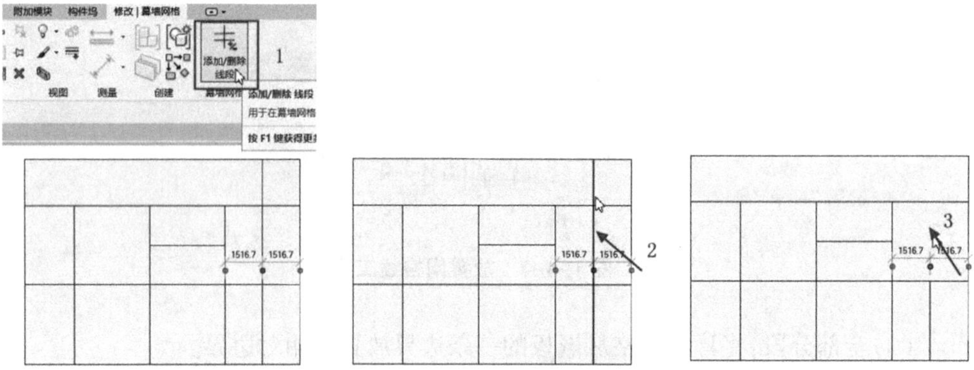

图 1-4-9　删除网格线段

四、自定义竖梃

1. 打开三维视图或立面视图。

2. 单击"建筑"选项卡→"构建"面板→"竖梃"工具。

3. "修改|放置 竖梃"上下文选项卡,"放置"面板,选择放置类型,如图 1-4-10 所示。

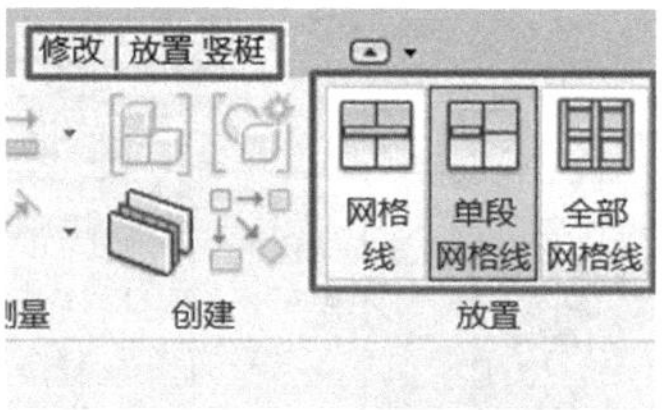

图 1-4-10　放置竖梃工具

(1)网格线:可将竖梃放置在一条网格线上。

(2)单段网格线:可将竖梃放置在网格线的一段上。

(3)全部网格线:为全部空网格添加竖梃。

4. 选择幕墙网格线,点击鼠标左键放置竖梃。双击"Esc"键退出,如图 1-4-11 所示。

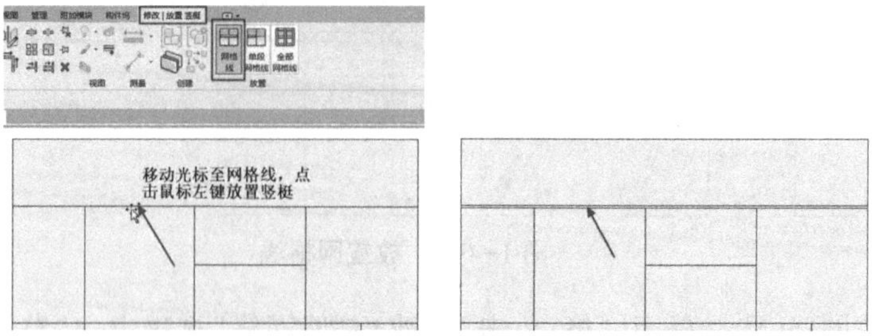

图 1-4-11　放置竖梃

5. 修改竖梃。选择竖梃，单击“修改|幕墙竖梃”上下文选项卡→“竖梃”面板→“结合”工具，改变竖梃在交点处的连续方式，如图 1-4-12 所示。

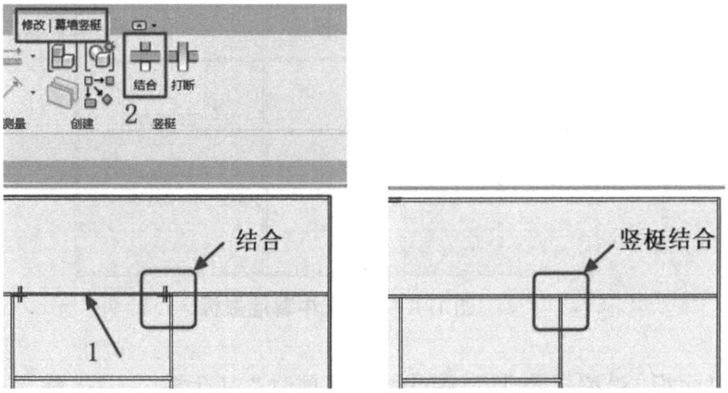

图 1-4-12　结合竖梃

选择竖梃，单击“修改|幕墙竖梃”选项卡→“竖梃”面板→“打断”工具，改变竖梃在交点处的连续方式，如图 1-4-13 所示。

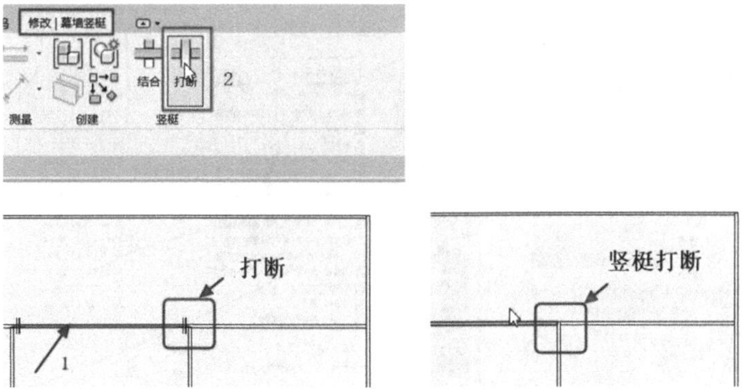

图 1-4-13　打断竖梃

◆ 任务实施

幕墙的绘制方法与墙体绘制方法相同，不同的是幕墙可设置成自动嵌入，即在已创建的墙体上嵌入幕墙。具体操作观看二维码视频。

◆ 知识拓展

幕墙嵌板是可以自定义的族，系统默认嵌板类型为“玻璃”，嵌板族可以像其他族一样进行替换。因此，可以将幕墙嵌板的类型选为门窗嵌板类型，将门窗添加到幕墙。接下来介绍如何嵌套幕墙门窗。

首先，选择需要嵌套门窗的幕墙嵌板。打开幕墙的平面视图、立面视图或三维视图,移动光标至幕墙嵌板的边缘上,按“Tab”键进行切换,直到嵌板高亮显示,单击鼠标左键,选择嵌板,如图 1-4-14 所示。

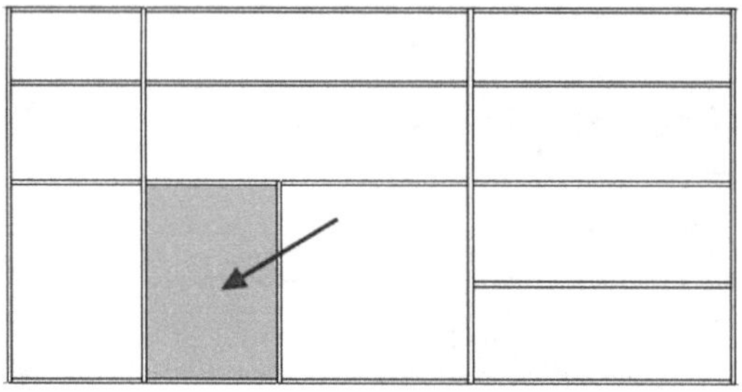

图 1-4-14　选中幕墙嵌板

“属性”面板→“编辑类型”,弹出“类型属性”对话框,点击“载入(L)...”,找到“建筑/幕墙/门窗嵌板”目录,选择门窗嵌板类型,点击“打开(O)”,返回“类型属性”对话框,在“族(F)”下拉列表中选择相应的族及类型,点击“确定”,如图 1-4-15 所示。

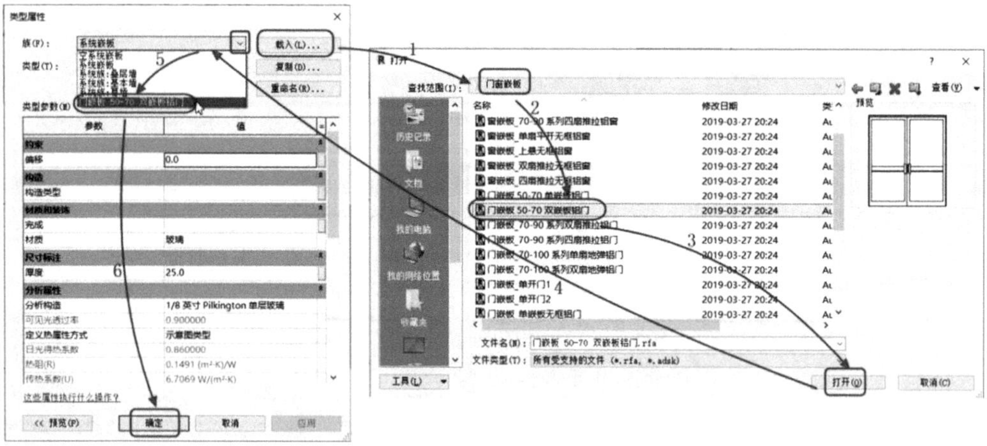

图 1-4-15　嵌套幕墙门窗

幕墙嵌板的门窗嵌套效果如图 1-4-16 所示。

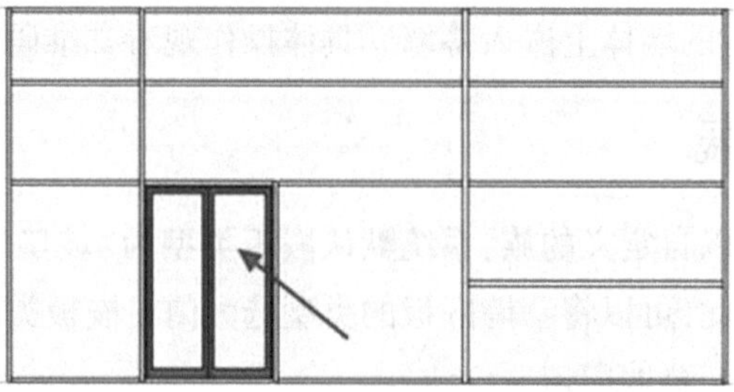

图 1-4-16　门窗嵌套效果图

任务5　插入及编辑门窗

◆ 任务介绍

在 Revit 中，门窗不是独立的图元，是基于墙体的族，在模型建立时，任何类型的墙体都可以插入门窗，自动剪切洞口并放置门窗。

学生通过本任务的学习，掌握门窗的操作方法，学会如何插入门窗族，掌握门窗创建的重点和难点。

◆ 任务布置

根据图 1-5-1 所示数据，绘制小别墅的门窗。

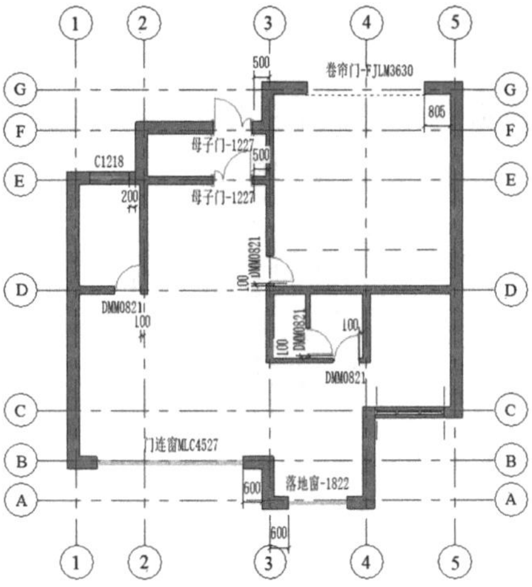

(a)一层平面布置图

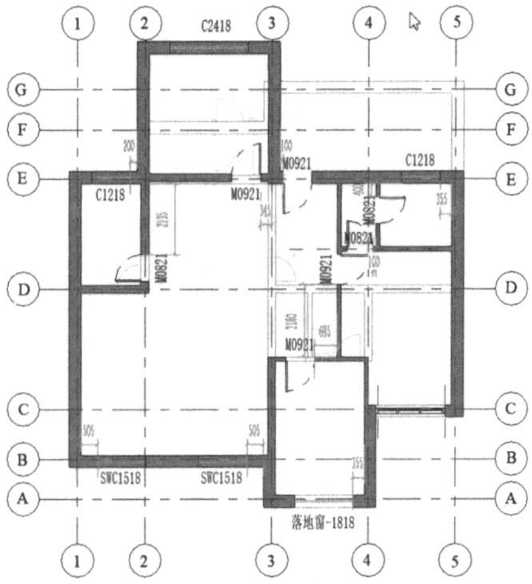

(b)二层平面布置图

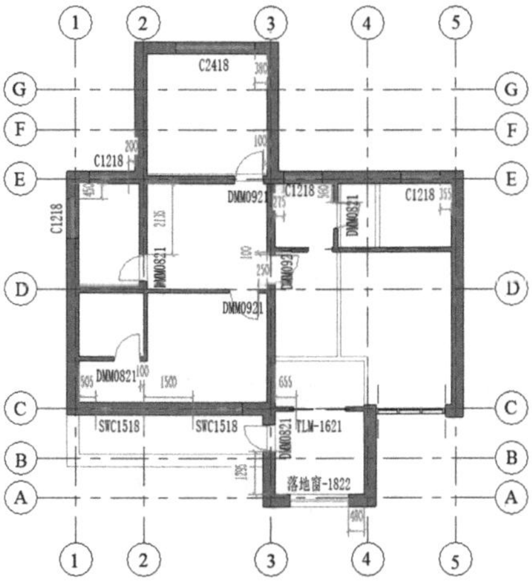

(c)三层平面布置图

图 1-5-1　平面布置图

◆ 知识链接

门和窗的创建方法基本相同,不同的是窗在创建的时候需要设置窗台高度,以下学习中会根据参数设置要求采用不同的门窗族。

一、载入门窗

门窗族的载入有三种方法。

1.“插入”选项卡→“从库中载入”面板→“载入族”工具,如图 1-5-2 所示。

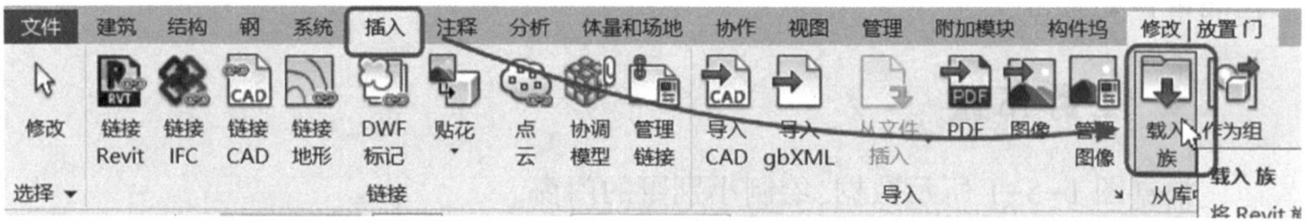

图 1-5-2　载入门窗族一

2.“建筑”选项卡→“构建”面板→“门”/“窗”→“修改 | 放置 门”/“修改 | 放置 窗”上下文选项卡→“模式”面板→“载入族”工具,如图 1-5-3 所示。

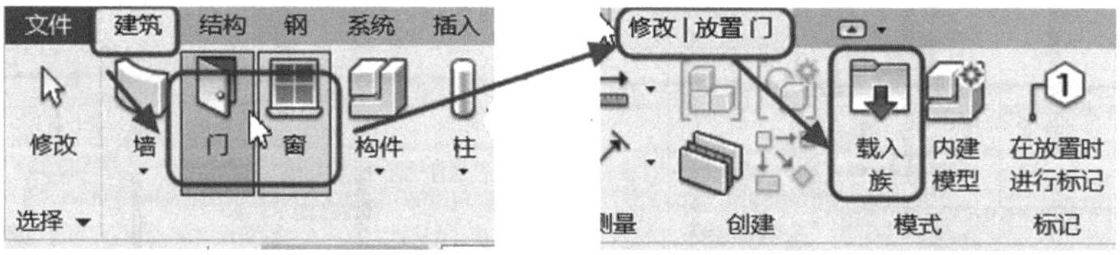

图 1-5-3　载入门窗族二

3.“建筑”选项卡→“构建”面板→“门”/“窗”→“属性”面板→“编辑类型”,在弹出的“类型属性”对话框中点击“载入(L)...”,如图 1-5-4 所示。

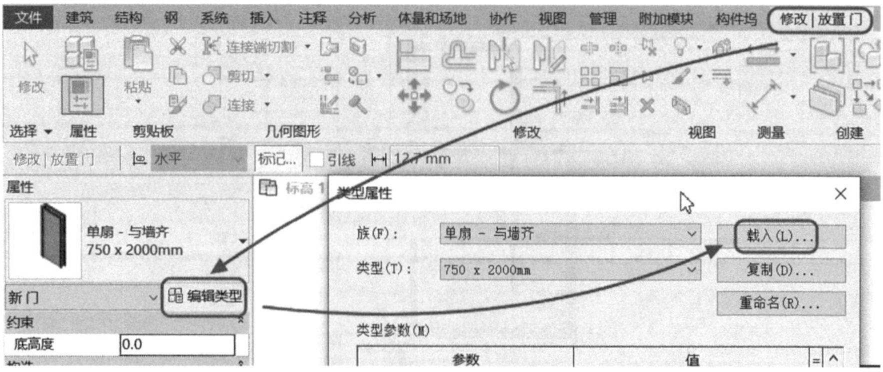

图 1-5-4　载入门窗族三

弹出“载入族”对话框,选择“建筑/门或窗/具体门或窗类型”,点击“打开”,即可载入相应的门窗族,如图 1-5-5 所示。

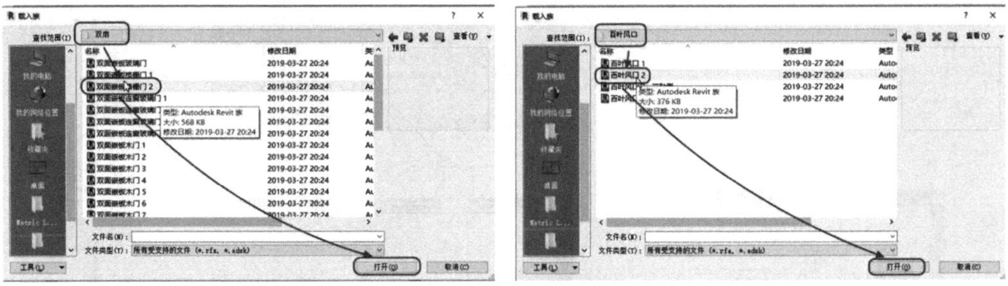

图 1-5-5　载入门窗族

二、放置门窗

单击“建筑”选项卡→“构建”面板→“门”或“窗”工具，在“属性”面板类型选择器选择相应的门或窗族，如不能满足需要，可以通过“载入族”方式在族库中载入，如图 1-5-6 所示。

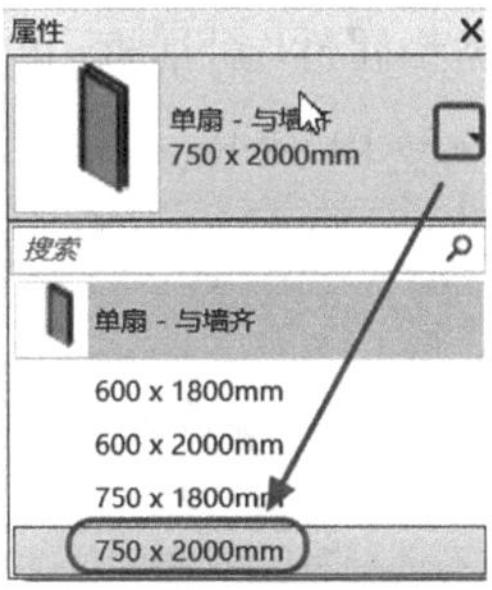

图 1-5-6　选择门窗类型

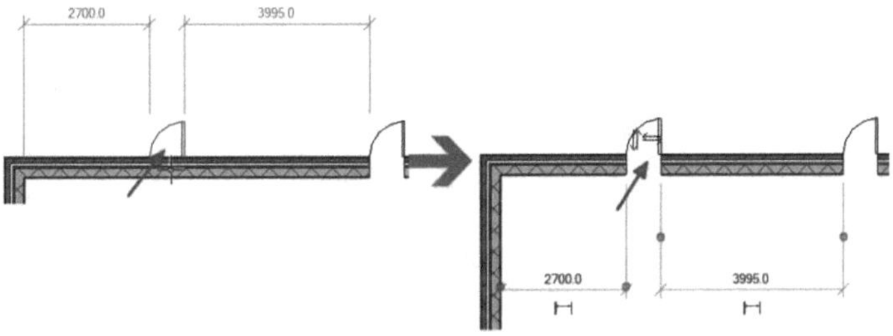

图 1-5-7　插入门

在墙主体上移动光标，会预显门/窗的位置，移动到正确位置，点击鼠标左键，完成门窗的放置，如图 1-5-7 所示。

【重点提示】

(1)在平面视图和立面视图中均可放置门窗。

(2)放置门窗时，输入“SM”，可以自动捕捉至墙的中点进行放置。

(3)在放置门窗时，在内外墙移动鼠标可以切换门的内外开启方向，空格键可以切换门的左右开启方向。

三、修改门窗

1. 绘图区域选择“门”或“窗”，显示“ ↑↓ ”和“⇆”符号，点击可以修改门或窗的开启方向，可以通过修改临时尺寸标注的数值来修改门或窗的位置，如图 1-5-8 所示。

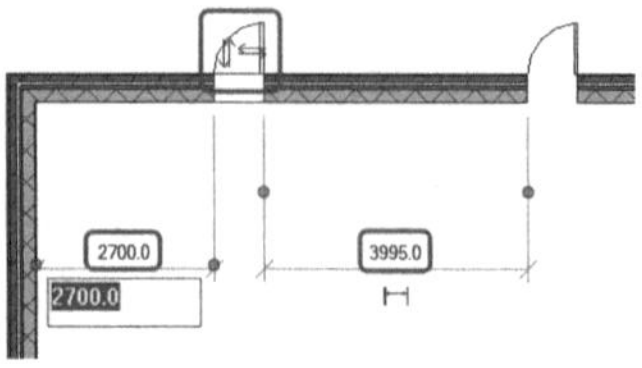

图 1-5-8　修改门的方向和定位

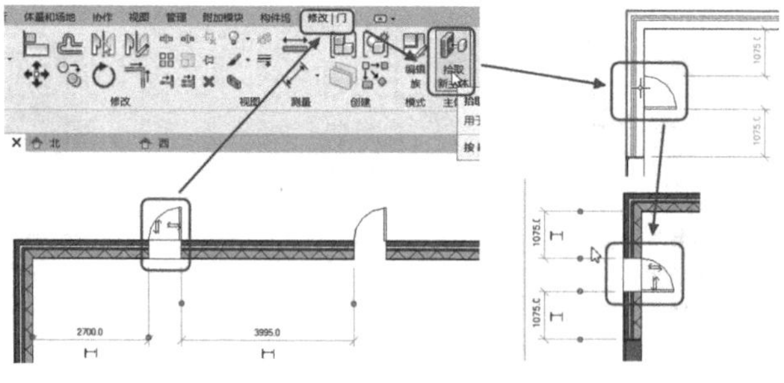

图 1-5-9　门重新定位

选择“门”或“窗”，单击“修改|门”上下文选项卡→“主体”面板→“拾取新主体”，将光标移动到其他位置，可重新放置门，如图 1-5-9 所示。

2.“实例属性”和“类型属性”参数修改。

选择“门”或“窗”，在“属性”面板可以设置门窗的“标高”和“底高度”，门的默认底高度为“0.0”，窗的默认底高度为“800.0”，设置了窗的底高度即设置了窗台的高度。

选择“门”或“窗”，点击“属性”面板中“编辑类型”，弹出“类型属性”对话框，可以修改门窗的“构造”“材质和装饰”“尺寸标注”等参数值，如图 1-5-10 所示。

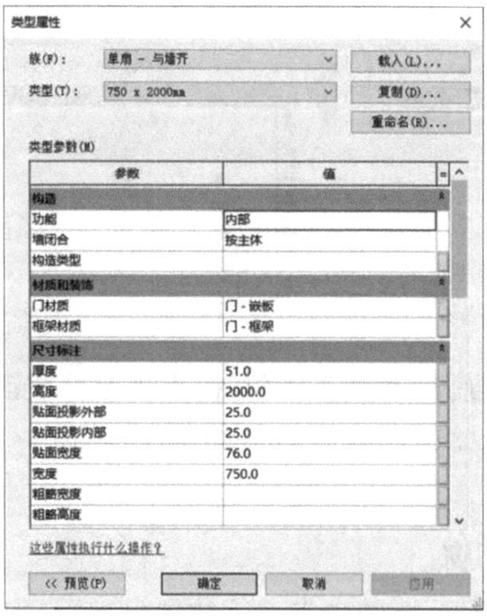

图 1-5-10　门窗类型属性

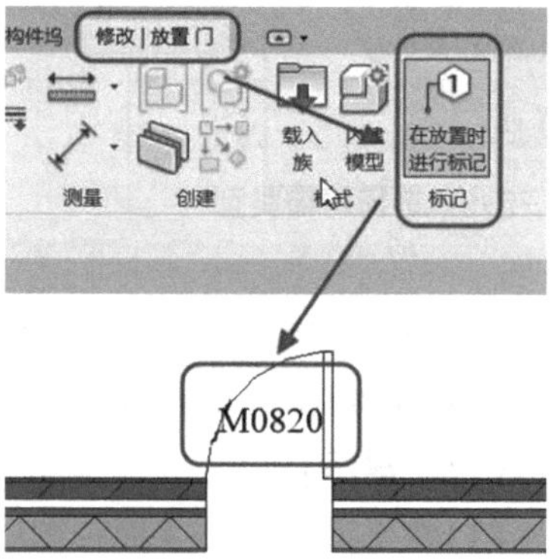

图 1-5-11　标记门窗

四、标记门窗

门窗标记可以在放置门窗时进行，也可以在门窗放置完成后进行。

1. 放置门窗前，点击“修改|放置 门”上下文选项卡→“标记”面板→“在放置时进行标记”工具，放置门窗时会自动标出门窗的标记，如图 1-5-11 所示。

2. 放置门窗后，点击“注释”选项卡→“标记”面板→“按类别标记”，状态栏提示“单击要标记的对象”，可以对门窗逐一进行标记，如图 1-5-12 所示。

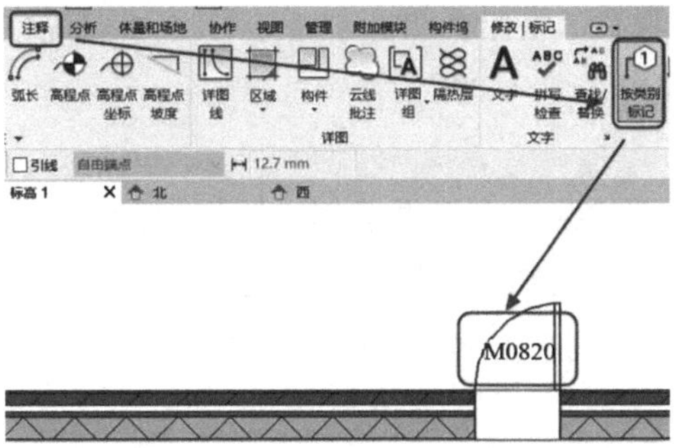

图 1-5-12　按类别标记

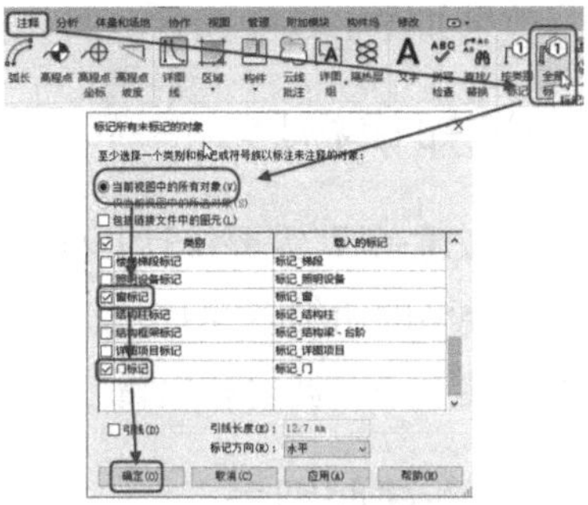

图 1-5-13　全部标记

3. 放置门窗后，点击“注释”选项卡→“标记”面板→“全部标记”，弹出“标记所有未标记对象”对话框，勾选“当前视图中所有对象(V)”“窗标记”“门标记”，点击“确定”，可对门窗一次性全部标记，如图 1-5-13 所示。

五、创建门窗类型

通常情况下，Revit 默认的门窗类型，不能适应所有项目需求(例如尺寸大小等)，一般用复制的方式创建新的门窗类型，复制完成后需要对“类型属性”中“宽度”“高度”“类型标记”等内容进行修改，对于有特殊要求的项目，还需要修改其他参数。

在门窗“类型属性”对话框中，点击“复制(D)...”，在弹出的“名称”对话框中输入新建门窗类型的名称，点击“确定”，修改“宽度”“高度”“类型标记”的值，点击“确定”，完成新门窗类型的创建，如图 1-5-14 所示。

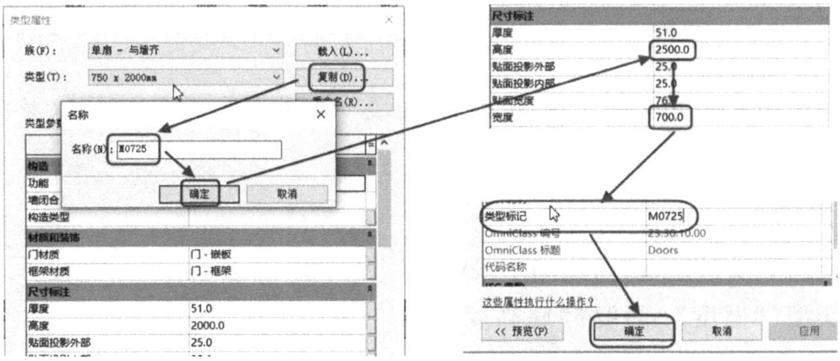

图 1-5-14　新建门窗类型

◆ 任务实施

门窗的创建采用放置构件的方式进行创建。

在放置构建前要创建相应尺寸的门窗类型。

放置时可先大致捕捉门窗的位置，然后通过调整临时尺寸标注的方式进行精确布置。门窗在放置时，可以通过空格键切换门窗的开启方向。

效果如图 1-5-1 所示。具体操作观看二维码视频。

◆ 知识拓展

模型建完后，需要统计具体工程数量，Revit 也提供了创建明细表的功能，设有以下几种类型的明细表：明细表/数量、图形柱明细表、材质提取、图纸列表、注释块、视图列表。接下来以创建和编辑门窗明细表为例来了解相关操作方法。

一、新建明细表

单击“视图”选项卡→“创建”面板下拉列表→“明细表”→“明细表/数量”工具。弹出“新建明细表”对话框，在“类别(C)”菜单中选择“窗”，输入表格“名称(N)”（如窗明细表），选择“建筑构件明细表(B)”，“阶段(P)”设置为“新构造”，单击“确定”，如图 1-5-15 所示。

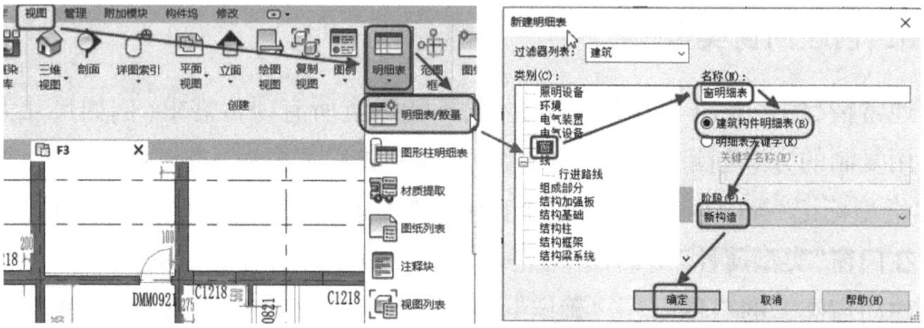

图 1-5-15　新建明细表

二、明细表属性

在“明细表属性”对话框中，可以对“字段”“过滤器”“排序/成组”“格式”“外观”进行设置。

1. 字段

点击“字段”选项，“可用的字段(V)”选择“类型”“宽度”“高度”“底高度”“合计”（可 Ctrl 键加选），点击中间的“添加参数”符号，将其添加至右侧“明细表字段（按顺序排列）(S)”中，如图 1-5-16 所示。

可以通过单击中间的“移除参数”符号将多余字段移至左侧“可用的字段(V)”列表中，也可以点击下部的“上移参数”和“下移参数”符号调整所选参数的顺序。

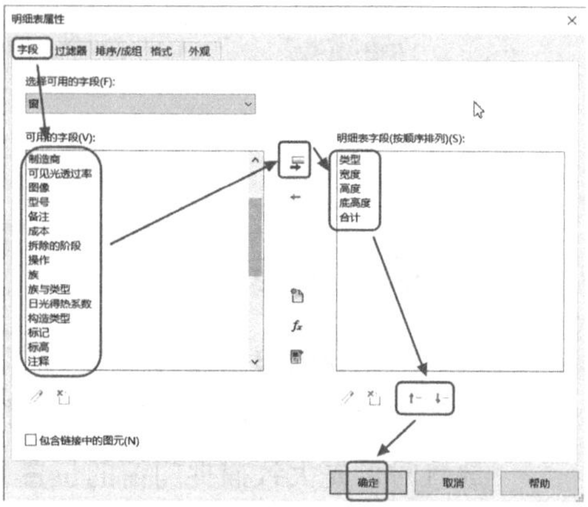

图 1-5-16　字段设置

2. 过滤器

点击“过滤器”选项,“过滤条件(F)”下拉列表中分别选择“宽度”“大于或等于”“1200”的参数值,将统计以上条件窗的明细。如“过滤条件”设置为“无”,则将统计所有窗的明细,如图 1-5-17 所示。

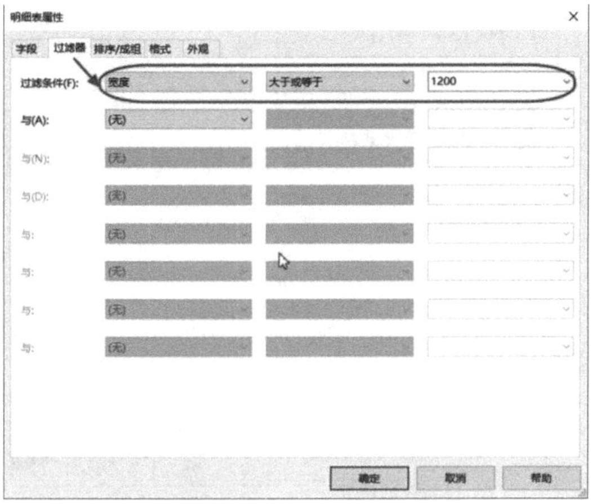

图 1-5-17　过滤器设置

3. 排序/成组

点击“排序/成组”选项,“排序方式(S)”下拉列表中选择字段(如“类型”和“升序”),将会按照不同的类型进行升序排列。

勾选“页脚(F)”,选择“标题、合计和总数”,将在排序类型(“类型”)的下方进行单独汇总。勾选“页眉(H)”,将在排序类型的上方进行单独汇总。

勾选“总计(G)”,选择“合计和总数”将计算所有排序类型的总数。

勾选“逐项列举每个实例(Z)”,每种窗类型在表格中显示一行,如图 1-5-18 所示。

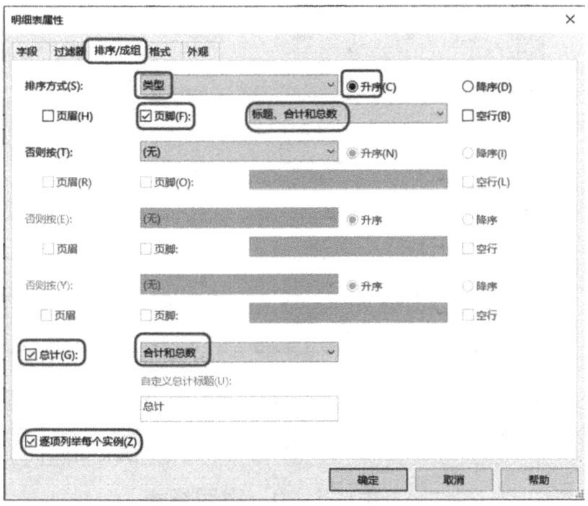

图 1-5-18　排序/成组设置

4. 格式

点击“格式”选项，左侧列表“字段(F)”中分别选择相应的字段，在右侧设置“标题方向(E)”和“对齐(L)”。“隐藏字段(I)”勾选后，该字段在表格中不显示。“合计”字段需要在右侧选择“计算总数”，如图 1-5-19 所示。

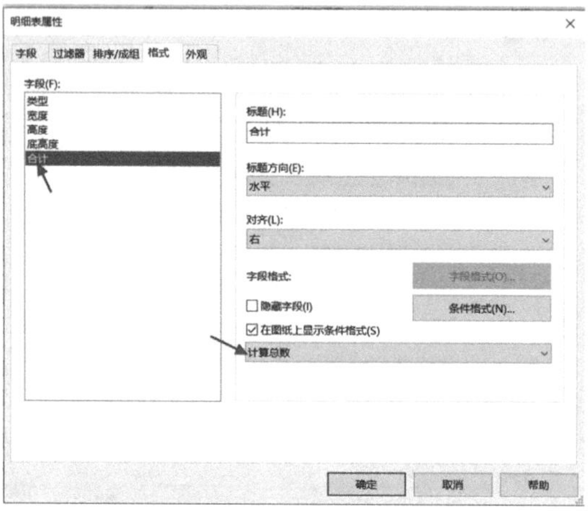

图 1-5-19　格式设置

5. 外观

点击“外观”选项，可设置图形“网格线”和“轮廓”的线条样式等。网格线指表格内部网格。轮廓指表格外部轮廓，设置文字字体、大小等。“数据前的空行”指是否在表格标题和正文间加一空白行进行间隔。

6. 生成明细表

单击“确定”创建窗明细表视图，如图 1-5-20 所示。

<窗明细表>				
A	B	C	D	E
类型	宽度	高度	底高度	合计
C1218	1200	1800	900	1
C1218	1200	1800	900	1
C1218	1200	1800	900	1
C1218	1200	1800	900	1
C1218	1200	1800	900	1
C1218	1200	1800	900	1
C1218	1200	1800	900	1
C1218: 7				7
C2418	2400	1800	900	1
C2418	2400	1800	900	1
C2418: 2				2
SWC1518	1500	1800	900	1
SWC1518	1500	1800	900	1
SWC1518	1500	1800	900	1
SWC1518	1500	1800	900	1
SWC1518: 4				4
落地窗-1818	1800	1800	0	1
落地窗-1818: 1				1
落地窗-1822	1800	2200	0	1
落地窗-1822	1800	2200	0	1
落地窗-1822: 2				2
门连窗MLC4527	1500	2700	0	1
门连窗MLC4527: 1				1
17				17

图 1-5-20　窗明细表

三、调整明细表

创建完明细表后，可在“属性”面板修改明细表名称，也可以点击明细表属性中任一选项（如字段）的编辑按钮，进入“明细表属性”对话框，对设置参数进行调整，如图1-5-21所示。

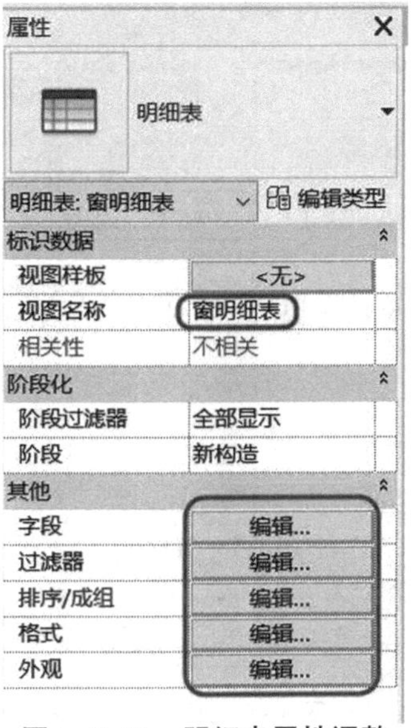

图 1-5-21　明细表属性调整

根据需要对明细表格式（“参数”“列”“行”“标题和页眉”“外观”）进行修改，操作方法与 Excel 类似，如图 1-5-22 所示。

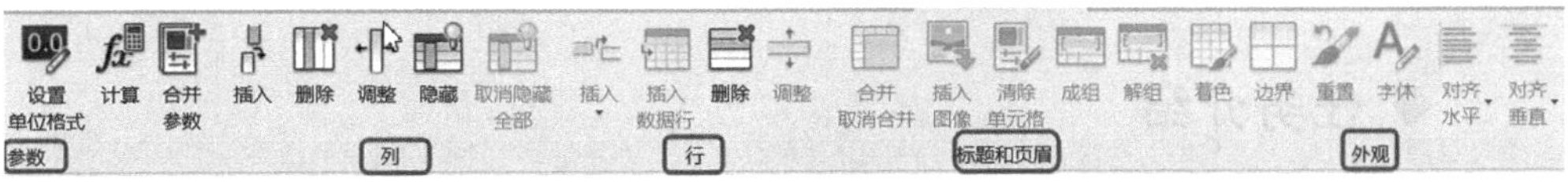

图 1-5-22　修改明细表格式

在明细表中，选择某一数据单元格，单击“修改明细表/数量”上下文选项卡→“图元”面板→“在模型中高亮显示”，将会显示数据所对应的图元，如图 1-5-23 所示。

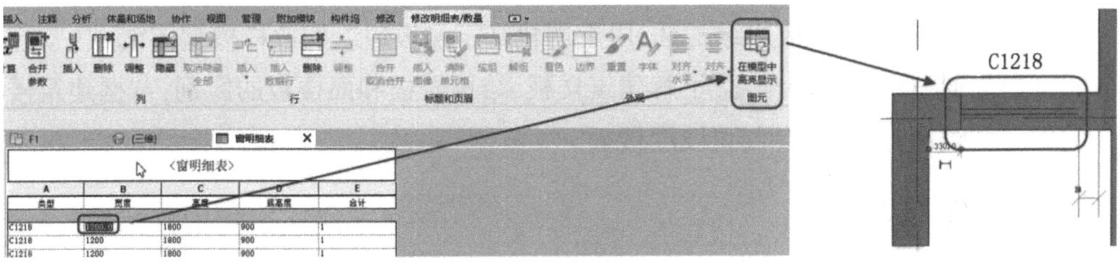

图 1-5-23　表格定位图元

四、导出明细表

打开明细表视图,“文件”→“导出”→“报告”→“明细表”工具,设置“导出明细表”选项,点击“确定”,如图 1-5-24 所示。

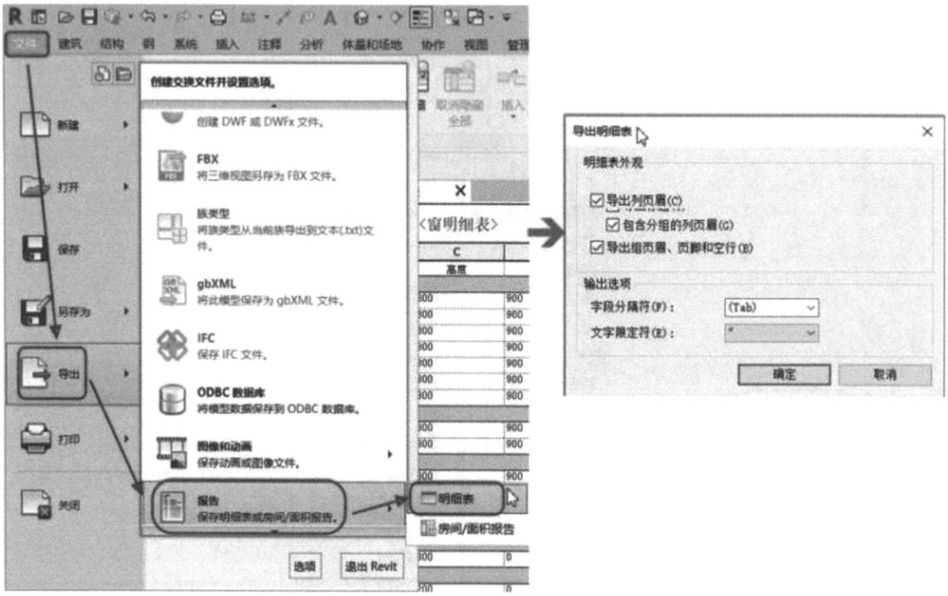

图 1-5-24 导出明细表

任务 6 楼板的绘制及编辑

◆ 任务介绍

楼板主要用于分割建筑各层空间。Revit 提供了三种楼板,分别是建筑楼板、结构楼板和面楼板。

结构楼板与建筑楼板的创建方法没有区别,结构楼板可进行布置钢筋、受力分析等设计,提供了钢筋保护层厚度等参数。面楼板是用于将概念体量模型的楼层面转换成楼板模型图元,只能用于从体量创建楼板模型。

Revit 还提供了楼板边缘工具,用于创建基于楼板边缘的放样模型图元。

学生通过本任务的学习,了解建筑楼板、结构楼板和面楼板的区别,掌握建筑楼板的创建和编辑方法,学会创建坡度楼板。

◆ 任务布置

根据图 1-6-1 所示数据,绘制小别墅的楼板。

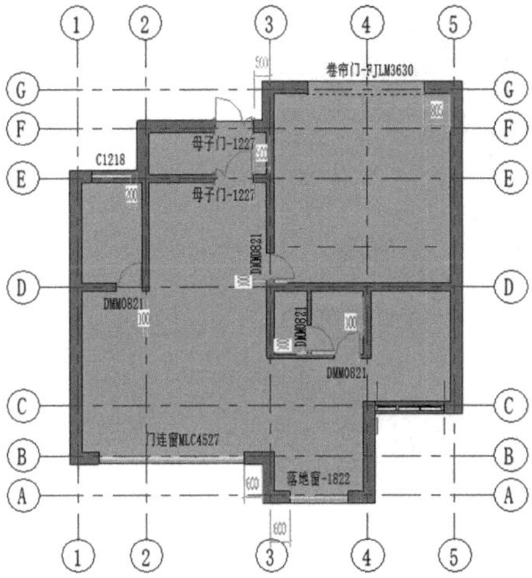

(a)一层楼板平面布置

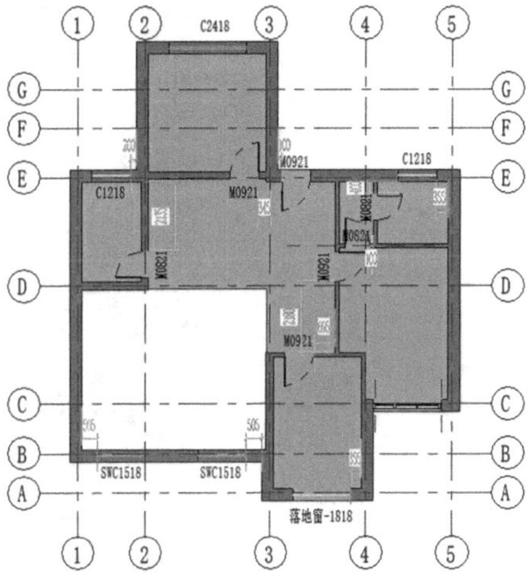

(b)二层楼板平面布置

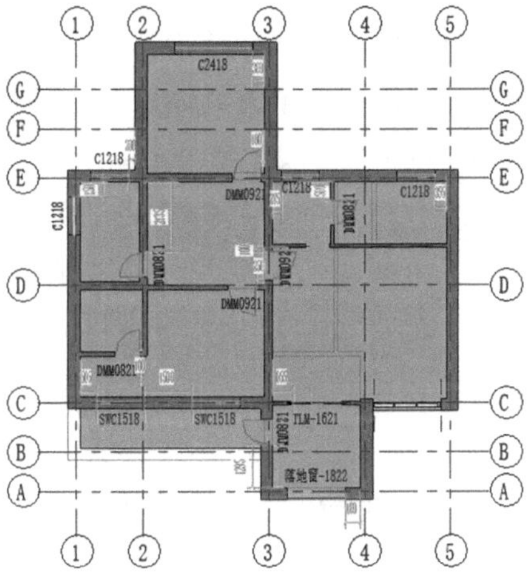

(c)三层楼板平面布置

图 1-6-1　楼板平面布置

◆ 知识链接

一、平楼板

1. 创建平楼板

在楼层平面视图中,点击“建筑”选项卡→“构建”面板→“楼板”下拉菜单中选择“楼板:建筑”工具,进入“修改|创建楼层边界”上下文选项卡,如图 1-6-2 所示。选择“绘制”面板中的“边界线”工具,与其他绘制工具一样,可以采用“直线”“矩形”“多边形”“弧形”“拾取线”“拾取墙”等方式绘制楼板边界线,默认“拾取墙”命令。

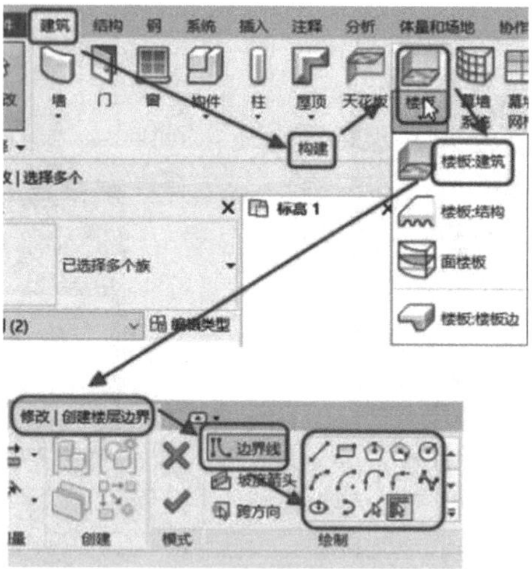

图 1-6-2　调用绘制楼板命令

选择“拾取墙”工具绘制边界线时，选项栏需要输入“偏移”值，后面可勾选“延伸到墙中(至核心层)”，确定拾取线在墙中的具体位置，如图 1-6-3 所示。

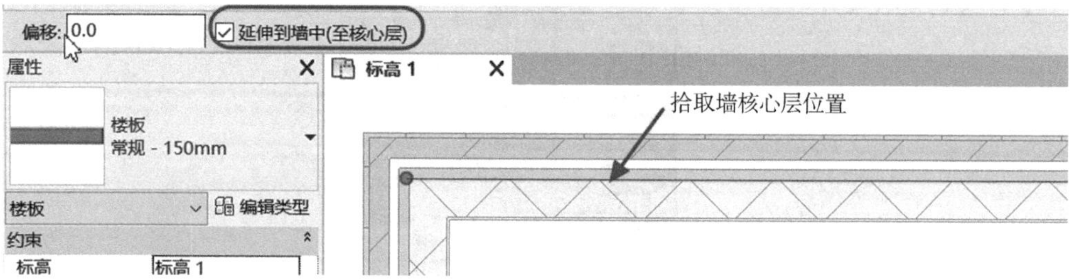

图 1-6-3　拾取墙核心层

楼层边界形成闭合轮廓后，单击“√”，完成楼板的绘制，如图 1-6-4 所示。

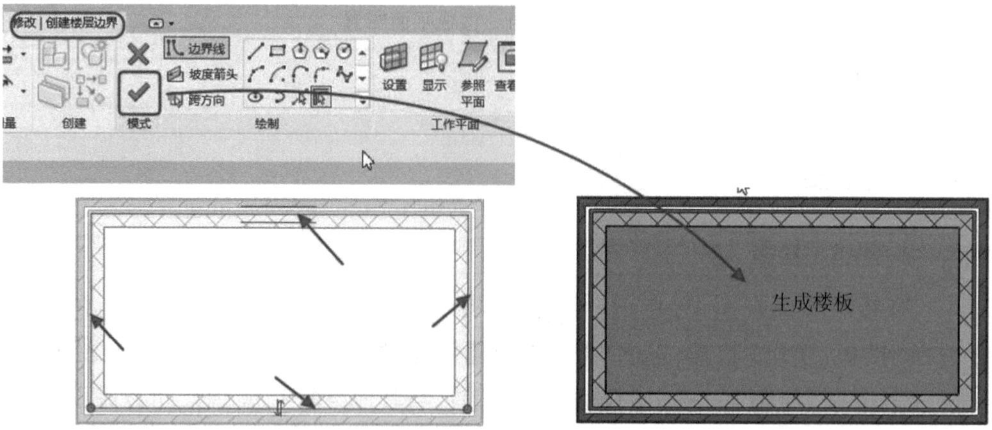

图 1-6-4　生成楼板

2. 编辑平楼板

选择楼板,“属性”面板中修改楼板的类型,点击“编辑类型”→弹出“类型属性”对话框→点击“复制(D)...”→输入名称→“确定”,返回“类型属性”对话框,点击结构“编辑”,进入“编辑部件”对话框,编辑方法与墙体构造层的编辑方法相同。编辑完成后,点击“确定”。退出“编辑部件”,点击“确定”,完成楼板类型的新建与修改。“属性”栏面板中可修改楼板的实例参数“标高”,如图 1-6-5 所示。

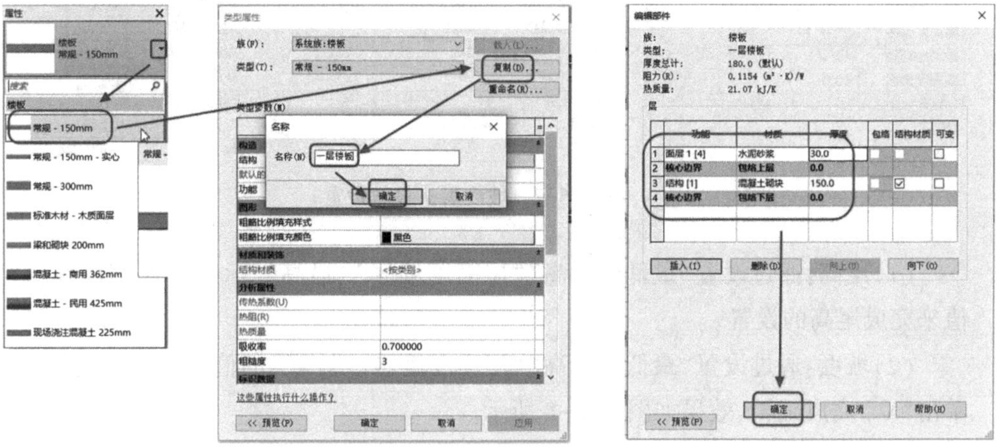

图 1-6-5 创建楼板类型

选择楼板,“修改|楼板”上下文选项卡→“模式”面板→“编辑边界”工具,进入“修改|楼板 编辑边界”上下文选项卡,可以对楼板的边界进行修改,修改完毕,单击“模式”面板中的“√”,完成编辑。

二、斜楼板

Revit 默认创建的楼板与所在标高平行,对于特殊建筑,需要创建斜楼板,斜楼板的创建共有两种方法。

1. 方法一

创建完楼层边界后,点击“绘制”面板→“坡度箭头”工具,选择“绘制直线”工具,在绘图区域绘出“坡度箭头”,如图 1-6-6 所示。

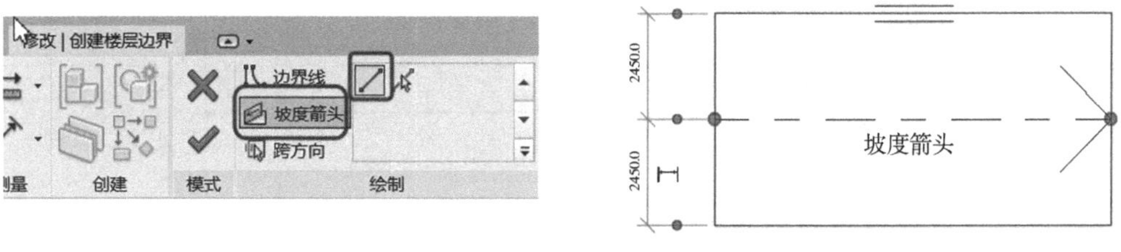

图 1-6-6 绘制坡度箭头

保持“坡度箭头”被选中的状态下，“属性”面板中设置约束条件，可以通过指定“尾高”和“坡度”两种方式来设置坡度箭头的倾斜度，如图 1-6-7 所示。

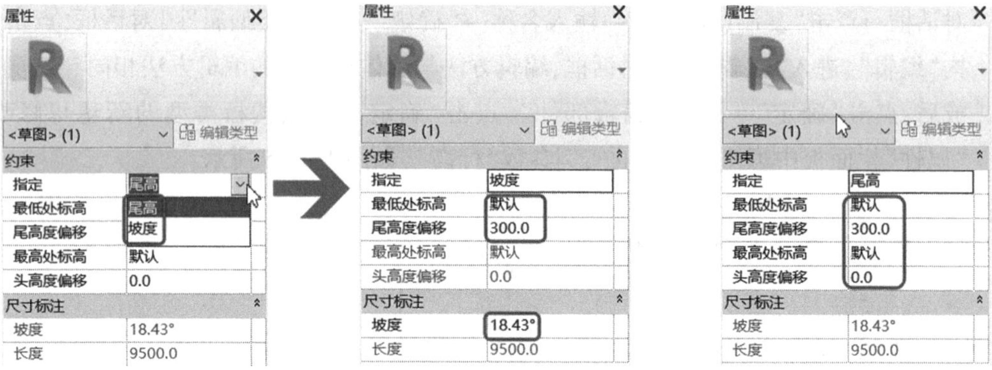

图 1-6-7　坡度剪头参数设置

(1)尾高：通过设置“最低处标高”“尾高度偏移”“最高处标高”“头高度偏移”的值来完成尾高的设置。

(2)坡度：通过设置“最低处标高”“尾高度偏移”“坡度”的值来完成坡度的设置。单击“√”完成编辑，效果如图 1-6-8 所示。

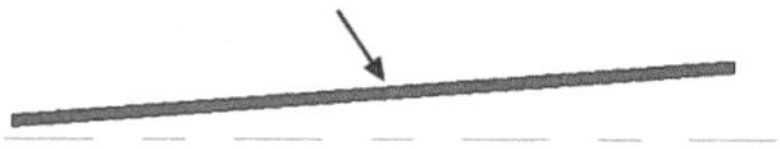

图 1-6-8　斜楼板效果

2. **方法二**

选择创建的平楼板，“修改|楼板”上下文选项卡→“编辑边界”工具→进入“修改|楼板>编辑边界”上下文选项卡，选择需要“起坡”的边线，如图 1-6-9 所示。此时起坡的设置方式也有两种：选项栏中勾选“定义坡度”，“属性”面板中“定义固定高度”。

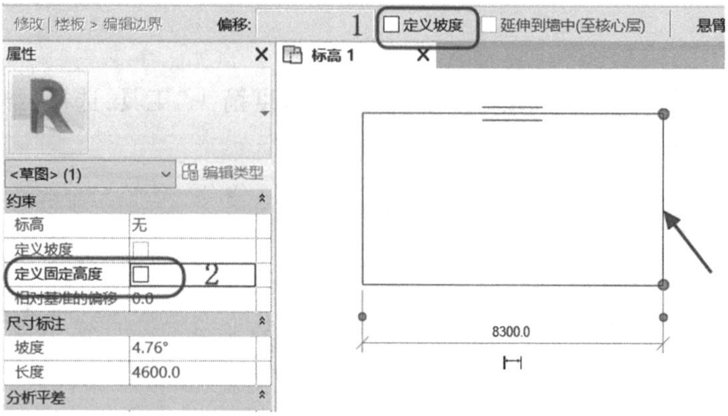

图 1-6-9　定义坡度的方法

（1）定义坡度：勾选选项栏中的“定义坡度”，“尺寸标注”中输入“坡度”值，如图1-6-10 所示。单击“√”完成编辑。

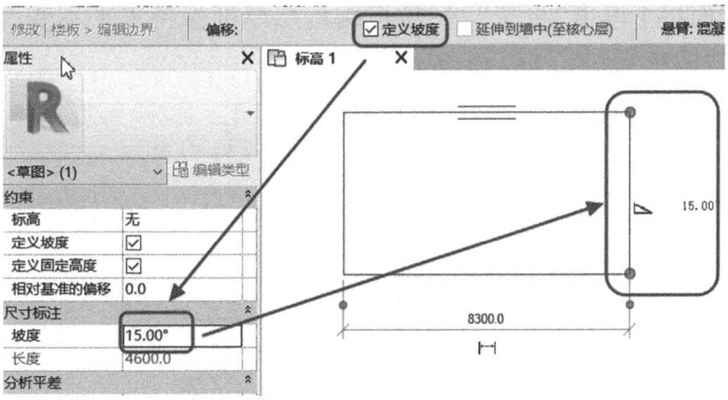

图 1-6-10　定义坡度

（2）定义固定高度：“属性”面板中勾选“定义固定高度”，输入“相对基准的偏移”值；再次选择平行的相对边线，勾选“定义固定高度”，输入“相对基准的偏移”值，单击“√”完成编辑，如图 1-6-11 所示。

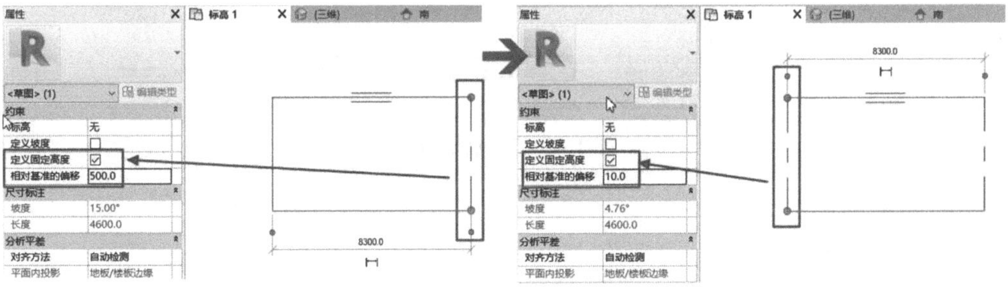

图 1-6-11　定义固定高度

◆ 任务实施

楼板的创建是通过定义楼板的轮廓的方法进行创建的。需要注意的是，在创建楼板轮廓时要形成一个闭合的轮廓线，可以使用修改工具进行轮廓线的调整。效果如图 1-6-1 所示。具体操作观看二维码视频。

◆ 知识拓展

除平楼板和斜楼板外，项目中还经常对楼板进行排水设计，例如卫生间楼板需要设计成四面流向地漏方向的顺水坡，接下来学习如何利用平楼板设计顺水坡。

一、设置楼板构造

打开“建筑”选项卡→“构建”面板→“楼板”下拉菜单→“楼板：建筑”工具，“属性”面板中点击“编辑类型”，弹出“类型属性”对话框，点击“复制(D)...”，创建新楼板类型，点击“确定”。左键点击结构“编辑”，弹出“编辑部件”对话框，编辑楼板的结构层次，勾选面层 1 厚度“可变”，使楼板结构层厚度保持水平不变，面层的厚度可随高度变化进行调整，如图 1-6-12 所示。

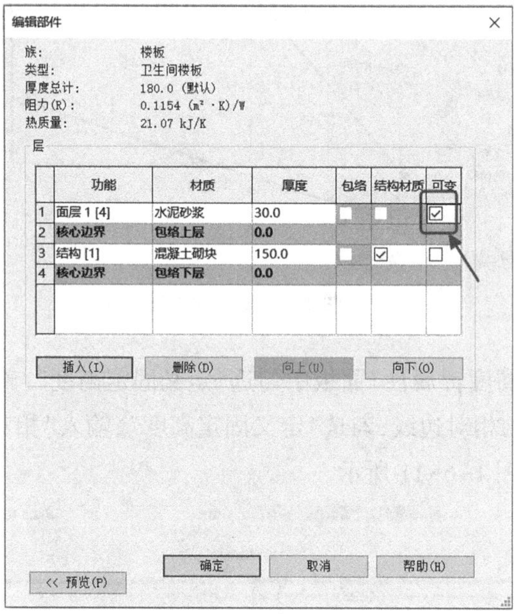

图 1-6-12　楼板结构层次

二、创建平楼板

选择新建的楼板类型，利用绘图工具绘制平楼板，如图 1-6-13 所示。

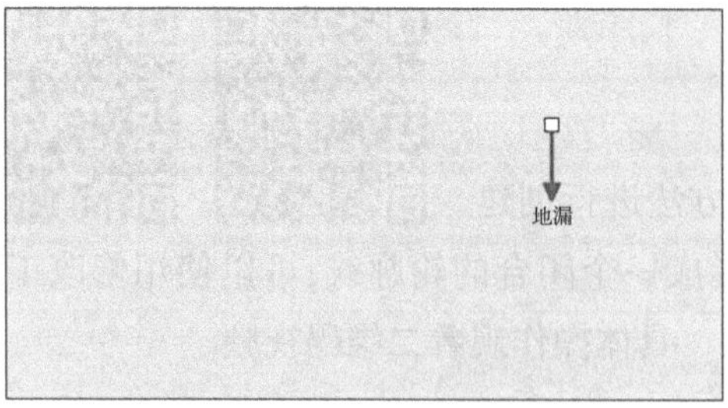

图 1-6-13　创建平楼板

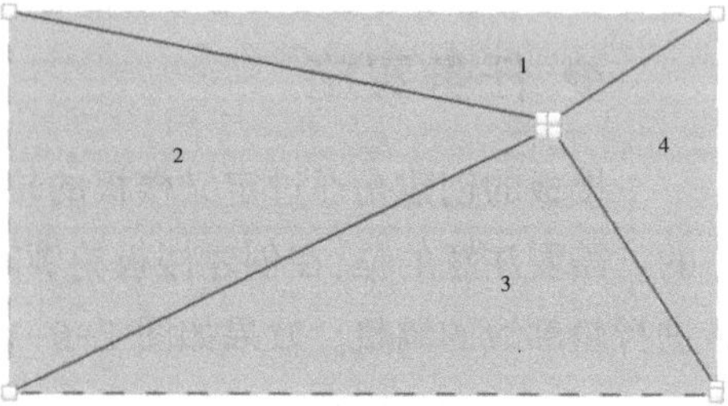

图 1-6-14　分割楼板

三、分割楼板

选择平楼板，“修改|楼板”上下文选项卡→“形状编辑”面板→“添加分割线”工具，将楼板分割成几份，如图 1-6-14 所示。

四、设置标高差

框选需要调整标高的分割点，选项栏“立面”输入地漏处标高值，按“Enter”键，完成标高差的设置，如图 1-6-15 所示。

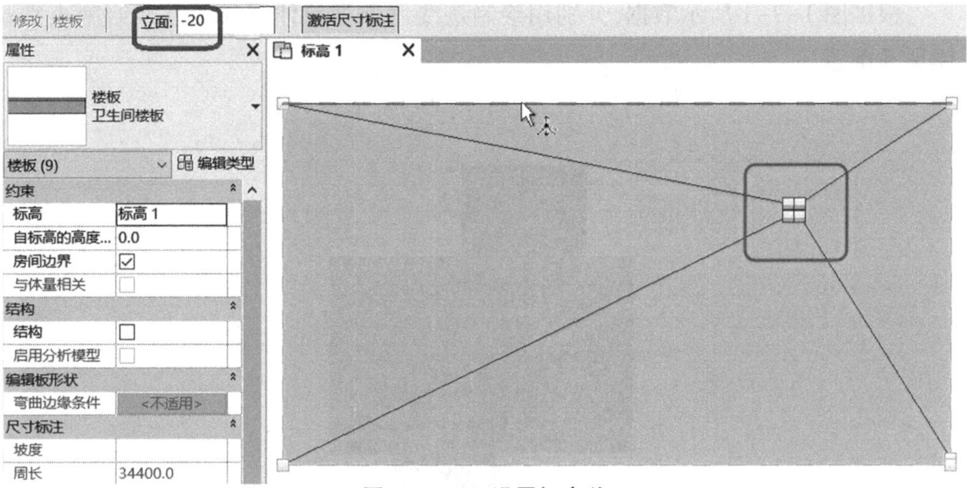

图 1-6-15　设置标高差

以上完成平楼板汇水设计，如图 1-6-16 所示，楼板结构层保持水平不变，地漏处的面层降低了 20 mm。

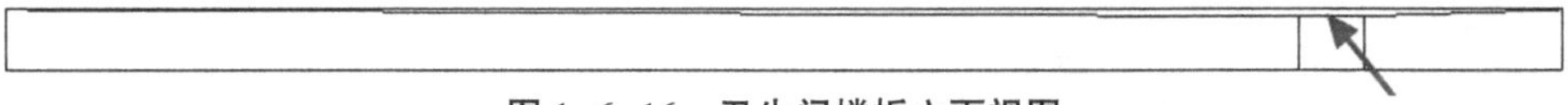

图 1-6-16　卫生间楼板立面视图

【重点提示】

屋面板排水设计的方法与此方法相同。

任务 7　创建及编辑屋顶

◆ 任务介绍

Revit 提供了多种创建屋顶的方法：迹线屋顶、拉伸屋顶、面屋顶、玻璃斜窗等。对于特殊造型的屋顶，还可以通过内建模型工具创建。

迹线屋顶主要用于生成多坡屋面，一般先确定一个封闭的轮廓，再设置各条轮廓线的坡度来实现。

拉伸屋顶主要创建截面形状不变的屋顶，主要先确定一个平面，在平面内确定拉伸轮廓，之后在与该平面垂直的方向上拉伸出一定长度。

学生通过本任务的学习，掌握创建屋顶的过程和方法，学会拉伸屋顶和迹线屋顶的编辑方法。能按标准步骤绘制迹线屋顶,并用坡度箭头绘制迹线屋顶;能创建拉伸屋顶。

◆ 任务布置

根据图 1-7-1 所示数据,分别用绘制迹线屋顶和拉伸屋顶的方式绘制小别墅的屋顶及雨篷。

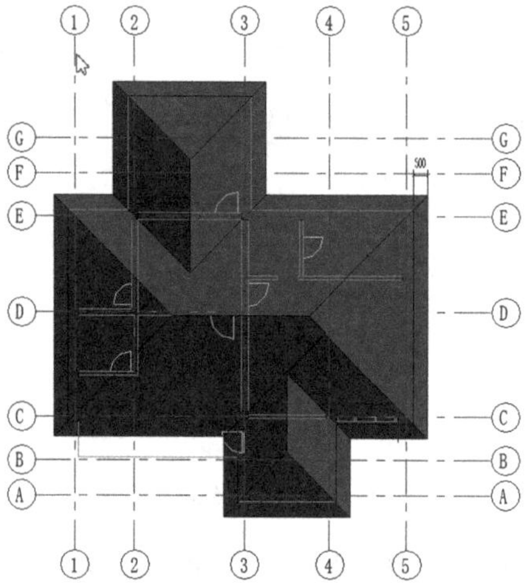

(a)三层屋顶平面布置图(坡度 25°)

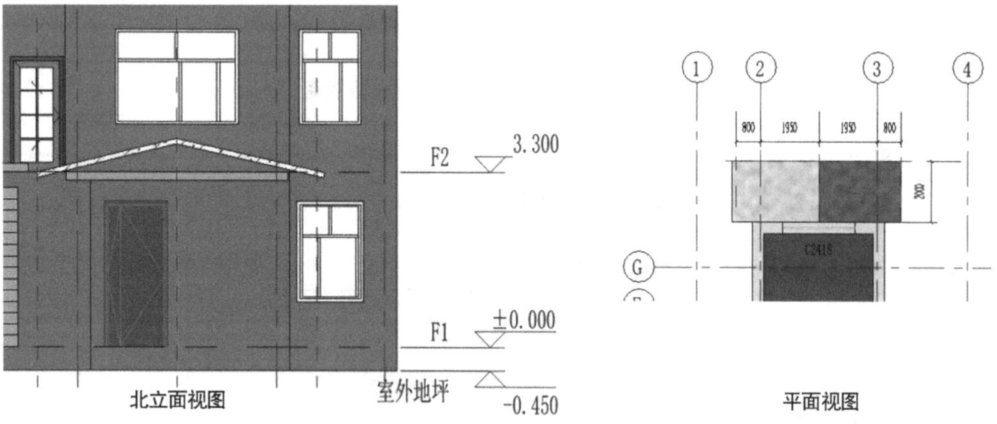

(b)二层雨篷平面布置图

图 1-7-1 屋顶及雨篷平面布置图

◆ 知识链接

一、迹线屋顶

迹线屋顶是指创建屋顶时用建筑迹线定义屋顶的边界,并为其指定不同的坡度和悬挑，或者使用默认值后对其进行优化。

1. **设置屋顶类型**

进入楼层平面，选择“建筑”选项卡→“构建”面板→“屋顶”下拉菜单→“迹线屋顶”。若在最低标高上创建“迹线屋顶”，会弹出一个对话框，提示将屋顶移动到最高的标高上，如图 1-7-2 所示。

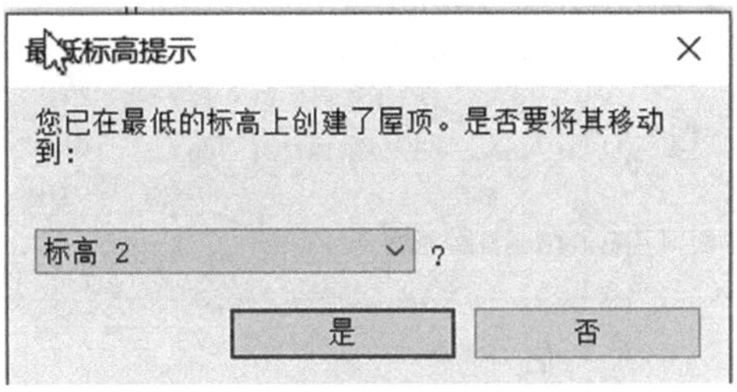

图 1-7-2　“最低标高提示”对话框

“属性”面板中，点击“编辑类型”，可按项目要求用复制的方法创建新的屋顶类型。

2. **创建屋顶边界线**

“修改|创建屋顶迹线”上下文选项卡→“绘制”面板→“绘图”工具，创建屋顶面板的“边界线”。选择“拾取墙”工具时，选项栏里会提示输入“悬挑”的值，即屋面要超出外墙一定的宽度，称为屋檐宽度，如图 1-7-3 所示。

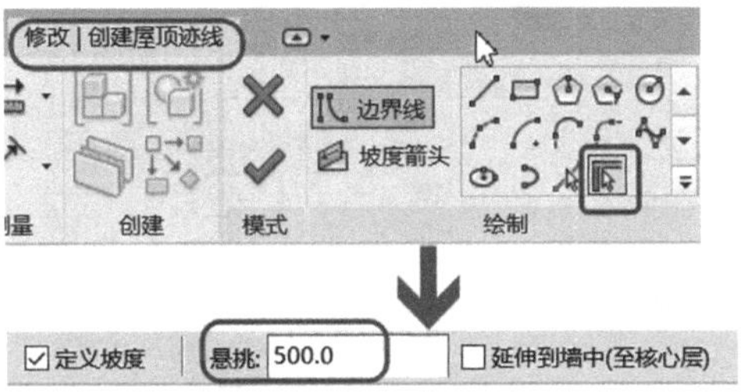

图 1-7-3　绘图工具

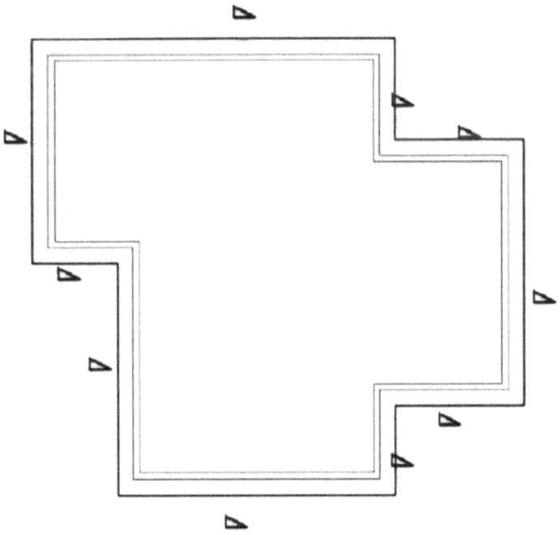

图 1-7-4　屋顶边界线

按要求在绘图区域创建屋顶面板的“边界线”，注意所绘制的“边界线”必须是闭合的，如图 1-7-4 所示。

3. **编辑屋顶坡度**

Revit 默认已定义“边界线”的坡度，每条“边界线”上的三角形符号表示已定义坡度，坡度的修改方法有两种：

(1)方法一:单击需要编辑的“边界线”,选项栏中默认“定义坡度”已勾选,坡度值可以在属性面板中进行设置。取消勾选“定义坡度”,该条“边界线”未定义坡度,坡度符号取消。

(2)方法二:选中“边界线”,选项栏中取消勾选“定义坡度”,用“拆分图元”工具在另需起坡的位置将边界线拆分,如图 1-7-5 所示。

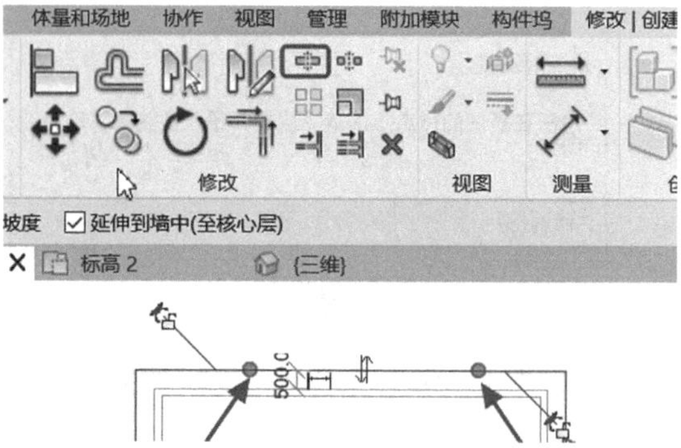

图 1-7-5　拆分图元

“绘制”面板中选择“坡度箭头”,沿边界线从端点向中间的位置绘制两个坡度箭头,分别选择两个箭头,在“属性”栏中设置“坡度”值,如图 1-7-6 所示。选中箭头两端“边界线”,勾选“定义坡度”。

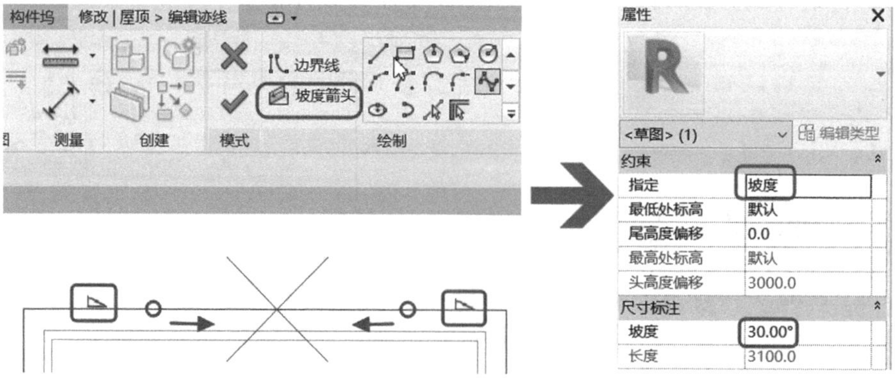

图 1-7-6　坡度箭头

修改完成后,点击“模式”面板中“√”完成迹线屋顶的绘制,效果如图 1-7-7 所示。

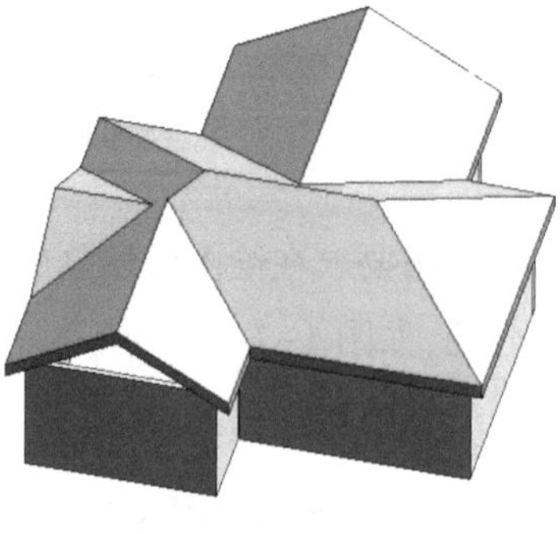

图 1-7-7　迹线屋顶效果图

4. 墙“附着”屋顶

选择墙体,点击“修改|墙”上下文选项卡→“修改墙”面板→“附着顶部/底部”,选项栏中选择“顶部”,点击屋顶图元,将墙体附着至屋顶。

二、拉伸屋顶

拉伸屋顶适于创建具有单一截面形状的折线或者曲线形式的异形屋顶，拉伸屋顶的创建是基于轮廓绘制的。

进入楼层平面，选择“建筑”选项卡→“构建”面板→“屋顶”下拉菜单→“拉伸屋顶”。在弹出的“工作平面”对话框选取“拾取一个工作平面(P)”，点击“确定”。拾取一条边界线，如图 1-7-8 所示。

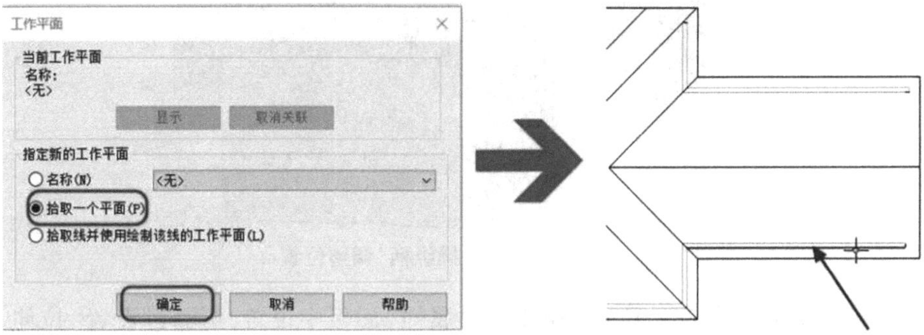

图 1-7-8　拾取平面

在弹出的“转到视图”对话框中，选择需要绘制屋顶截面的视图，点击“打开视图”，弹出“屋顶参照标高和偏移”对话框，选择标高，输入“偏移”值，点击“确定”，如图 1-7-9 所示。

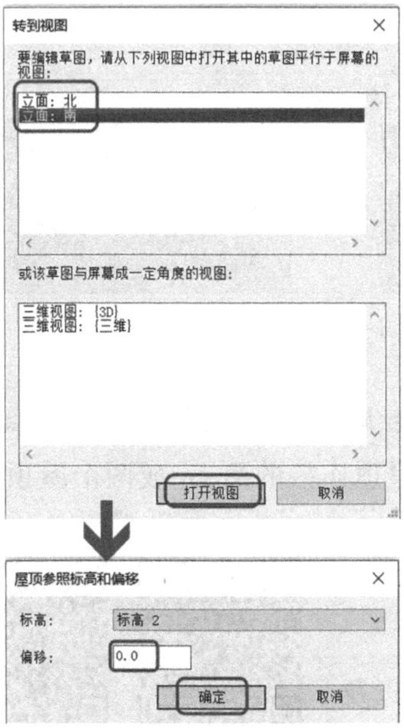

图 1-7-9　转到视图

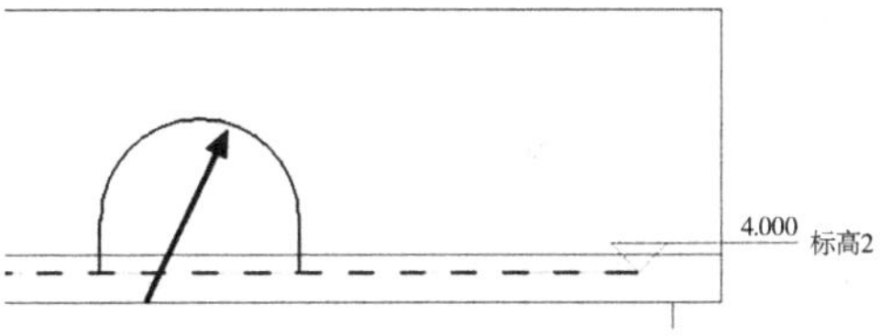

图 1-7-10　轮廓线

相应位置绘制轮廓线，如图 1-7-10 所示。

“属性”面板选择或创建屋顶面板的类型,单击“模式”面板中“√”,完成编辑模式。打开三维视图,拖拽“拉伸屋顶”两端蓝色“操纵柄”,调整屋顶的起始位置,如图 1-7-11 所示。

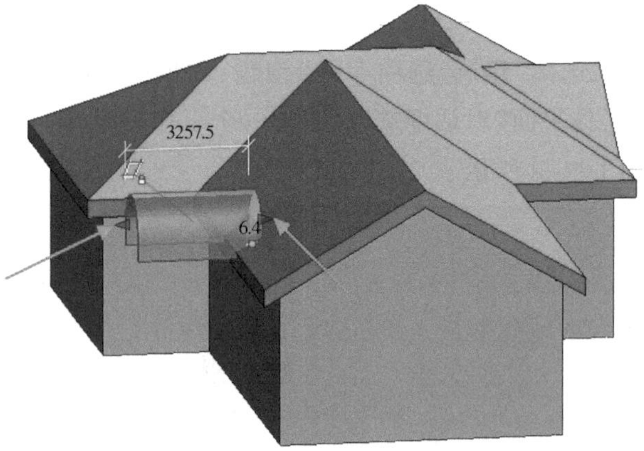

图 1-7-11　“操纵柄”调整位置

调整拉伸屋顶的起始位置也可以在“属性”面板中设置,可通过设置“拉伸起点”和“拉伸终点”的值进行调整,如图 1-7-12 所示。

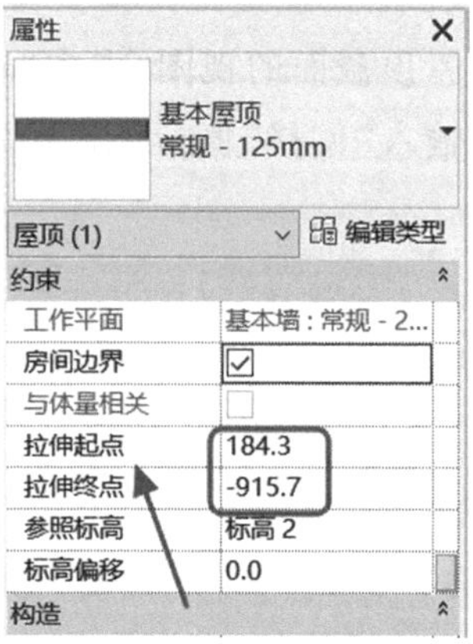

图 1-7-12　拉伸起点/终点调整位置

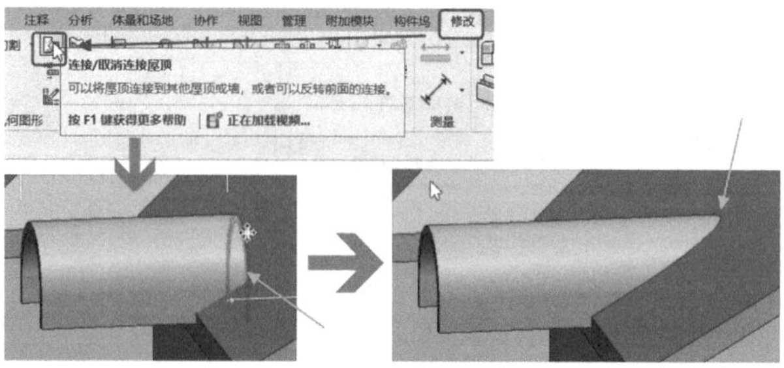

图 1-7-13　连接屋顶

“修改”选项卡→“几何图形”面板→点击“连接/取消连接屋顶”工具,选择拉伸屋顶需要与主屋顶连接的边,再点击主屋顶与拉伸屋顶连接的面,完成两个屋顶的连接,如图 1-7-13 所示。

◆ 任务实施

迹线屋顶创建时需要注意正确设置屋顶的坡度以及轮廓线,同时将墙体附着于屋顶。

拉伸屋顶创建时需要选择正确的参照平面,绘制拉伸屋顶的截面形状线并设置好拉伸起点和拉伸终点的位置,效果如图 1-7-1 所示。具体操作观看二维码视频。

◆ 知识拓展

除迹线屋顶和拉伸屋顶,Revit 还提供了屋檐:底板、屋顶:封檐板和屋顶:檐槽的创建功能。

一、屋檐:底板

打开平面视图,单击“建筑”选项卡→“构建”面板→“屋顶”下拉菜单→“屋檐:底板”,进入“修改|创建屋檐底板边界”上下文选项卡,绘制底板边界线,“绘制”工具中提供了“画边界线”和“拾取边界线”的工具,拾取工具有“拾取墙”和“拾取屋顶边”两种工具,如图 1-7-14 所示。

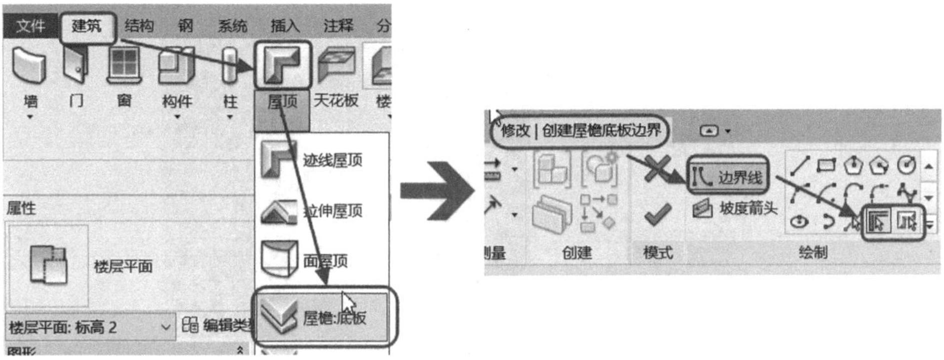

图 1-7-14　选择“屋檐:底板”命令

屋檐底板的边界线是由屋顶边和屋顶下墙的外部组成的闭合环。如图 1-7-15 所示,分别用“拾取屋顶边”工具拾取屋顶边的边界线和“拾取墙”工具拾取屋顶下墙的外部边界线,形成闭合环。

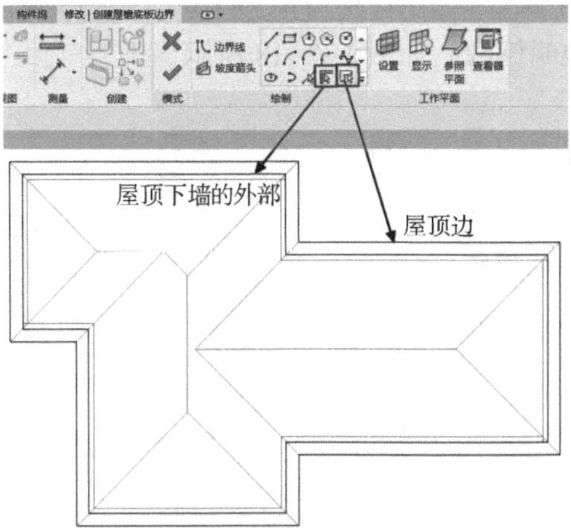

图 1-7-15　拾取边界线

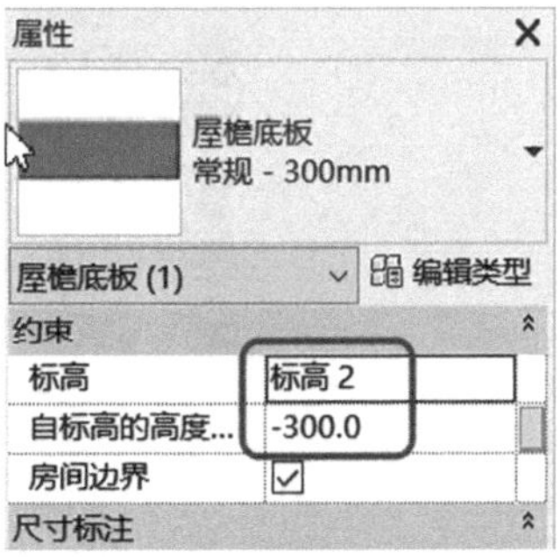

图 1-7-16　设置屋檐底板标高

单击"√"完成屋檐底板的绘制。点击屋檐底板,"属性"面板中可编辑、选择屋檐底板的类型,设置屋檐底板的高度约束值,如图 1-7-16 所示。

进入三维视图,"Tab"键切换选择底板下所有外墙,进入"修改|墙"上下文选项卡,"几何图形"面板中点击"连接"工具,绘图区域点击"底板",将墙连接到屋檐底板,同理,将墙连接到屋顶。

二、屋顶:封檐板

单击"建筑"选项卡→"构建"面板→"屋顶"下拉菜单→"屋顶:封檐板",绘图区域移动光标至屋顶边缘,当屋顶边缘线蓝色显示时,单击鼠标左键,放置封檐板,如图 1-7-17 所示。单击连续边缘时,会作为一个连续的封檐板。如果封檐带的线段在角部相遇,它们会相互斜接。"属性"面板可以选择封檐板的类型,设置约束值。

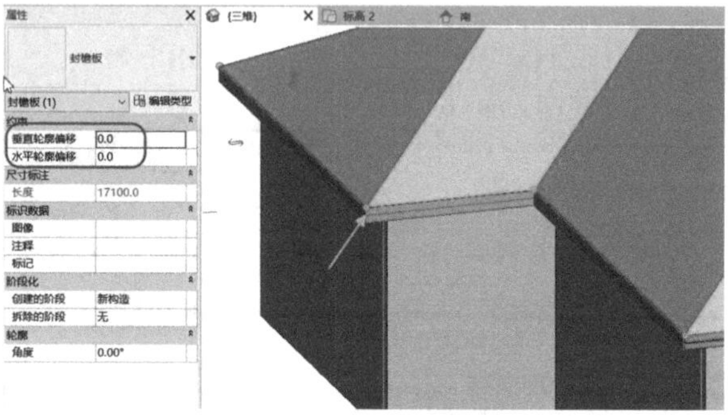

图 1-7-17　放置封檐板

三、屋顶:檐槽

单击"建筑"选项卡→"构建"面板→"屋顶"下拉菜单→"屋顶:檐槽",绘图区域移动光标至屋顶边缘,当屋顶边缘线呈蓝色显示时,单击鼠标左键,放置檐槽,单击连续边缘时,将创建一条连续的檐槽(也叫檐沟),如图 1-7-18 所示。

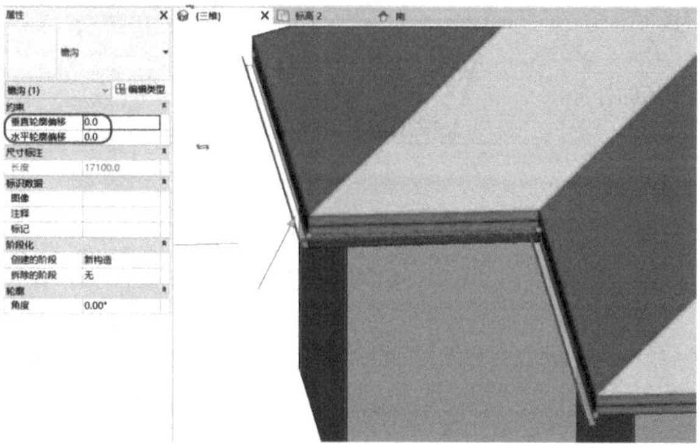

图 1-7-18　放置檐槽

任务8　创建和编辑建筑柱

◆ 任务介绍

柱分为结构柱和建筑柱。

结构柱具有一个可用于数据交换的分析模型。通常，建筑师提供的图纸和模型可能包含轴网和建筑柱。

建筑柱种类多，可根据设计要求确定。柱的类型有矩形柱、壁柱、欧式柱、中式柱、现代柱、圆柱等。可以使用建筑柱围绕结构柱创建柱框外围模型，并将其用于装饰，建筑柱将继承连接到的其他图元的材质，如墙的复合层包络建筑柱，这不适用于结构柱。

学生通过本任务的学习，掌握建筑柱的创建及编辑方法，了解结构柱的建模方法，熟悉柱的创建技巧。

◆ 任务布置

根据图1-8-1所示数据，绘制小别墅的建筑柱。

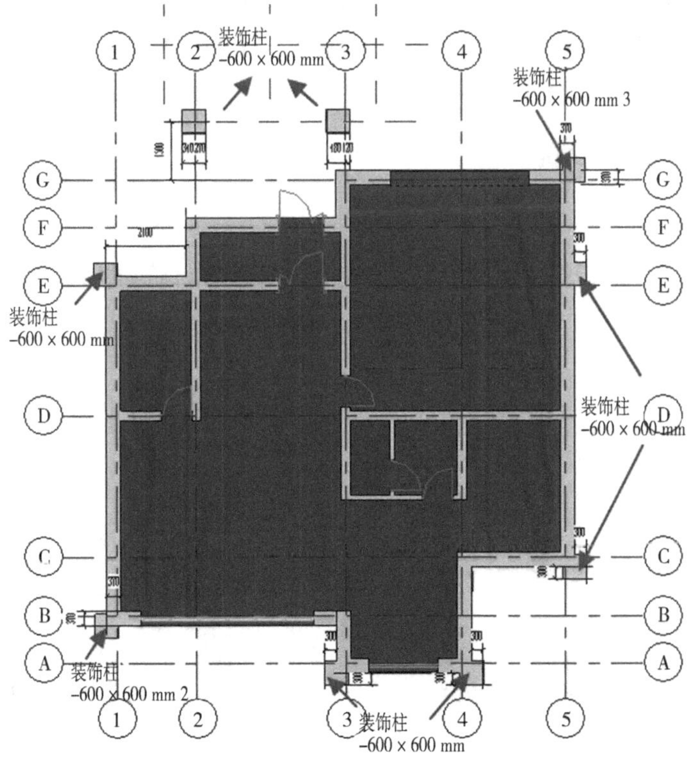

图1-8-1　小别墅建筑柱布置图

◆ 知识链接

可以在平面视图或三维视图中添加建筑柱。

一、调出建筑柱工具

“建筑”选项卡→“构建”面板→“柱”下拉菜单→“柱:建筑”工具,进入“建筑柱”绘制模式,如图 1-8-2 所示。

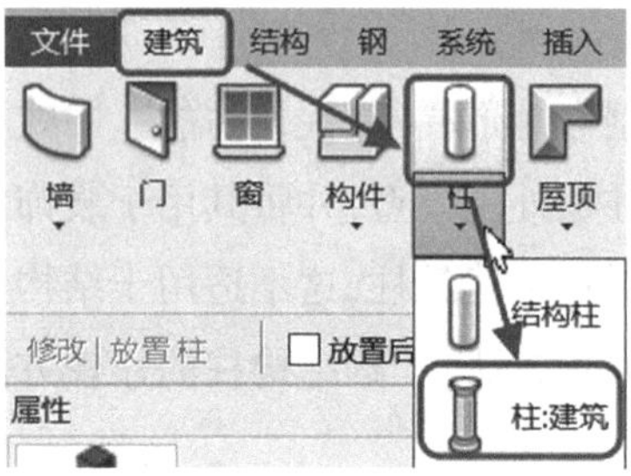

图 1-8-2　建筑柱命令

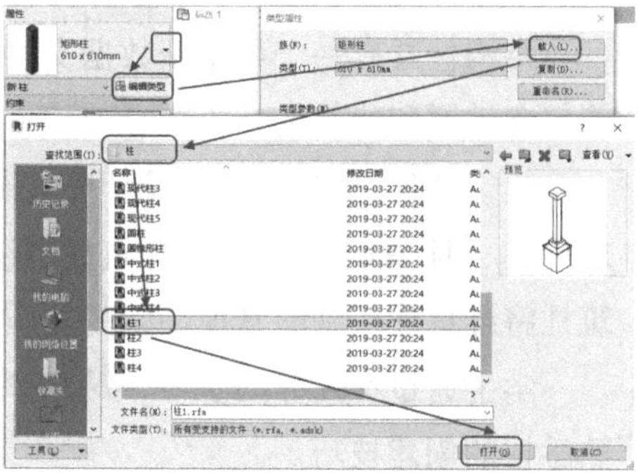

图 1-8-3　载入建筑柱

二、类型选择

“属性”面板类型选择器选择建筑柱的类型。Revit 自带矩形柱,可通过“编辑类型”→“类型属性”对话框→“载入(L)...”工具载入相应的建筑柱的类型,如图 1-8-3 所示。载入路径为“建筑/柱/...”,选择需要的柱类型,也可以载入其他外部族。

三、类型参数设置

1. 类型参数

“类型属性”对话框中可以设置建筑柱的“图形”“材质和装饰”“尺寸标注”“标识数据”,如图 1-8-4 所示。

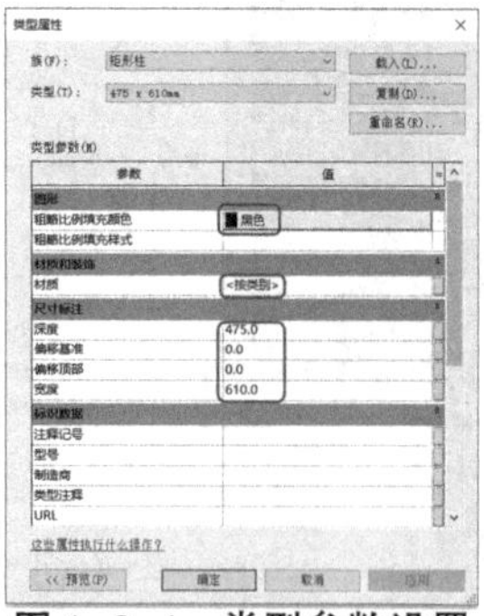

图 1-8-4　类型参数设置

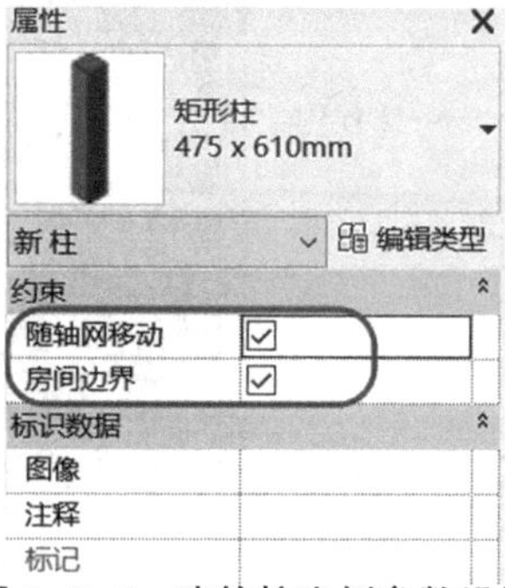

图 1-8-5　建筑柱实例参数设置

2. 实例参数

“属性”面板中设置建筑柱的约束参数,如图 1-8-5 所示。

（1）“随轴网移动”：随相交轴网的移动而移动。穿过柱中心的轴网与柱建立关系，当轴网移动后，柱也会移动以维持该关系。

（2）“房间边界”：启用几何图形以定义房间边界。

3. **选项栏参数**

选项栏里可设置放置柱时的深度和高度，如图1-8-6所示。

（1）“放置后旋转”：放置柱后对柱进行旋转。

（2）“深度”：从当前楼层标高向下创建柱。

（3）“高度”：从当前楼层标高向上创建柱。

在三维视图中放置建筑柱时，选项栏中会多一个“标高”选项，需要选择柱的底标高，如图1-8-7所示。

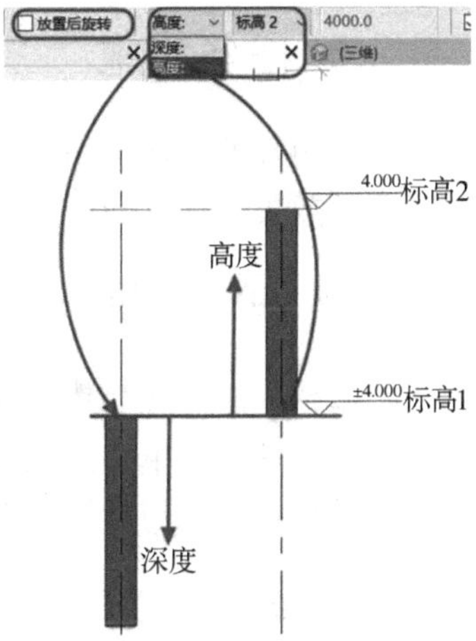

图1-8-6　建筑柱选项栏设置

图1-8-7　三维放置柱选项栏

四、放置建筑柱

绘图区域移动光标，捕捉相应的位置，点击鼠标左键，放置建筑柱。放置建筑柱前可通过点击空格键，调整柱的放置方向，如图1-8-8所示。

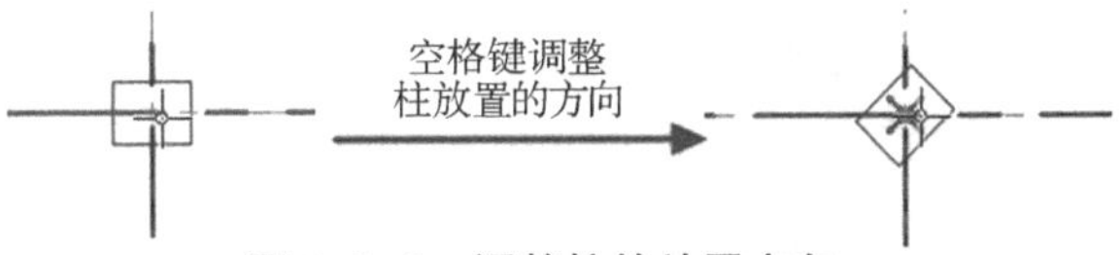

图1-8-8　调整柱的放置方向

五、修改建筑柱

选择已绘制的建筑柱，“修改|柱”上下文选项卡→“修改柱”面板→“附着顶部/底部”“分离顶部/底部”，可使柱顶部或底部与楼板、屋顶、梁等水平图元连接，并剪切多余部分图元。同时可以在“类型属性”对话框和“属性”（增加“底部标高”“底部偏移”“顶部标高”“顶部偏移”约束条件）面板中修改相应的参数值，如图1-8-9所示。

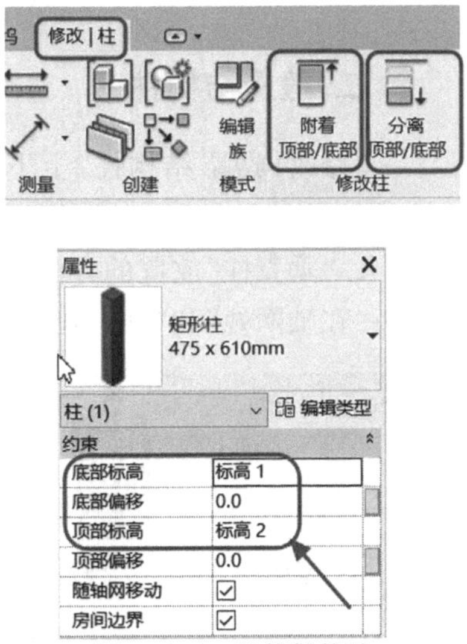

图1-8-9　建筑柱修改

◆ 任务实施

建筑柱的创建采用放置构件的方式进行创建，具体的放置方法与门窗的放置方法相同。具体操作观看二维码视频。

◆ 知识拓展

结构柱的创建与建筑柱的创建和编辑方法基本相同，基于结构柱用于支撑结构和承受荷载的设计要求，结构柱可以进行受力分析与配置钢筋。接下来学习结构柱创建与建筑柱创建的不同之处。

一、结构柱打开工具的方式

结构柱打开工具的方式有两种：

1. 点击“建筑”选项卡→“构建”面板→“柱”下拉菜单→“结构柱”，进入“结构柱”绘制模式。

2. 点击“结构”选项卡→“结构”面板→“柱”，进入“结构柱”绘制工具，如图 1-8-10 所示。

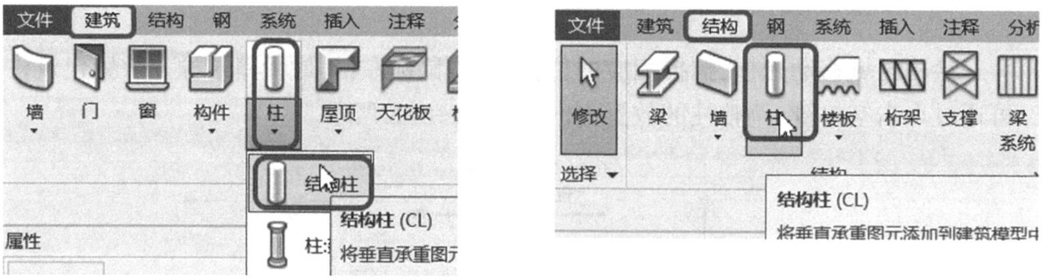

图 1-8-10　打开结构柱工具

二、放置结构柱

“修改|放置 结构柱”上下文选项卡，“放置”面板中有“垂直柱”和“斜柱”两种方式。

1. “垂直柱”放置的方法与“建筑柱”相同，但在垂直柱放置时，增加了“多个”面板→“在轴网处”和“在柱处”工具，如图 1-8-11 所示。

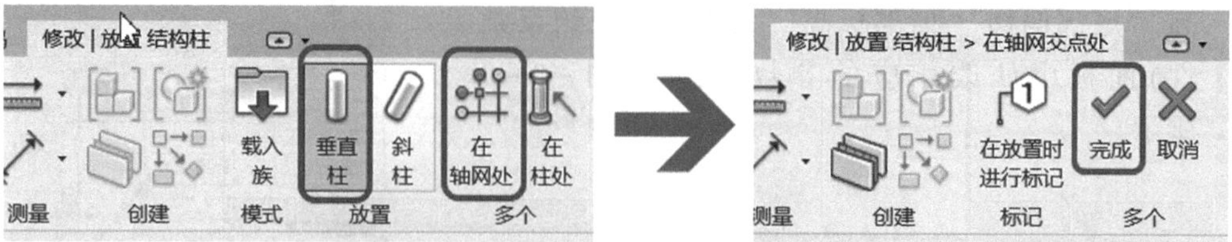

图 1-8-11　在轴网处放置结构柱

(1)“在轴网处”:可多个柱一次性放置。在选定轴线的每一个交点处都会放置一个柱,单击“完成”之后创建柱。

(2)“在柱处”:在选中的建筑柱内部创建结构柱。默认结构柱捕捉到建筑柱的中心。

2.“斜柱”。

(1)在斜柱创建时,“属性”面板中提供了结构柱的“构造”参数:“底部截面样式”“底部延伸”“顶部截面样式”“顶部延伸”,用于选择端点的切割方向,如图 1-8-12 所示。截面样式有“垂直于轴线”“水平”“垂直”三种。

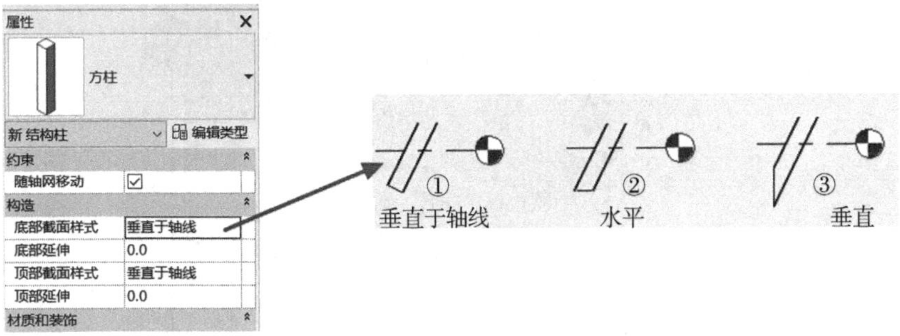

图 1-8-12　斜柱构造参数

(2)在斜柱创建时,“选项栏”需要设置柱起点和柱终点的相对标高值:“第一次单击”和“第二次单击”。在三维视图中,创建斜柱时可勾选“三维捕捉”,在视图中直接捕捉与结构柱相交的图元进行模型绘制,如图 1-8-13 所示。

图 1-8-13　斜柱选项栏参数设置

任务 9　创建栏杆扶手

◆ 任务介绍

栏杆扶手相对于其他构件,是一个比较复杂的工具,里面涉及很多嵌套族。其主要由栏杆扶手(栏杆、顶部扶栏、普通扶栏)、支柱(起点支柱、终点支柱、转角支柱)等组成,如图 1-9-1 所示。

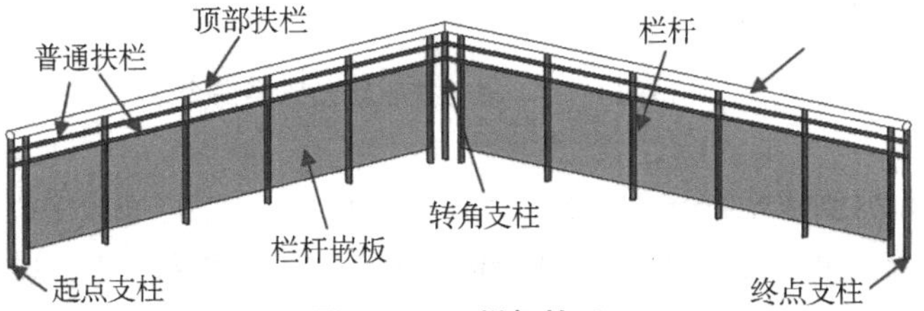

图 1-9-1　栏杆扶手

学生通过本任务的学习，了解创建栏杆扶手的方法，熟悉栏杆扶手类型参数设置，完成小别墅栏杆扶手的创建。

◆ 任务布置

根据图 1-9-2 所示数据，绘制小别墅的室外平台栏杆扶手。

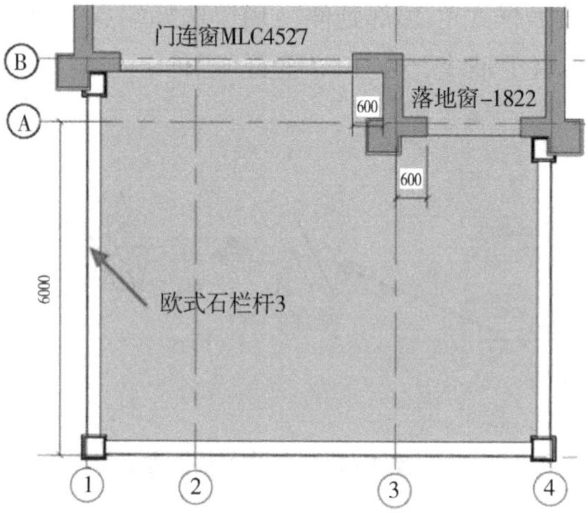

图 1-9-2　小别墅的室外平台栏杆扶手

◆ 知识链接

一、栏杆扶手的创建

栏杆扶手的创建方法有两种：绘制路径、放置在楼梯/坡道上。

1. 绘制路径：通过绘制栏杆扶手走向来创建栏杆扶手。

点击“建筑”选项卡→“楼梯坡道”面板→“栏杆扶手”下拉菜单→“绘制路径”工具，如图 1-9-3 所示。

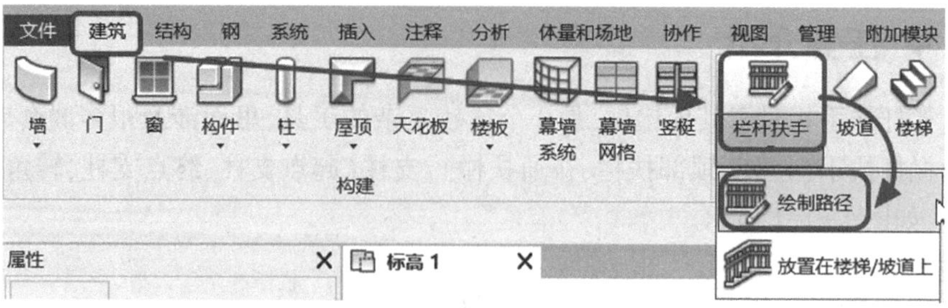

图 1-9-3　栏杆扶手绘制路径命令

进入“修改|创建栏杆扶手路径”上下文选项卡，“绘制”面板中提供多种绘制路径的工具，选择相应的工具在绘制区域绘制路径，“工具”面板→“拾取新主体”，绘图区域移动光标至主体图元，点击鼠标左键，如图 1-9-4 所示，绘制完路径点击“模式”面

板→“√”,完成栏杆扶手的创建。

栏杆扶手完成效果如图 1-9-5 所示。

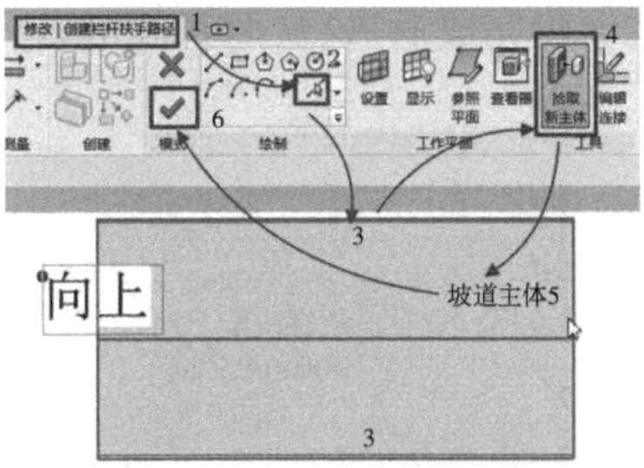

图 1-9-4　栏杆扶手绘制路径

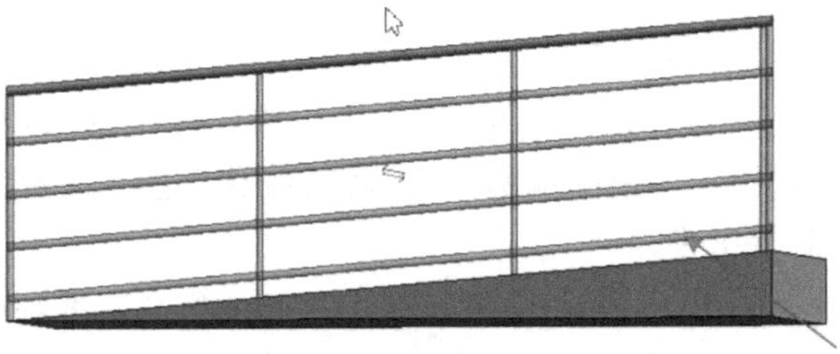

图 1-9-5　栏杆扶手完成效果

注意:栏杆扶手的路径必须是一条单一且连接的草图,如需将栏杆扶手分为几个部分,则需要创建两个或多个单独的栏杆扶手,图 1-9-4 的草图就是两根断开的路径,不可一次生成,需要创建两个单独的栏杆扶手。

2. 放置在楼梯/坡道上:将栏杆扶手放置在楼梯或坡道上。

点击“建筑”选项卡→“楼梯坡道”面板→“栏杆扶手”下拉菜单→“放置在楼梯/坡道上”,如图 1-9-6 所示。

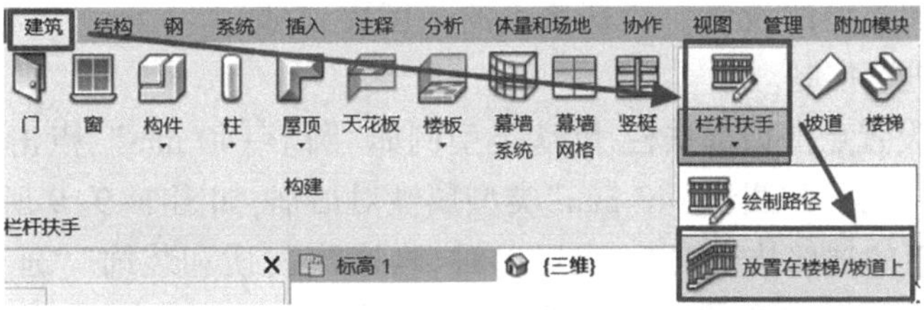

图 1-9-6　栏杆扶手放置在楼梯/坡道上命令

进入“修改 | 在楼梯/坡道上放置栏杆扶手”上下文选项卡,“位置”面板有两个工具,分别是“踏板”“梯边梁”,选择相应的工具,绘图区域移动光标至相应的楼梯/坡道图元,点击鼠标左键,在踏板/梯边梁生成栏杆扶手,如图 1-9-7 所示。

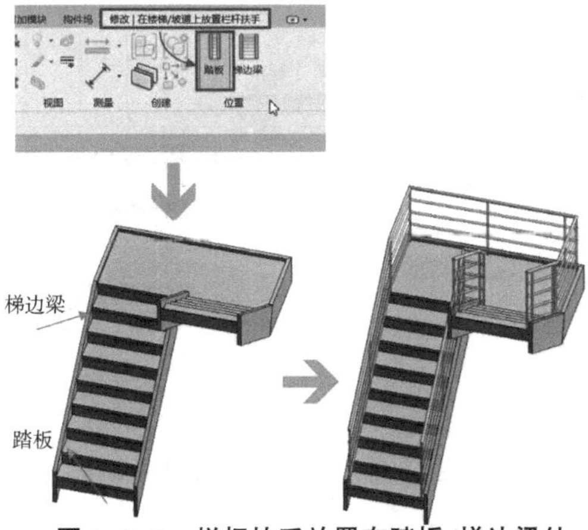

图 1-9-7　栏杆扶手放置在踏板/梯边梁处

二、栏杆扶手的编辑

栏杆扶手的编辑可以在创建之前进行，也可以在创建完成后进行，两者都可以。

1. 约束

栏杆扶手"属性"面板中可对其进行约束：对"底部标高""底部偏移""从路径偏移"进行设置，如图 1-9-8 所示。

(1)底部标高：栏杆扶手基础的标高基准约束，如果移动了标高基准，栏杆扶手的基础也会移动。

(2)底部偏移：高度高于或低于底部约束标高。调整该值可更改栏杆扶手的基础位置。

(3)从路径偏移：指定与其他主体（踏板、踢边梁或路径边缘）的扶手偏移。

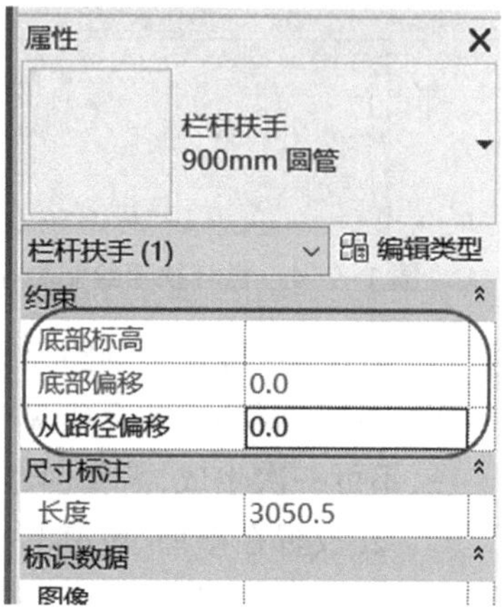

图 1-9-8 栏杆扶手的"约束"

2. 顶部扶栏

"顶部扶栏"的设置在"类型属性"对话框中，可以进行高度和类型的设置。栏杆扶手的高度由顶部扶栏的高度进行控制。

"类型"设置点击顶部扶栏，默认类型例如"圆形-40 mm"，点击右侧"..."符号，弹出"顶部扶栏类型/圆形-40 mm"类型属性对话框，如图 1-9-9 所示。在此对话框中可以创建新的顶部扶栏类型，也可以对"构造""材质和装饰""延伸(起始/底部)""延伸(结束/顶部)""终端""标识数据"等参数进行修改。

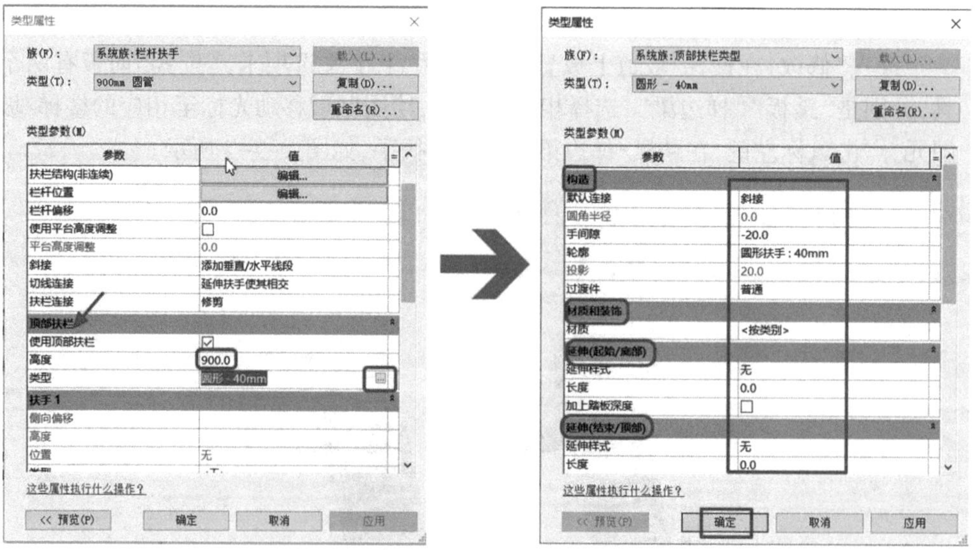

图 1-9-9 顶部扶栏参数设置

(1)"默认连接"：为形成转角的两段扶栏指定连接类型，有"斜接"和"圆角"两种类型，若选择“圆角”连接，还要输入“圆角半径”。

（2）“手间隙”：指定从扶手/顶部扶栏的内边缘到墙面或扶栏所附着支柱的中心线的距离。

（3）“轮廓”：指定轮廓族，用于确定连续栏杆的形状。

（4）“过渡件”：指定扶手或顶部扶栏中使用的过渡类型。有三个类型：“无”指在带平台的楼梯系统中，内部扶栏将终止于平台上第一个或最后一个踏板的前缘；“鹅颈式”指用于存在密集过渡件和复杂扶栏轮廓的情况；“普通”指用于存在密集过渡件与圆形扶栏轮廓的情况。

（5）“延伸（起始/底部）”“延伸（结束/顶部）”：为扶栏延伸指定转角条件（如果有），有四个类型：“无”指无转角；“墙”指延伸在相邻的墙处形成转角；“楼板”指延伸垂直转角至楼板；“立柱”指延伸转角至最后一个立柱。

（6）“终端”：为顶部扶栏起始/底部、结束/顶部终端指定终端类型。从下拉菜单中选择已载入的族，用于定义顶部扶栏或扶手终点处的终端条件。

3. 扶手

在“类型属性”对话框中点击“扶栏结构（非连续）”后面的“编辑...”按钮对“扶手”进行调整，它是横着的，在顶部扶栏的下方，如图 1-9-10 所示。

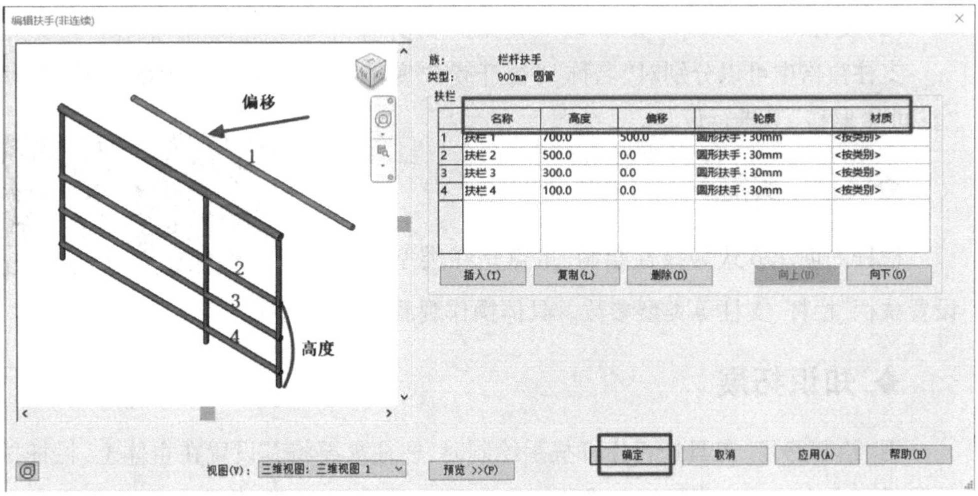

图 1-9-10　“编辑扶手（非连续）”对话框

在“编辑扶手（非连续）”对话框中可以设置每一根扶栏的“名称”“高度”“偏移”“轮廓”“材质”。

注意：“高度”为距离底部的高度；“偏移”为横向偏移距离；默认扶手的排序为从上向下排序。

4. 栏杆

点选“类型属性”对话框中“栏杆位置”后面的“编辑...”，弹出“编辑栏杆位置”对话框，如图 1-9-11 所示。可以对“主样式（M）”和“支柱（S）”两种类型进行分别设置。

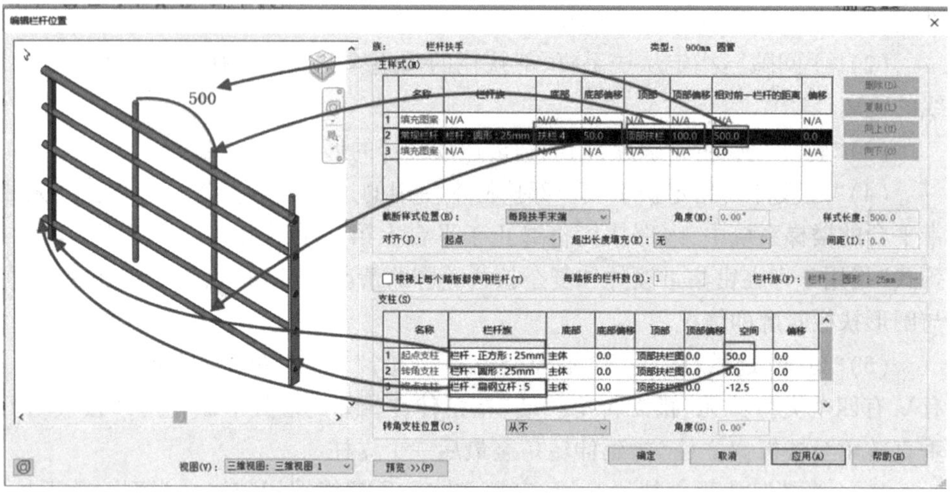

图 1-9-11 “编辑栏杆位置”对话框

(1)主样式(普通栏杆)

主样式窗格中可以对栏杆的“名称”“栏杆族”“底部”“底部偏移”“顶部”“顶部偏移”“相对前一栏杆的距离”“偏移”进行设置。

(2)支柱

支柱窗格中可以分别对“名称”“栏杆族”“底部”“底部偏移”“顶部”“顶部偏移”“空间”“偏移”等进行设置。

◆ 任务实施

栏杆的创建方式为线性绘制,重点是在类型属性中设置扶栏、栏杆、支柱等类型参数。具体操作观看二维码视频。

◆ 知识拓展

用“绘制路径”工具进行栏杆扶手绘制时,往往需要将其设置在主体上,栏杆扶手的路径可由连接直线或弧线组成。

对于拾取主体后,改变部分栏杆扶手不能与其主体正交的现象,需要将路径线在变坡点处拆分,后方可进行正交。如图 1-9-12 所示,绘制路径,拾取坡道主体后,生成栏杆扶手时,提示该栏杆扶手的坡度与平台上的坡道不平行,要获得平行栏杆扶手,可在平台端点拆分栏杆扶手草图。

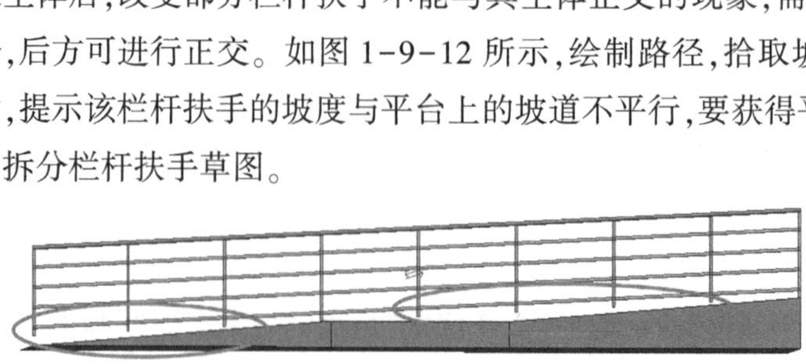

图 1-9-12 栏杆扶手与坡道未连接

选择绘制的栏杆,在“修改|栏杆扶手”上下文选项卡→“模式”面板→“编辑路径”工具,用“拆分图元”工具,在变坡点处拆分路径线,后点击“√”,完成草图编辑,如图 1-9-13 所示。

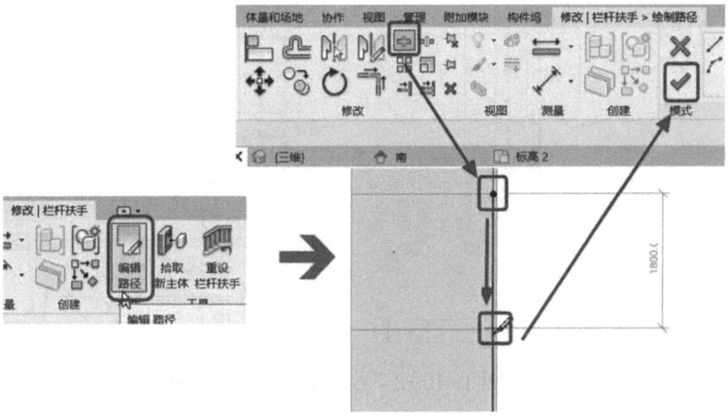

图 1-9-13　拆分路径线

拆分后栏杆扶手与坡道主体正交,如图 1-9-14 所示。

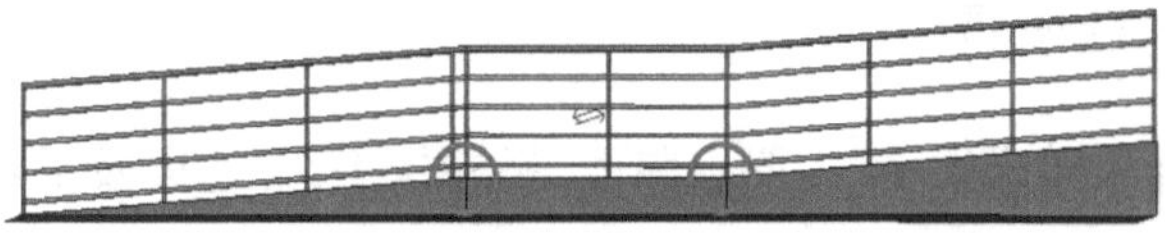

图 1-9-14　栏杆扶手与坡道主体正交效果图

任务 10　创建楼梯及坡道

◆ 任务介绍

楼梯是建筑中能通达上下楼层的必要构件。楼梯主要由梯段、平台和支撑组成,如图 1-10-1 所示。

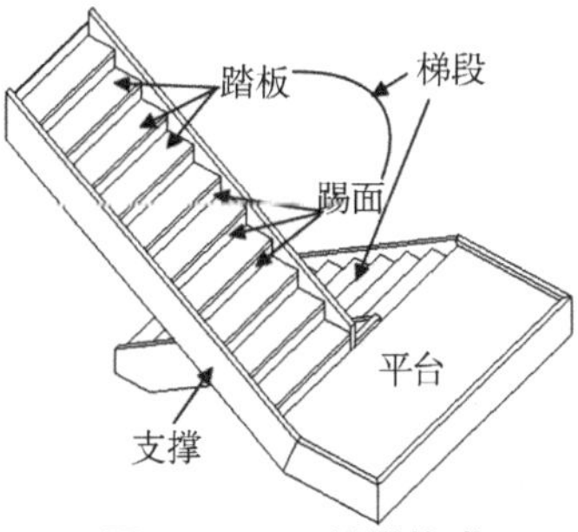

图 1-10-1　楼梯构成

学生通过本任务的学习,了解按构件创建楼梯的方法;熟悉楼梯类型定义的参数;

掌握楼梯创建重点，完成小别墅楼梯的创建。

根据图 1-10-2 所示数据，绘制小别墅的楼梯。

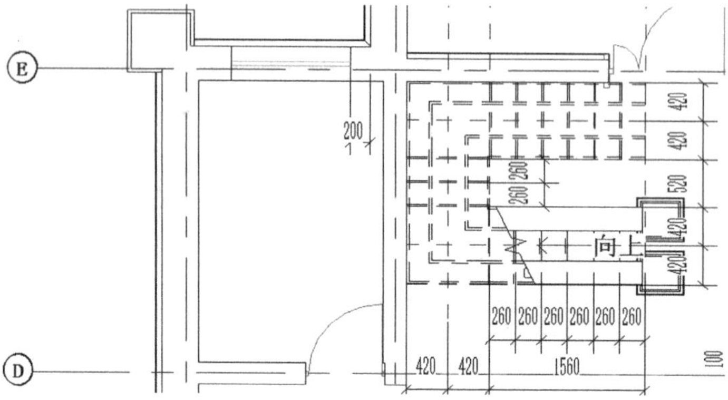

图 1-10-2　小别墅楼梯平面图

◆ 知识链接

一、楼梯属性设置

楼梯的种类和样式很多，主要由踢面、栏杆扶手、梯边梁及平台组成。无论采用哪种方法创建楼梯，都需要对楼梯相关属性进行设置。具体设置方法如下：

点击“建筑”选项卡→“楼梯坡道”面板→“楼梯”工具，进入“修改 | 创建楼梯”上下文选项卡。

1. 实例属性设置

“属性”面板中，主要确定楼梯类型、约束条件、尺寸标注三大内容，如图 1-10-3 所示。

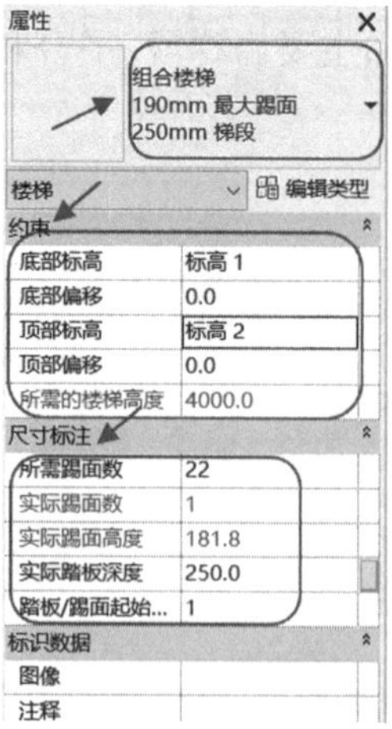

图 1-10-3　楼梯属性设置

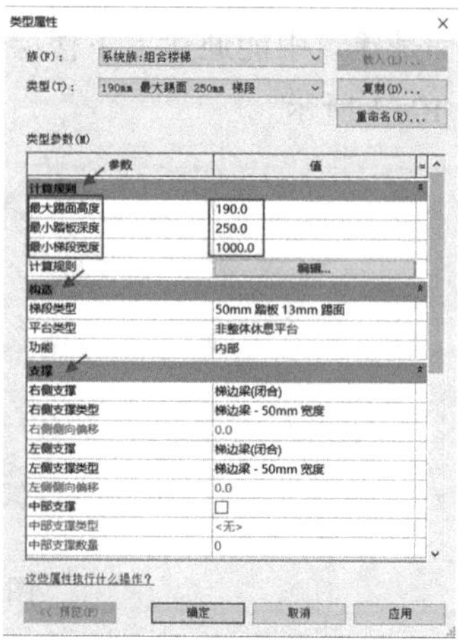

图 1-10-4　楼梯类型属性

“约束”条件可以通过“底部标高”“底部偏移”确定楼梯的底标高，“顶部标高”“顶部偏移”“所需的楼梯高度”确定楼梯的顶标高。当“顶部标高”选择“无”时，“顶部偏移”灰显，“所需的楼梯高度”可进行设置。

“尺寸标注”可以通过“所需踢面数”“实际踢面数”“实际踢面高度”“实际踏板深度”“踏板/踢面起始编号”确定相应参数。可以看到“实际踢面数”“实际踢面高度”灰显，因为 Revit 可以根据输入的“所需踢面数”及其他参数值自动计算“实际踢面高度”。

2. 类型属性设置

单击“属性”面板中“编辑类型”，弹出“类型属性”对话框，主要设置楼梯的梯段计算规则、构造(梯段类型、平台类型)、支撑的类型，如图 1-10-4 所示。

“计算规则”中“最大踢面高度”“最小踏板深度”“最小梯段宽度”三个参数并非具体数值，而是设置了一个范围，在实例属性中输入的相应值不能超出该范围。

二、创建楼梯

创建楼梯指通过装配梯段、平台、支座构件来创建楼梯。

1. 梯段

(1)进入“修改|创建楼梯”上下文选项卡，“选项栏”中可设置梯段的“定位线”“偏移”“实际梯段宽度”“自动平台”参数，如图 1-10-5 所示。

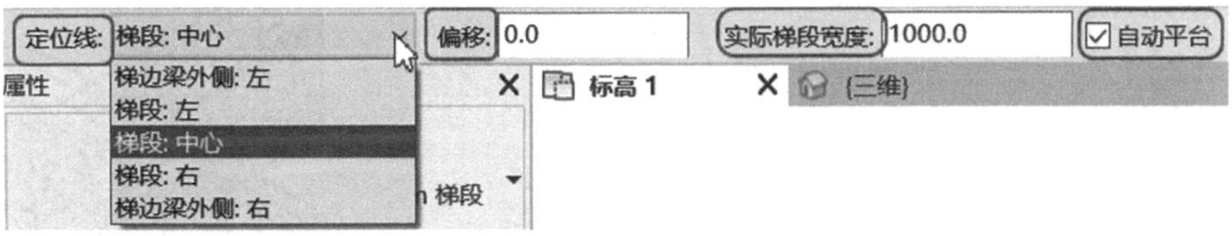

图 1-10-5　梯段选项栏

“定位线”：指梯段的绘制路径。有五个选项：“梯边梁外侧：左”“梯段：左”“梯段：中心”“梯段：右”“梯边梁外侧：右”，具体位置如图 1-10-6 所示。

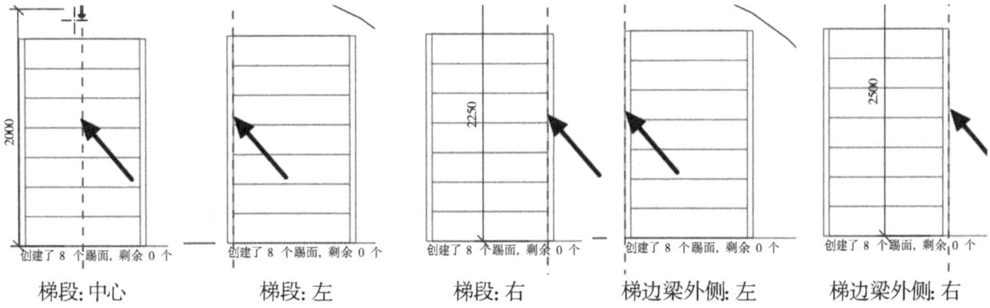

图 1-10-6　梯段绘制路径定位线

“偏移”：指“定位线”相对于梯段的偏移值，正值在定位线的右侧，负值在定位线的左侧，如图 1-10-7 所示，梯段定位线为“梯段：中心”，偏移为“-50.0”。

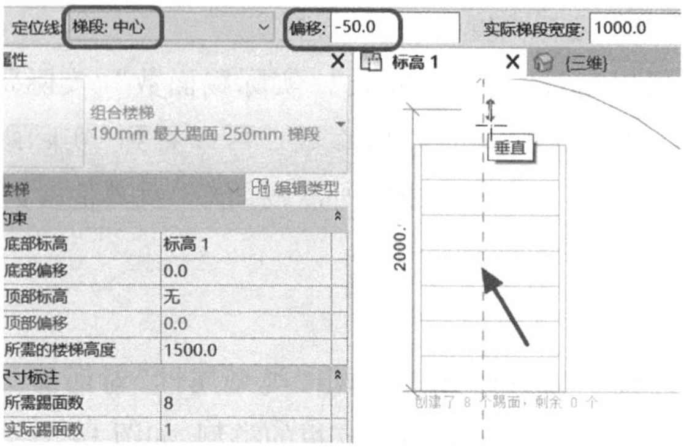

图 1-10-7　梯段定位线偏移

“自动平台”：默认勾选“自动平台”，若创建两个单独的梯段，Revit 会在这两个梯段之间自动创建平台，如不需要自动创建，取消勾选。

(2)“工具”面板中“栏杆扶手”工具可设置楼梯栏杆扶手的类型，如图 1-10-8 所示。鼠标左键点击“栏杆扶手”工具，弹出“栏杆扶手”对话框，选择放置的位置“踏板”或“梯边梁”，下拉菜单中选择“栏杆扶手”类型。创建楼梯时会自动创建栏杆扶手；也可以选择“无”，则不生成栏杆扶手。

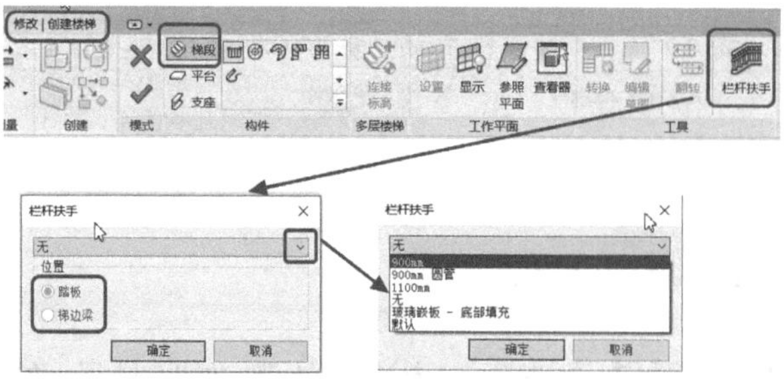

图 1-10-8　楼梯栏杆扶手设置

图 1-10-9　直形双跑楼梯

(3)属性参数设置完后，选择梯段类型（直梯、全踏步螺旋、圆心-端点螺旋、L 形转角、U 形转角、创建草图）按状态栏提示，可创建相应类型的梯段。

①直梯：通过指定起点和终点绘制一个直形双跑梯段，如图 1-10-9 所示，完成直形双跑楼梯（由两个梯段构成）。具体创建过程如下：

选项栏定位线选择“梯段：中心”，偏移为“0.0”，实际梯段宽度“1000.0”，勾选“自动平台”，楼梯类型为“190 mm 最大踢面 250 mm 梯段”，栏杆扶手类型为“900 mm 圆管”。

在绘图区域捕捉梯段起点，点击鼠标左键，垂直方向移动光标，灰色数字显示

“创建了 11 个踢面，剩余 11 个”时，单击鼠标左键；修改选项栏“定位线”为“梯段：右”，水平移动光标，蓝色临时水平线捕捉另一梯段起点位置时，点击鼠标左键，垂直方向移动光标，在与左梯段起点齐平的地方点击左键，此时灰色数字显示“创建了 11 个踢面，剩余 0 个”。单击“模式”面板中“√”，直形双跑楼梯创建完成，如图 1-10-10 所示。

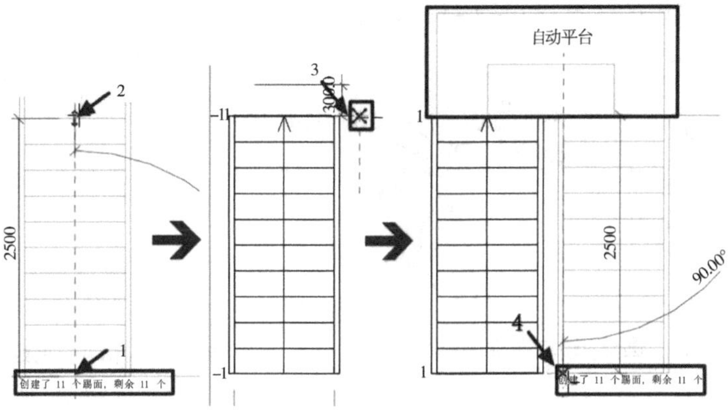

图 1-10-10　创建直形双跑楼梯

②全踏步螺旋：用于指定起点和半径创建螺旋梯段。可创建大于 360°的螺旋梯段，创建时默认逆时针方向，旋转方向可以修改。具体创建方法如下：

选择“全踏步螺旋”工具，选项栏中设置“定位线”“偏移”“实际梯段宽度”；属性面板中定义高度约束值及踢面高度，绘图区域移动光标捕捉楼梯圆心，继续移动光标将螺旋梯段半径拖拽到所需的位置，如图 1-10-11 所示。

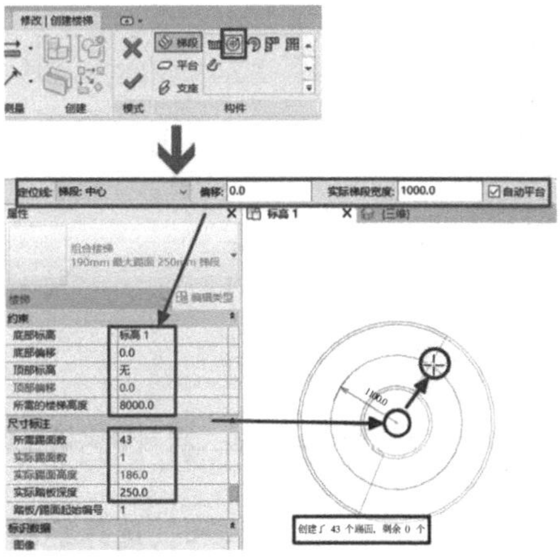

图 1-10-11　全踏步螺旋梯段设置

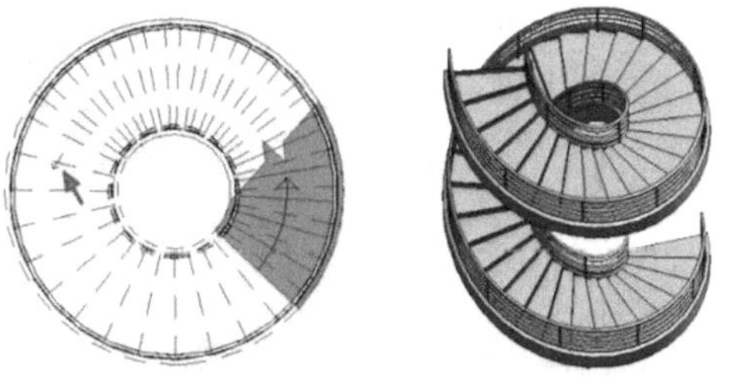

图 1-10-12　切换全踏步螺旋梯段旋转方向

点击“√”，完成全踏步螺旋梯段绘制。选中全踏步螺旋梯段，点击箭头符号，切换旋转方向，如图 1-10-12 所示。

③圆心-端点螺旋：通过指定圆心、起点和端点创建螺旋梯段。可创建小于 360°

的螺旋梯段，选择圆心和起点后，以顺时针或逆时针方向移动光标以指示旋转方向，然后单击以指定端点。具体创建方法如下：

点击“圆心-端点螺旋”工具，选项栏中设置“定位线”“偏移”“实际梯段宽度”；属性面板中定义高度约束值及踢面高度，绘图区域移动光标捕捉楼梯圆心，继续移动光标将螺旋梯段半径拖拽到所需的位置并指定起点，继续顺时针或逆进针方向移动光标，点击螺旋梯段的终点，如图 1-10-13 所示。

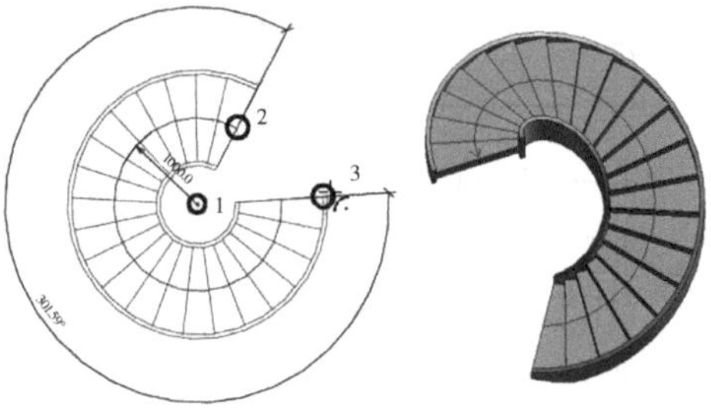

图 1-10-13　圆心-端点螺旋梯段

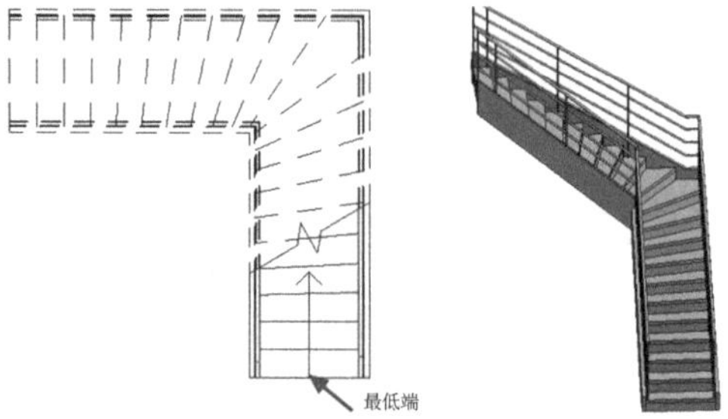

图 1-10-14　L 形转角梯段

④L 形转角：通过指定最低端创建 L 形斜踏步梯段。

通过参数设置，形成 L 形转角的基本图形，绘图区域捕捉最低端放置 L 形转角梯段，选项栏中通过勾选“镜像预览”完成方向的调整，如图 1-10-14 所示。

⑤U 形转角：通过指定最低端创建 U 形斜踏步梯段。

与 L 形转角梯段的创建方法相同，如图 1-10-15 所示。

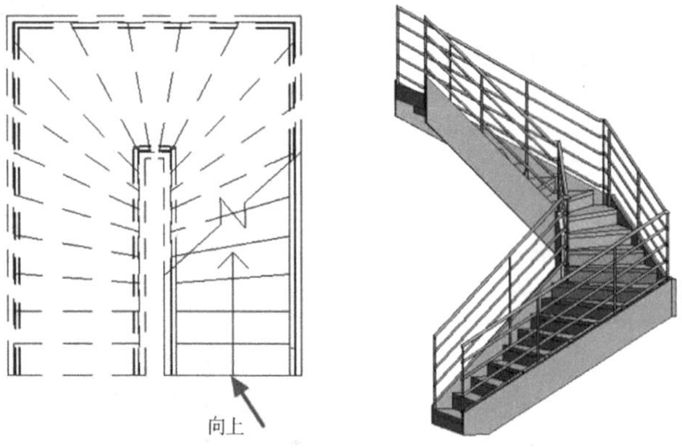

图 1-10-15　U 形转角梯段

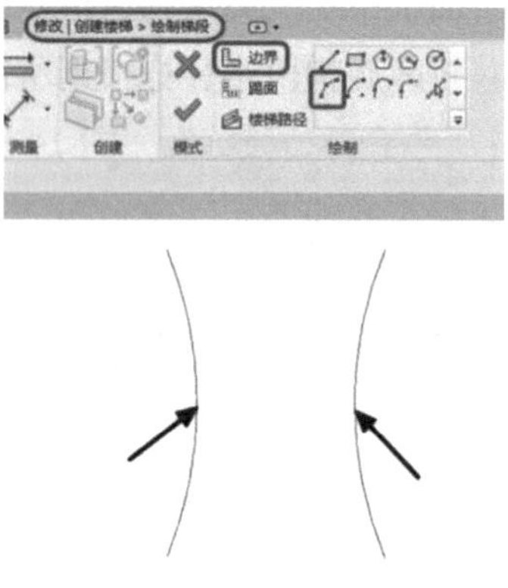

图 1-10-16　绘制梯段边界线

⑥创建草图：用于通过绘制形状来创建自定义梯段。在绘制梯段时，选择绘制边界、踢面或楼梯路径。具体创建方法如下：

单击“创建草图”工具，进入“修改 | 创建楼梯>绘制梯段”上下文选项卡，“绘制”面板中选择“边界”和绘制边界线工具，在绘图区域绘制梯段边界线，如图 1-10-16 所示。

单击“踢面”，选择其中一种绘制工具绘制踢面，如图 1-10-17 所示，单击“√”，完成梯段编辑模式。

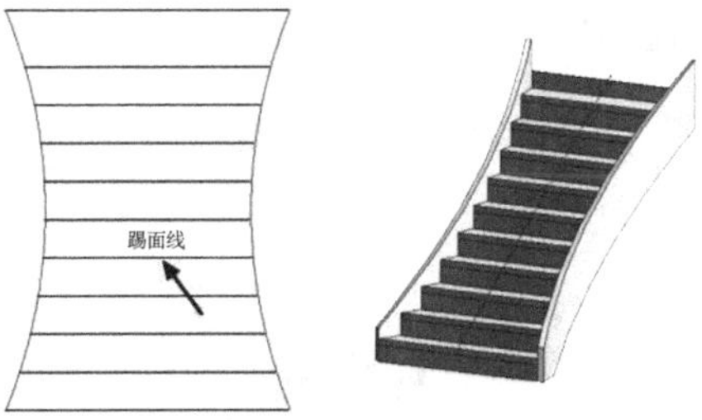

图 1-10-17　绘制梯段踢面

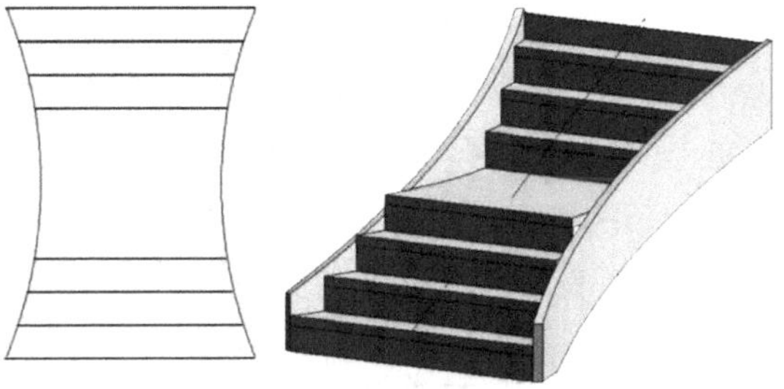

图 1-10-18　删除梯面效果

若删除中间一些踢面，会自动生成平台，楼梯效果如图 1-10-18 所示。

点击“编辑草图”，用“拆分图元”工具，在中间平台边界线与踢面线交点处进入边界线的拆分，将会得到正确的效果，如图 1-10-19 所示。

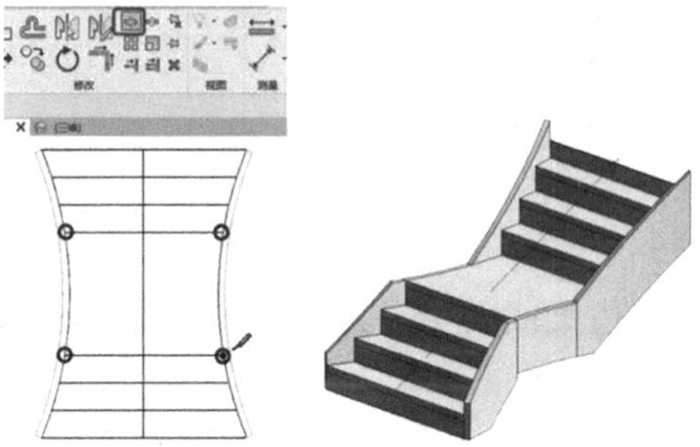

图 1-10-19　拆分边界线

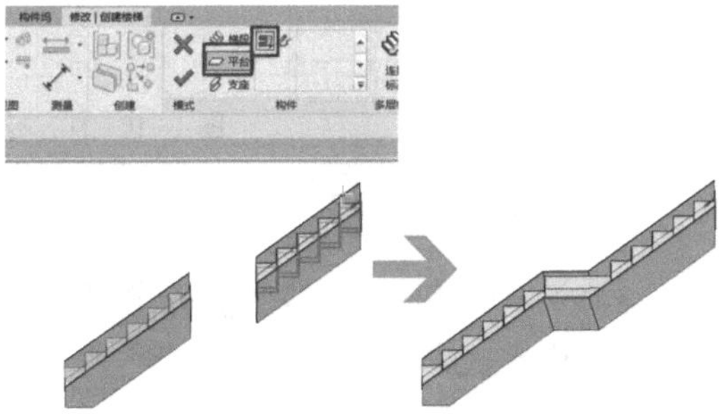

图 1-10-20　拾取两个梯段创建平台

2. **平台**

如图 1-10-16 所示，绘制梯段边界线，在楼梯的两个梯段之间创建平台。创建方法除可以在梯段创建时勾选“自动平台”以自动创建连接梯段的平台，还可以通过拾取两个梯段或创建草图的方法进行创建。前提条件是：(1)所拾取的两个梯段为一个楼梯构件；(2)一个梯段的起点标高或终点标高与另一个梯段的起点标高或终点标高相同。

(1)拾取两个梯段

“修改|创建楼梯”上下文选项卡→“构件”面板→“平台”→“拾取两个梯段”工具，在绘图区域分别选择两个梯段，自动创建平台以连接两个梯段，如图 1-10-20 所示。

(2)创建草图

在“修改|创建楼梯”上下文选项卡→“构件”面板→“平台”→“草图”工具，进入“修改|创建楼梯>绘制平台”上下文选项卡，“绘制”面板提供了“边界”和“楼梯路径”

两个工具,可以根据实际情况绘制平台的“边界”(形成闭环)和“楼梯路径”,如图 1-10-21 所示。

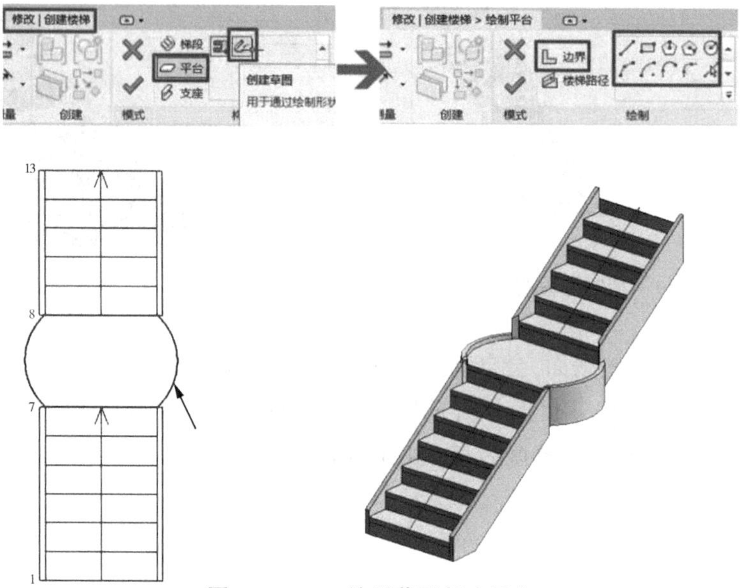

图 1-10-21　绘制草图创建平台

3. 支座

通过拾取梯段或平台上的各个路径创建梯边梁或斜梁。Tab 键选择平台或梯段的整个边界。然后单击创建“支座”,如图 1-10-22 所示。

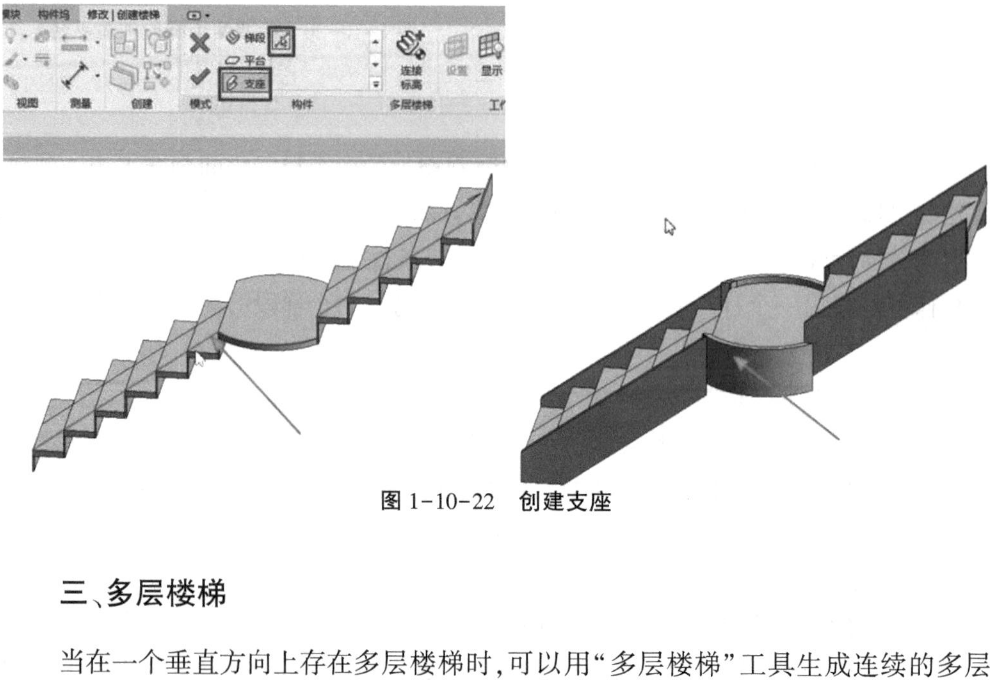

图 1-10-22　创建支座

三、多层楼梯

当在一个垂直方向上存在多层楼梯时,可以用“多层楼梯”工具生成连续的多层楼梯。在剖面视图或立面视图中,选择模型中的“标高”放置每个楼梯图元。若标高高度发生更改,多层楼梯会自动进行调整。

打开立面视图,选择已创建的楼梯,点击“修改|楼梯”上下文选项卡→“多层楼梯”面板中→“选择标高”,进入“修改|多层楼梯”上下文选项卡→选择“连接标高”,绘图区域选择需要放置楼梯的标高→点击“√”,完成多层楼梯的创建,如图 1-10-23 所示。

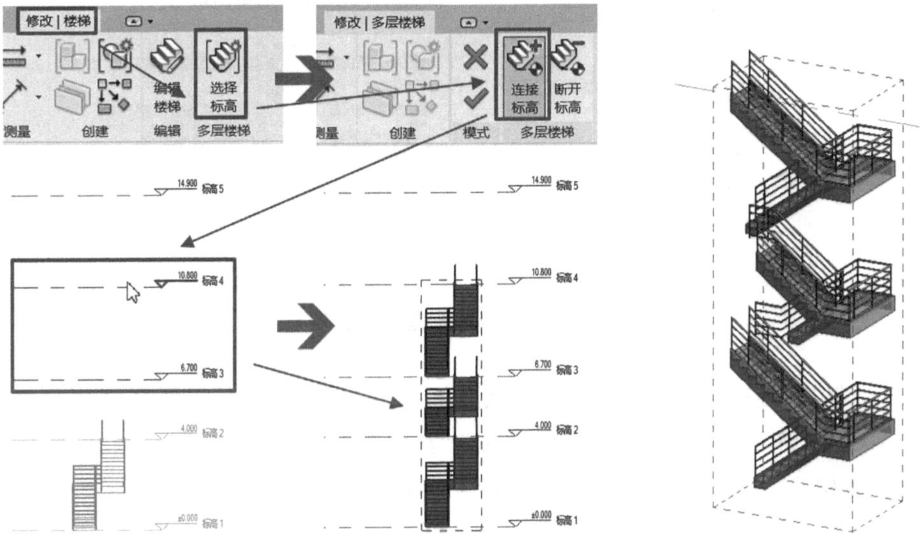

图 1-10-23　创建多层楼梯

◆ 任务实施

楼梯在创建时平台可自动生成,各梯段在绘制时以线性方式进行绘制,各梯段的详细参数需在类型属性中进行设置。具体操作观看二维码视频。

◆ 知识拓展

坡道在建筑中应用范围广泛,商场、超市、飞机场等公共场合都会设计坡道。接下来学习坡道的创建方法。

坡道的创建和编辑方法与楼梯类似,在创建过程中可以选择是否创建栏杆扶手。坡道的创建方法有两种:

(1)直接创建梯段,在各梯段中自动生成平台,生成后可以对边界和踢面进行修改。(2)通过绘制边界和踢面的方式创建坡道。

打开平面视图,点击“建筑”选项卡→“楼梯坡道”面板→“坡道”工具,进入“修改|创建坡道草图”,“属性”面板设置坡道类型、标高、宽度等;“类型属性”对话框设置

坡道的结构类型,如图 1-10-24 所示。

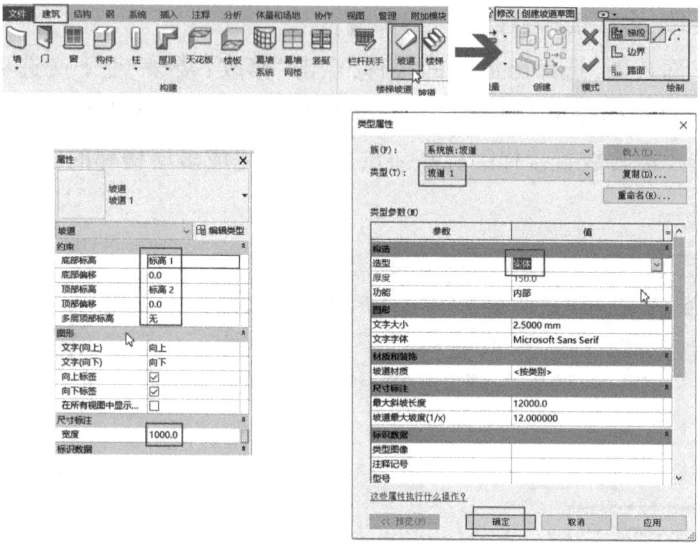

图 1-10-24　坡道属性设置

“绘制”面板选择“梯段”工具,默认通过“直线”绘制梯段,绘图区域移动光标捕捉坡道起点,继续移动光标捕捉坡道终点,绘制梯段 1,可以继续绘制梯段 2、梯段 3……,各梯段之间会自动生成平台,如图 1-10-25 所示。

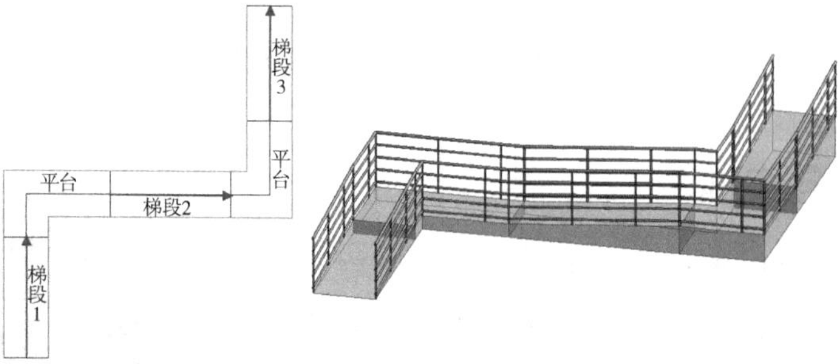

图 1-10-25　绘制坡道

自动生成的平台或梯段不符合实际要求时可以用“边界”和“踢面”工具进行修改,如图 1-10-26 所示。

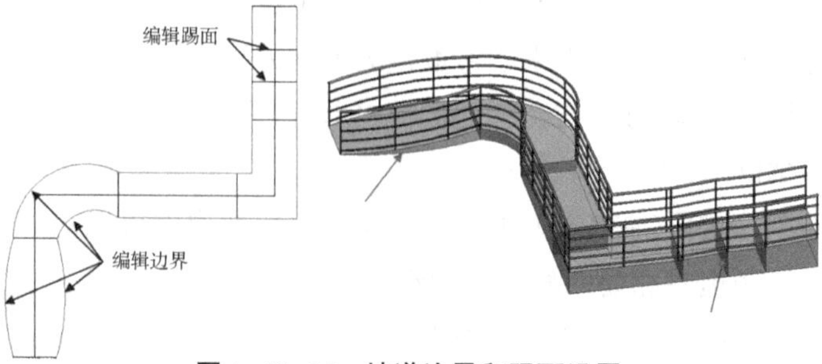

图 1-10-26　坡道边界和踢面设置

在创建坡道时，可将坡道“属性”面板中“顶部标高”设置为当前标高，“顶部偏移”设置为坡道的高度，如图 1-10-27 所示。

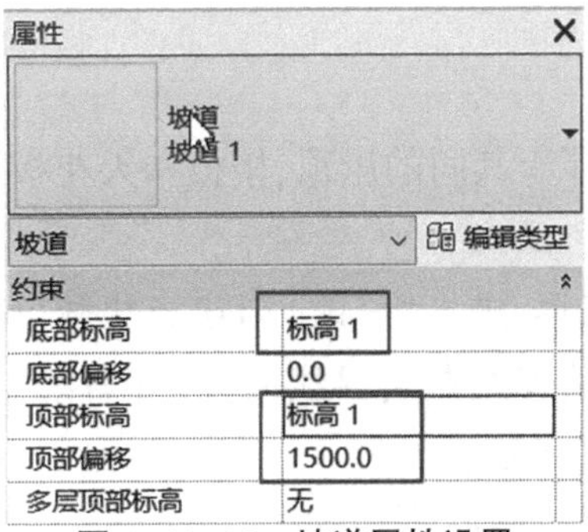

图 1-10-27　坡道属性设置

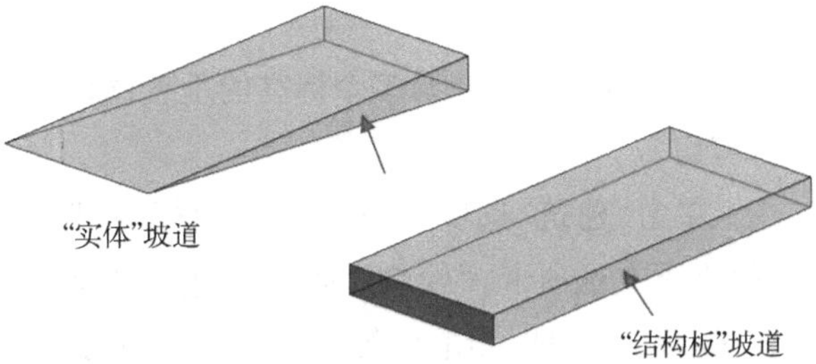

图 1-10-28　“结构板”坡道与“实体”坡道区别

坡道“类型属性”对话框中构造“造型”有两个选项，分别是“结构板”和“实体”。“结构板”坡道厚度保持不变，“实体”坡道厚度会随高度逐渐增加，如图 1-10-28 所示。

任务 11　创建及编辑洞口

◆ 任务介绍

Revit 提供了不同类型创建洞口的方法，分别为“按面”“竖井”“墙”“垂直”“老虎窗”。

学生通过本任务的学习，掌握创建竖井洞口和老虎窗洞口的方法，了解“按面”“墙”“垂直”洞口的区别及创建技巧。

◆ 任务布置

绘制小别墅的竖井洞口和老虎窗。

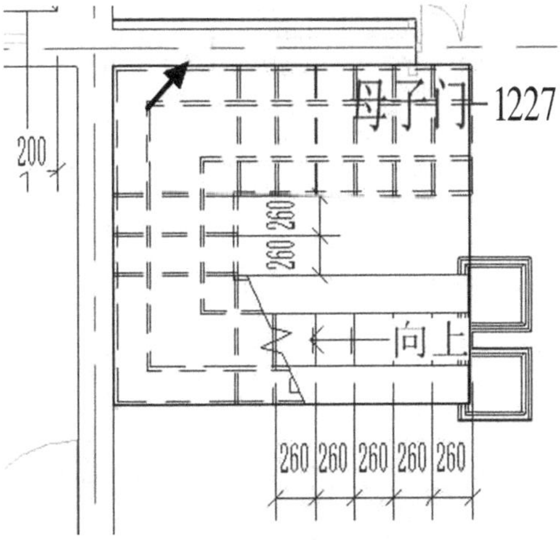

图 1-11-1　竖井洞口

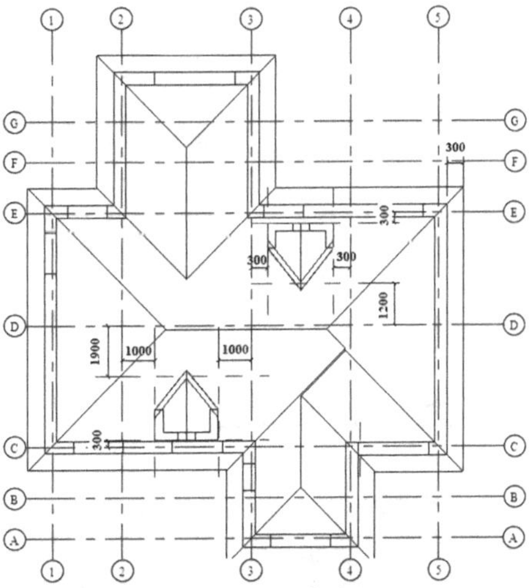

图 1-11-2　老虎窗洞口

◆ 知识链接

一、竖井洞口

竖井洞口可创建跨多个标高的垂直洞口，对贯穿于其间的屋顶、楼板和天花板进行剪切。

单击“建筑”选项卡→“洞口”面板→“竖井”工具，进入“修改|创建竖井洞口草图”上下文选项卡，“绘制”面板→创建“边界线”，选择绘制边界线的方法（直线、曲线、弧线、拾取线、拾取墙等绘制工具），如图 1-11-3 所示。

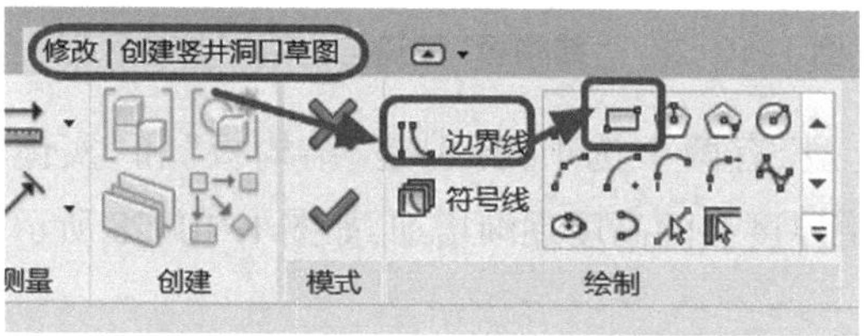

图 1-11-3 绘制竖井洞口边界线

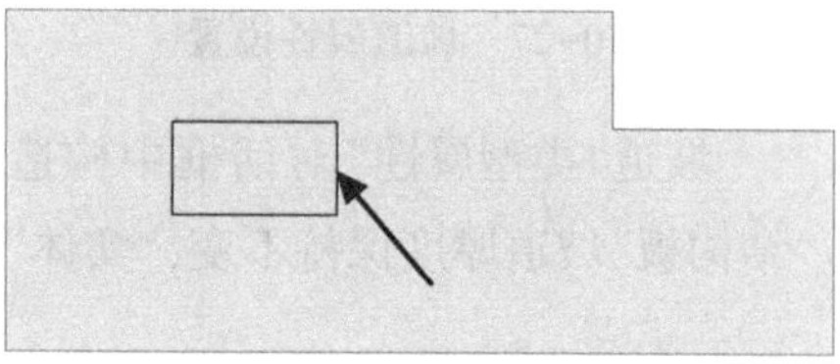

图 1-11-4 绘制竖井边界线

在绘图区域移动光标，绘制竖井边界线，如图 1-11-4 所示。边界线绘制完成，点击“模式”面板中“√”，完成竖井洞口的创建，如图 1-11-5 所示。

洞口上部和下部有三角形“拖拽”符号，可以通过鼠标左键拖拽来修改竖井的约束范围，也可以设置“属性”面板中“底部约束”“底部偏移”“顶部约束”“无连接高度”“顶部偏移”设置竖井的约束范围，如图 1-11-5 所示。

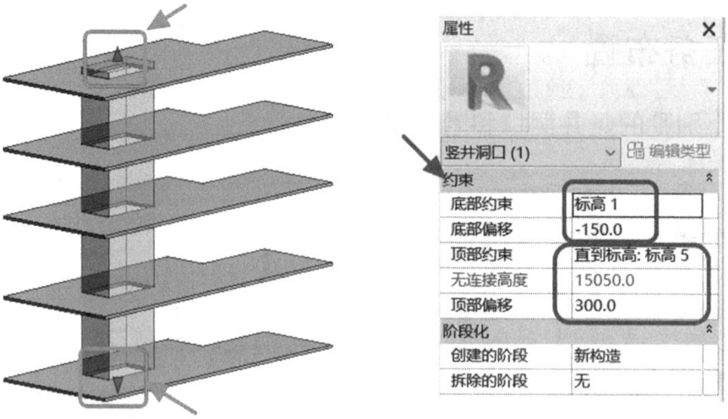

图 1-11-5 竖井洞口

二、老虎窗洞口

老虎窗洞口可以剪切屋顶，以便为老虎窗创建窗口。老虎窗洞口可以在屋顶上进行水平和垂直剪切。

单击“建筑”选项卡→“洞口”面板→“老虎窗”工具,状态栏提示“选择要被老虎窗洞口剪切的屋顶”,鼠标左键选择主屋顶,进入“修改|编辑草图”上下文选项卡→“拾取”面板→“拾取屋顶/墙边缘”工具处于激活状态,状态栏提示“拾取连接屋顶、墙侧面或屋顶连接面以定义老虎窗边界”,此时,鼠标左键选择老虎窗与坡屋顶的连接线,如图 1-11-6 所示,点击“模式”面板中“√”,完成老虎窗洞口的创建。

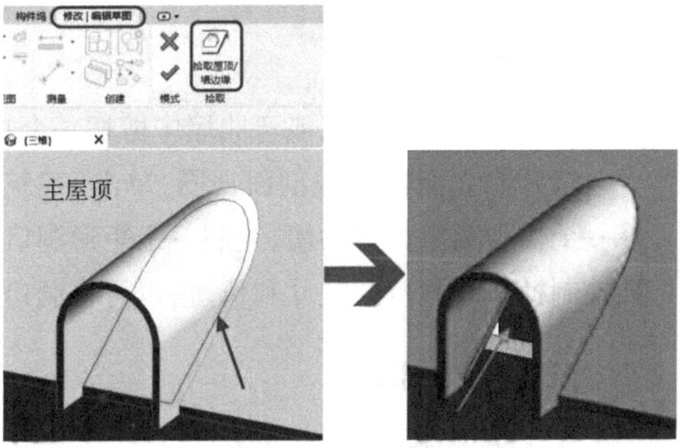

图 1-11-6　老虎窗创建

◆ 任务实施

竖井创建注意:设置起点标高、终点标高和偏移值。

老虎窗创建注意:需要将大屋顶与小屋顶进行连接,并需在大坡屋顶上设置老虎窗洞口(拾取的线需为封闭的形状)。

具体操作观看二维码视频。

◆ 知识拓展

接下来将学习“面洞口”“墙洞口”“垂直洞口”的创建方法。

一、面洞口

面洞口可以创建一个垂直于屋顶、楼板或天花板选定的洞口。可以在显示构件的平面视图、立面视图、剖面视图和三维视图中创建面洞口。创建方式如下:

打开立面视图或剖面视图,单击“建筑”选项卡→“洞口”面板→“按面”工具,按状态栏提示,“选择屋顶、楼板、天花板、梁或柱的平面,将垂直于选定的面剪切洞口”,选择创建洞口的面,绘制洞口边界,点击“完成”,创建面洞口,如图 1-11-7 所示。

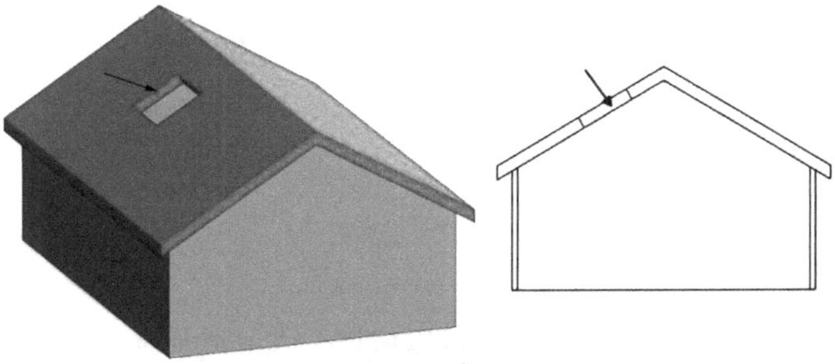

图 1-11-7　创建面洞口

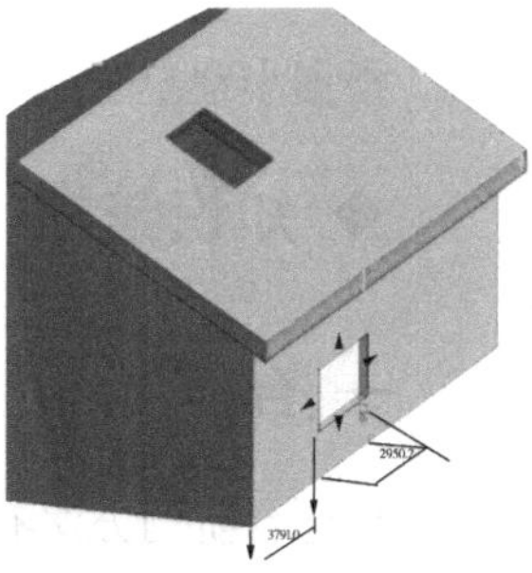

图 1-11-8　墙洞口

二、墙洞口

墙洞口可以在直墙或弯曲墙中剪切一个矩形洞口。

打开墙立面视图或剖面视图,单击“建筑”选项卡→“洞口”面板→“墙”工具,选择一个作为洞口主体的墙,绘制一个矩形洞口,如图 1-11-8 所示。选择洞口,可以拖拽控制柄修改洞口的尺寸和位置,也可将洞口拖拽到同一面墙的新位置。

三、垂直洞口

垂直洞口可剪切一个贯穿楼板、屋顶或天花板的垂直洞口。垂直洞口垂直于标高,它不受选定对象的角度的影响。

单击“建筑”选项卡→“洞口”面板→“垂直”工具,根据状态栏提示,绘制垂直洞口,如图 1-11-9 所示。

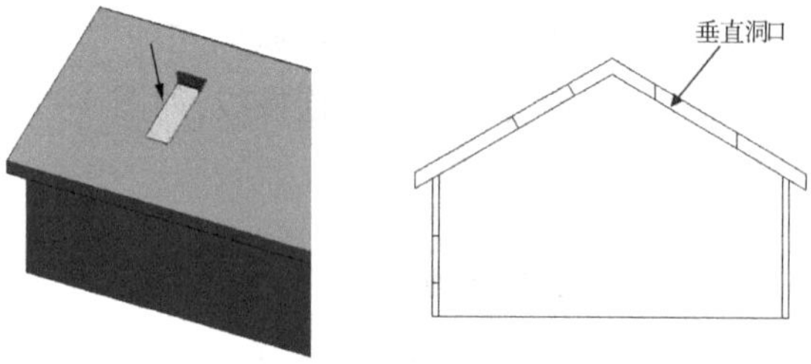

图 1-11-9　垂直洞口

任务 12　零星构件的绘制

◆ 任务介绍

在 Revit 建模时,经常会用到不同的方法创建零星构件,即同一种构件可以用不同的创建方法。例如,可以用楼板工具创建坡道,用楼梯工具创建台阶等。因此,灵活运用所创建构件的方法有助于快速、准确地进行模型的建立。

学生通过本任务的学习,掌握构件创建基本方法,了解不同构件创建时可选用的不同方法,完成小别墅零星构件的创建。

◆ 任务布置

根据小别墅图纸创建零星构件:台阶、坡道、散水、勒脚以及墙饰条。

◆ 知识链接

一、台阶

创建台阶的方法有很多种,具体采用哪种方法可以依据个人习惯及对绘制方法的掌握程度进行选择。

1. 通过楼板创建台阶。首先绘制楼板，之后调整楼板厚度和材质，将楼板放置在台阶对应位置处并调节相对高度。楼板的具体创建方法详见任务 6。

2. 通过内建模型创建台阶。选择常规模型，通过拉伸及放样工具都可以创建室外台阶，具体操作方法详见项目二。

3. 通过创建楼梯来创建台阶。可以通过创建梯段和平台的方式创建台阶，具体方法详见任务 10。

二、坡道

Revit 提供了坡道的绘制方法，详见任务 10。但对于底边保持平行、顶面有坡度的坡道，需借用绘制楼板的方法——利用楼板中拆分图元、设置高度的方法（与卫生间地面坡度创建类似）来完成。具体操作方法见任务 6。

三、散水

散水的创建方法也较多，总结如下：

1. 内建模型用放样的方式绘制出散水的路径及轮廓，创建内建模型，此部分内容将会在项目二中进行学习。

2. 利用“楼板”快速创建散水。具体创建方法与创建坡道类似，即在绘制的楼板中拆分图元、设置标高。

3. 利用“楼板边”创建散水。通过拾取楼板上的边界，改变默认楼板边的轮廓来创建散水。

4. 利用“墙饰条”创建散水。依据拾取墙的边界进行操作，此过程必须有墙才可以进行。

四、勒脚

勒脚的创建可以利用分割墙体的方式进行创建，对被分割的墙体（勒脚高度范围内）指定新的结构层。对于与上部墙体不同厚度的勒脚，可以用“叠层墙”工具进行设置，具体操作方法详见任务 3。

五、墙饰条

墙饰条的创建通过拾取墙的边界进行放置，具体操作方法详见任务 3。

◆ 任务实施

零星构件的创建所用方法可理解为方法替代，即用软件中已有创建构件的方法来创建模型中所需构件。具体操作观看二维码视频。

任务 13　创建房间及房间图例

◆ 任务介绍

建筑模型创建完成后，可出建筑平面图纸，Revit 提供“房间”工具创建房间，配合“标记房间”统计项目的房间信息，可以统计平面面积、套内面积、占地面积等信息。

学生通过本任务的学习，熟悉房间面积和图例的创建方法，完成小别墅房间创建和图例创建。

◆ 任务布置

为小别墅的 F1 层创建房间和图例。

◆ 知识链接

Revit 可以利用“房间”工具在项目中创建房间对象。“房间”属于模型对象类型，可以像其他模型图元一样使用“标记房间”提取房间参数信息：房间名称、面积、体积等。房间图例仅在当前视图中有效，在其他楼层平面中不会显示。

一、创建房间

为模型创建房间，创建对象必须有封闭边界（模型中的墙、柱、楼板、幕墙等均可以作为房间的边界）。Revit 可以自动搜索闭合的房间边界，并在房间边界区域内创建房间。

打开平面视图，点击“建筑”选项卡→“房间和面积”面板下拉菜单→“面积和体积计算”工具，如图 1-13-1 所示，体积计算包括“仅按面积（更快）”和“面积和体积”，房间面积计算有“在墙面面层（F）”“在墙中心（N）”“在墙核心层（L）”“在墙核心层中心（C）”四个选项。不同的选择，显示的结果不同，如图 1-13-1 所示。

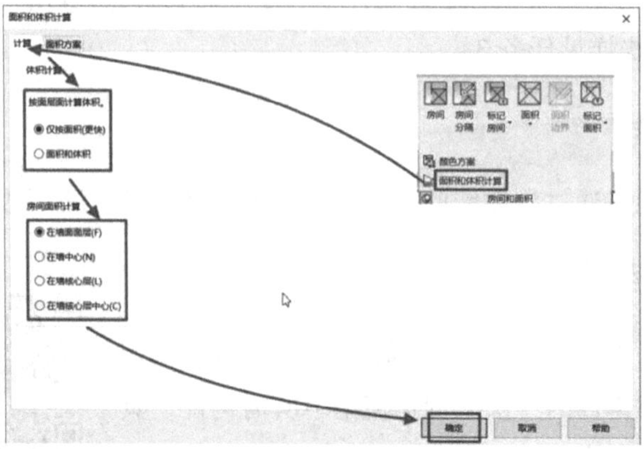

图 1-13-1　“面积和体积计算”工具

点击“房间”工具,进入“修改|放置 房间”上下文选项卡,“属性”面板选择房间标记的类型,设置约束条件,或点击“编辑类型”创建新的房间类型。

在绘图区域移动光标,自动显示房间边界线(蓝色),单击即可创建房间,如图 1-13-2 所示。

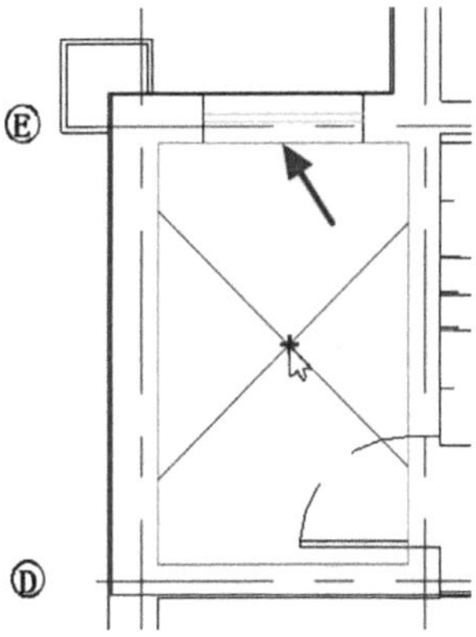

图 1-13-2　创建房间

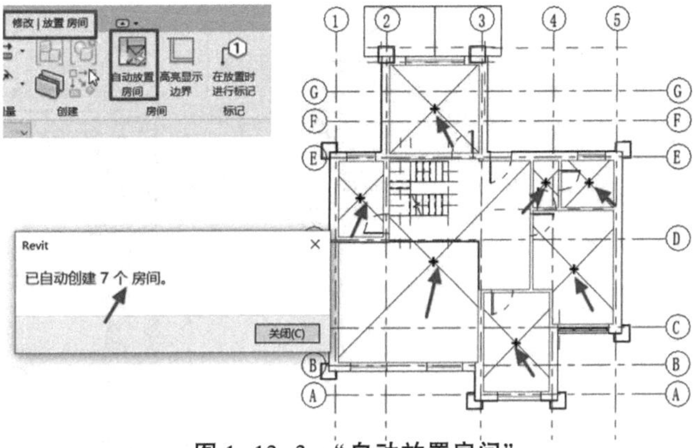

图 1-13-3　“自动放置房间”

“修改|放置 房间”上下文选项卡→“房间”面板中有两个工具“自动放置房间”和“高亮显示边界”。具体应用方法如下:

1.“自动放置房间”是在当前标高上的所有边界的闭合区域中放置房间,如图 1-13-3 所示。

2.“高亮显示边界”用于在当前视图中高亮显示所有图元。

3. 选择“修改|放置 房间”上下文选项卡→“标记”面板→选择“在放置时进行标记”,为所放置每个房间进行标记,如图 1-13-4 所示。

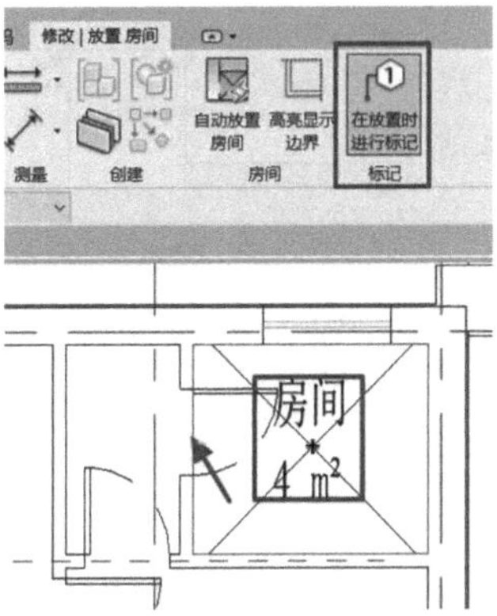

图 1-13-4　“在放置时进行标记”

二、标记房间

房间与标记房间不同,但它们是相关的 Revit 构件。与门和窗一样,标记房间是可在平面视图和剖面视图中添加和显示的注释图元。

点击“标记房间”下拉菜单，有两个工具为“标记房间”和“标记所有未标记的对象”。

“标记房间”对每个房间逐一进行标记。

“标记所有未标记的对象”可将未标记的房间进行一次性标记，如图 1-13-5 所示。

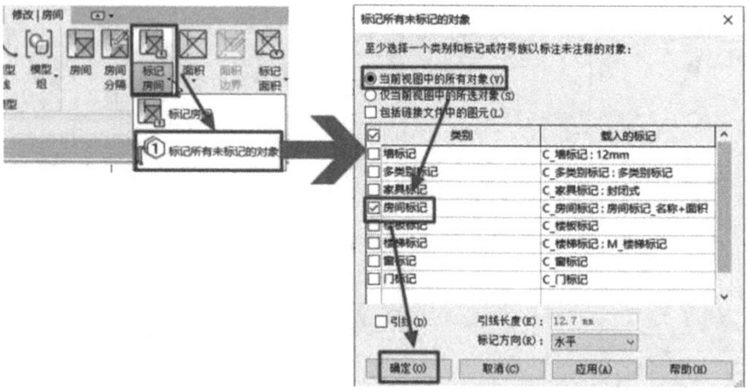

图 1-13-5　标记所有未标记的对象

三、房间分隔

点击“房间分隔”，在预分隔区域画一段分隔线，对不存在墙或其他房间边界图元的房间进行分界。如果空间中已经含一个房间，则房间边界将随新的分隔线进行调整，如空间中没有房间，则可以创建一个房间，如图 1-13-6 所示。

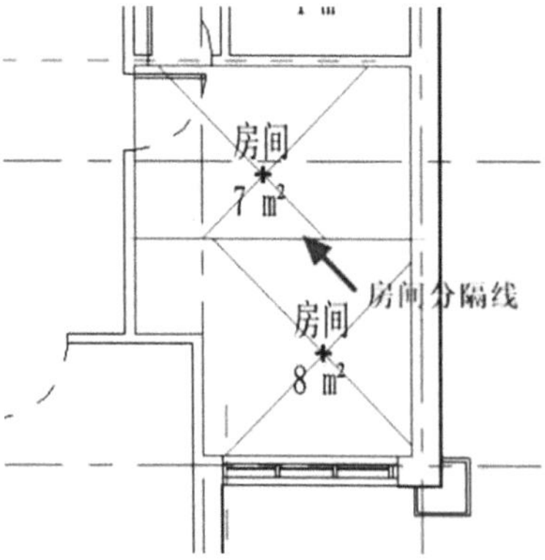

图 1-13-6　房间分隔

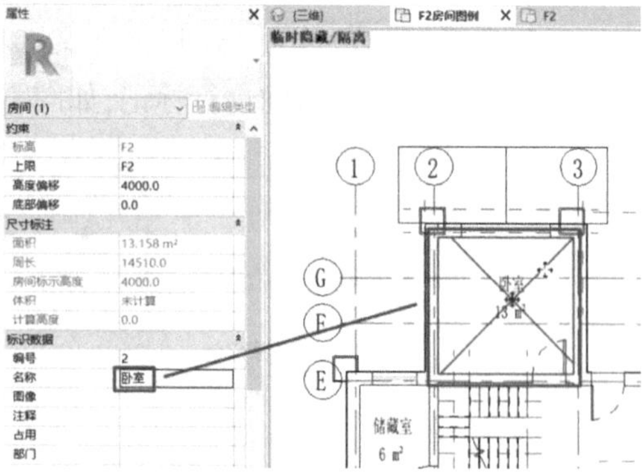

图 1-13-7　修改房间名称

四、修改房间名称

可以通过两种方式修改房间名称。

1. 在已经创建房间对象的房间内移动光标，双击“房间”两字，直接修改房间名称。

2. 光标在房间内移动时，当房间高亮显示时单击选择房间，“属性”面板中可以直接修改“标识数据”下的“名称”，对房间名称进行修改，如图 1-13-7 所示。

五、颜色方案

点击“建筑”选项卡→“房间和面积”面板→“颜色方案”工具，弹出“编辑颜色方案”对话框，如图 1-13-8 所示。

类别选择“房间”→“按房间名称”，标题设置为“房间 图例”，颜色设置为“名称”，具体的房间颜色可以单独设置，也可以默认不变，点击“确定”。

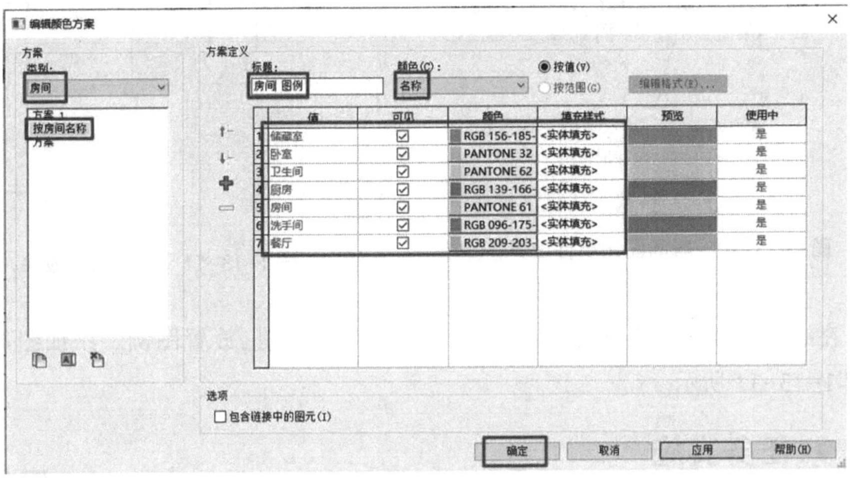

图 1-13-8　颜色方案

此时平面视图中仍没有显示房间颜色，“属性”面板，点击“颜色方案”，重新设置“编辑颜色方案”即可显示房间颜色，如图 1-13-9 所示。

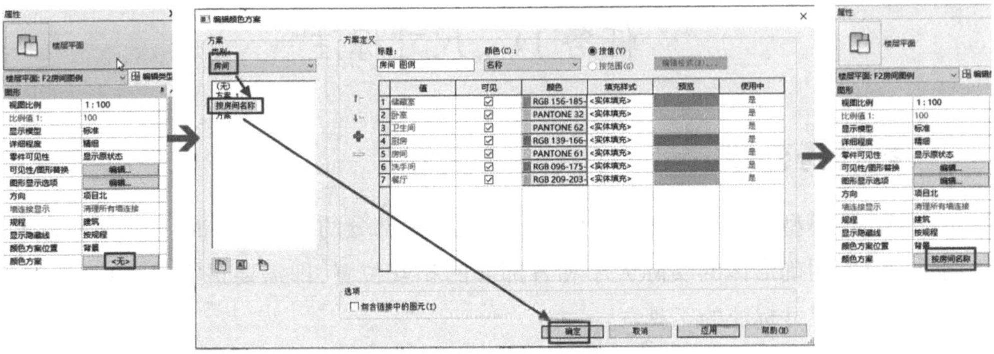

图 1-13-9　颜色方案设置

六、房间图例

点击“注释”选项卡→“颜色填充”面板→“颜色填充图例”工具，进入“修改|放置颜色填充图例”上下文选项卡→“属性”面板→“编辑类型”，在弹出的“类型属性”对话框中将“显示的值”设置为“按视图”，勾选“显示标题”，单击“确定”退出“类型属

性”对话框，如图 1-13-10 所示。

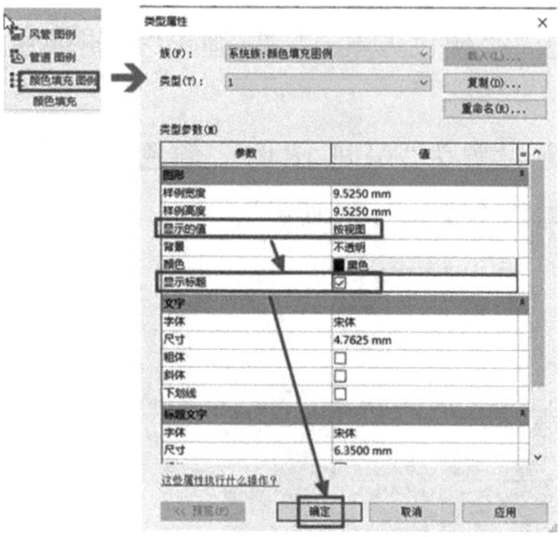

图 1-13-10　房间图例属性设置

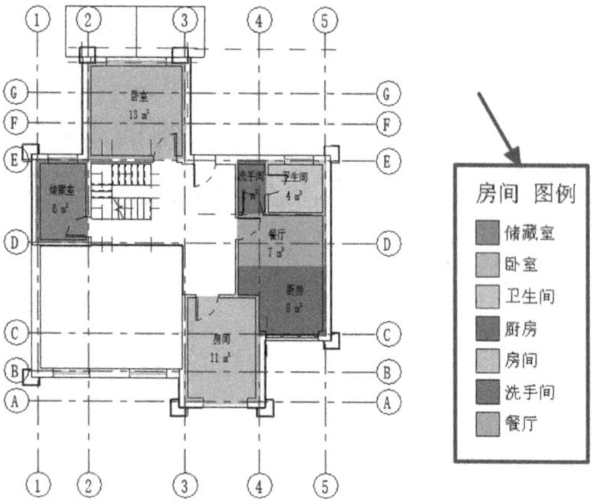

图 1-13-11　添加图例效果

在绘图区域移动光标，并在恰当位置单击鼠标左键，放置图例。添加图例后效果如图 1-13-11 所示。

◆ 任务实施

房间创建时必须为封闭空间，对于不封闭的空间需要用分隔工具将房间分隔开。另外，房间图例颜色方案可进行单独设置。具体操作观看二维码视频。

任务 14　尺寸标注

◆ 任务介绍

当建筑模型已经清楚地表达形体的形状和各部分的相互关系时，还必须标注明确的尺寸才能明确形体的实际大小和各部分的相互位置，即需要进行尺寸标注。Revit 提供了进行尺寸标注的工具。

学生通过本任务的学习，掌握图形尺寸标注的方法及应用，熟悉快速创建尺寸标注的方法，学会如何添加高程点和坡度点，完成小别墅三层尺寸标注。

◆ 任务布置

完成小别墅三层轴网、墙、门、窗的尺寸标注。

◆ 知识链接

一、参数设置

尺寸标注由几个要素构成，分别是尺寸数字、尺寸线、尺寸界线，如图1-14-1所示。在“类型属性”对话框中可以对各要素参数进行设置。

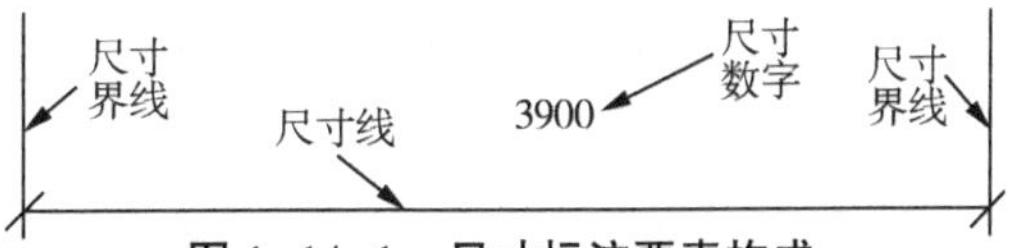

图1-14-1　尺寸标注要素构成

进入“类型属性”对话框的方式有两种。

1. 点击“注释”选项卡→“尺寸标注”面板下拉菜单→提供各尺寸标注的类型工具，点击进入相应类型属性对话框，如图1-14-2所示。

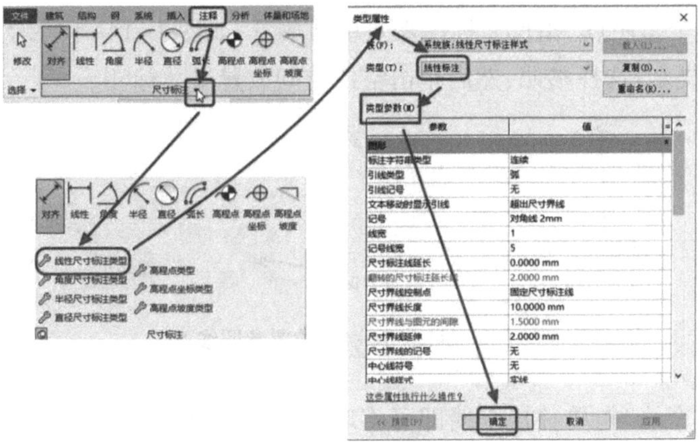

图1-14-2　调出类型属性对话框方法一

2. 点击“注释”选项卡→“尺寸标注”面板中任一尺寸标注工具，如“对齐”，“属性”面板中选择“编辑类型”，进入“类型属性”对话框，如图1-14-3所示。

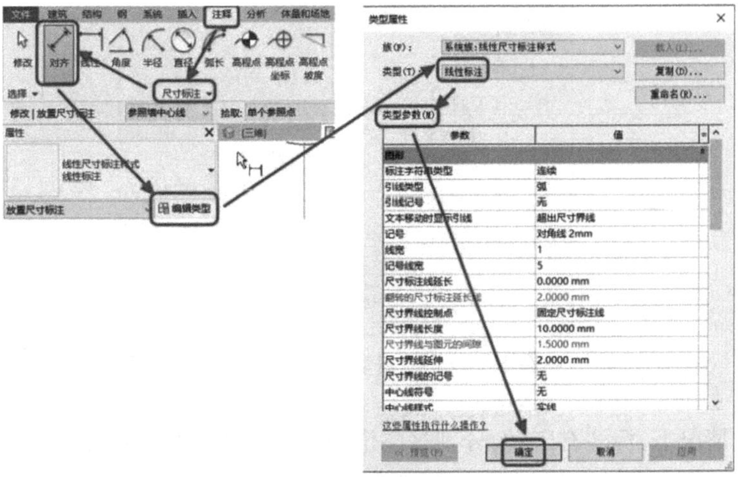

图1-14-3　调出类型属性对话框方法二

二、添加尺寸标注

1. 对齐尺寸标注

“对齐”工具主要在平行参照之间或多点之间放置尺寸标注。

点击“注释”选项卡→“尺寸标注”面板→“对齐”工具，进入“修改|放置尺寸标注”上下文选项卡。

选项栏里设置“参照”和“拾取”参数：

“参照”是相对墙的构造层次而言的，共有四个选项，分别是“参照墙中心线”“参照墙面”“参照核心层中心”“参照核心层表面”，可以根据需要选择相应内容，也可以在拾取参照线时用 Tab 键在彼此靠近的图元之间循环切换。

“拾取”指“选择参照”时的拾取方法，共有两个方法：“单个参照点”和“整个墙”。

(1)“单个参照点”指尺寸标注需要单独放置，如图 1-14-4 所示，进入绘图区域，按照状态栏提示：选择参照，然后单击空白空间放置尺寸标注。

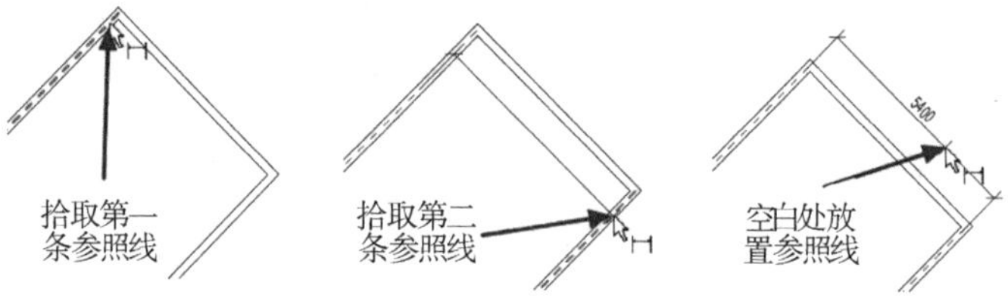

图 1-14-4　放置参照线

(2)“整个墙”指单独拾取墙即可将墙上的所有尺寸进行快速标注。当选择拾取“整个墙”时，选项栏中的“选项”亮显，处于激活状态，点击弹出“自动尺寸标注选项”对话框，可以设置需要标注的参照位置，如图 1-14-5 所示。

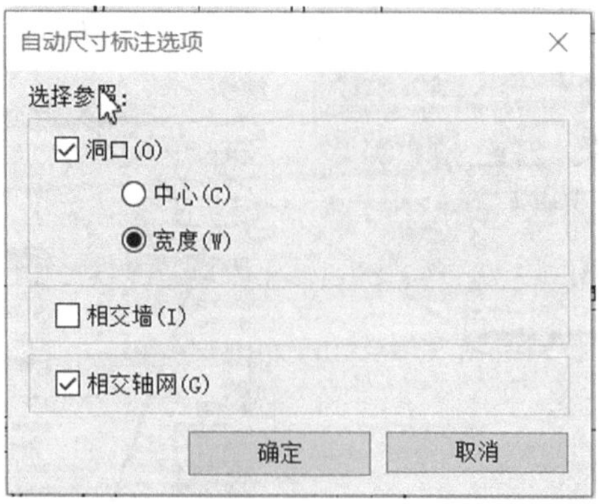

图 1-14-5　“自动尺寸标注选项”对话框

通常情况下，标注有三种，分别是整个标注，轴网间的标注，轴网、窗标注。这三种标注可以通过设置“自动尺寸标注选项”完成，如图 1-14-6 所示。

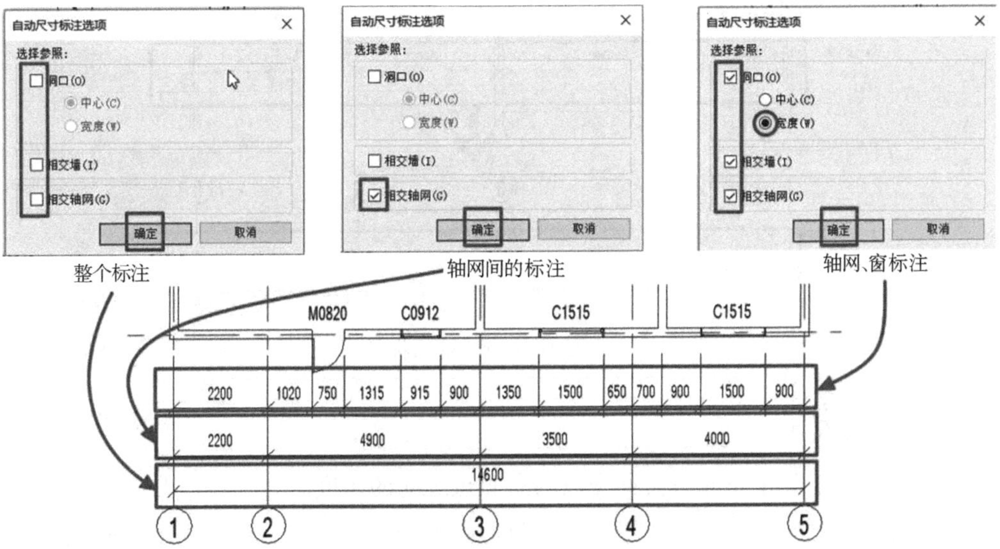

图 1-14-6　“整个墙”标注设置

①整个标注:“自动尺寸标注选项”中全不勾选。

②轴网间的标注:“自动尺寸标注选项”中内容勾选“相交轴网(G)”。

③轴网、窗标注:“自动尺寸标注选项”中内容勾选“洞口(O)”[“宽度(W)”]、“相交墙(I)”、“相交轴网(G)”。

2. 线性尺寸标注

“线性”工具主要放置水平或垂直标注,测量参照点之间的距离。

点击“注释”选项卡→“尺寸标注”面板→“线性”工具,进入“修改|放置尺寸标注”上下文选项卡。按照状态栏提示:选择参照,然后单击空白空间放置尺寸标注,按空格键可在水平和垂直间进行切换。结果如图 1-14-7 所示。

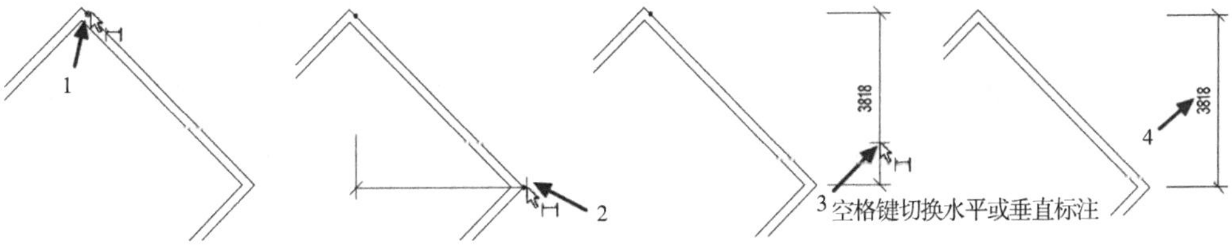

图 1-14-7　线性尺寸标注

“对齐”和“线性”标注可以选择多个参照线连续进行标注,即选择需要标注的墙体起始点,继续单击需要标注的点的位置,直至全部选择需要标注的点后,空白处放置尺寸标注,如图 1-14-8 所示。

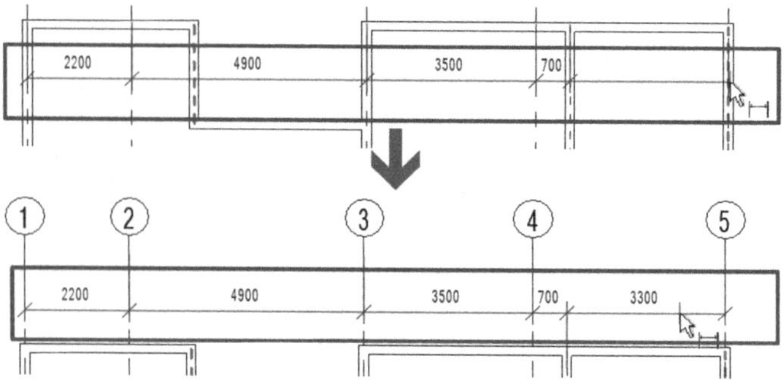

图 1-14-8　连续标注

3. 角度尺寸标注

“角度”工具主要测量公共交点的参照点之间的角度。

点击“注释”选项卡→“尺寸标注”面板→“角度”工具，进入“修改|放置尺寸标注”上下文选项卡，选项栏设置参照的位置，按照状态栏提示：选择参照，然后单击空白区域完成操作。结果如图 1-14-9 所示。

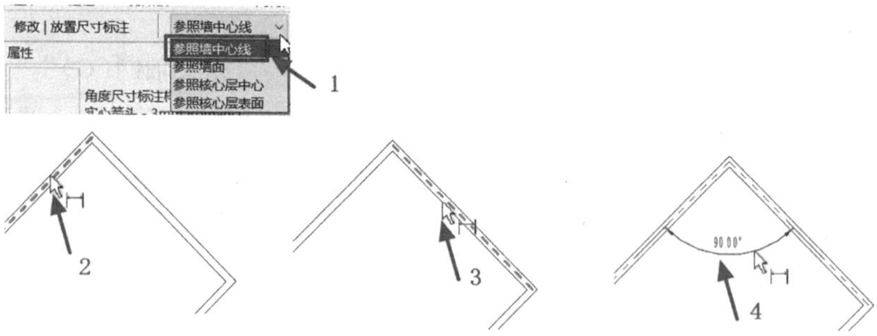

图 1-14-9　角度尺寸标注

4. 半径/直径尺寸标注

“半径”/“直径”工具主要测量内部曲线或圆角的半径/直径。

点击“注释”选项卡→“尺寸标注”面板→“半径”/“直径”工具，进入“修改|放置尺寸标注”上下文选项卡，选项栏设置参照的位置，按照状态栏提示：选择一段弧，然后单击活动象限的空白处来放置尺寸标注。结果如图 1-14-10 所示。

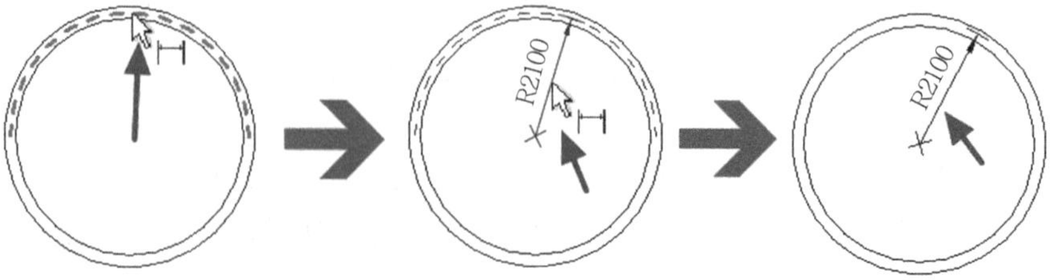

图 1-14-10　半径尺寸标注

5. 弧长尺寸标注

“弧长”工具主要测量弯曲墙或其他图元的长度。

点击“注释”选项卡→“尺寸标注”面板→“弧长”工具，进入“修改 | 放置尺寸标注”上下文选项卡，选项栏设置参照的位置，按照状态栏提示：选择要测量长度的弧→选择与该弧相交的参照，然后单击空白区域完成操作。结果如图 1-14-11 所示。

图 1-14-11　弧长尺寸标注

三、修改尺寸标注

1. 编辑尺寸界线

可以在原有尺寸标注的基础上，继续进行标注，并且尺寸不间断只有一个，如图 1-14-12 所示。

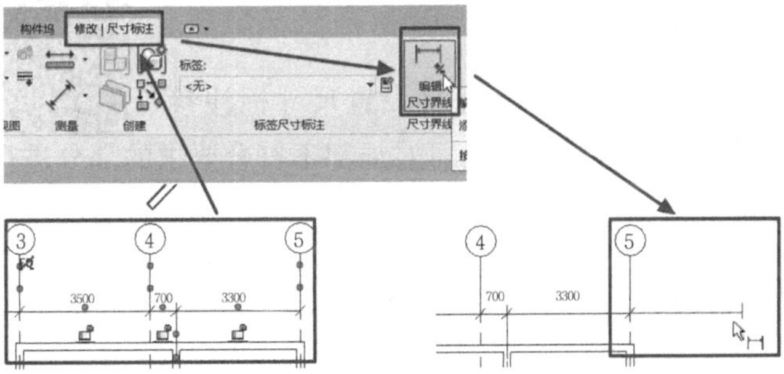

图 1-14-12　编辑尺寸界线

2. 移动尺寸界线

选中尺寸界线，移动光标至尺寸界线上的蓝色圆点处，点击鼠标左键向目标参照点移动后松开鼠标左键，完成尺寸界线的移动，同时对尺寸标注的长度也进行了调整，如图 1-14-13 所示。

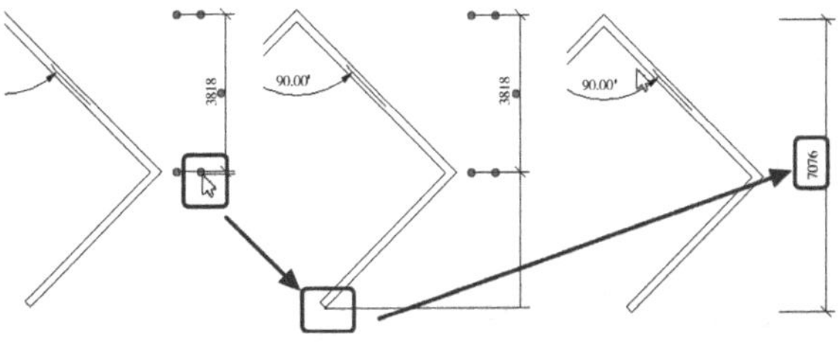

图 1-14-13　移动尺寸界线

3. 移动尺寸标注

选择尺寸界线，移动光标至出现“移动”符号，点击鼠标左键，移动尺寸界线，当尺寸界线移动到预设的位置后，松开鼠标左键完成移动，如图 1-14-14 所示。

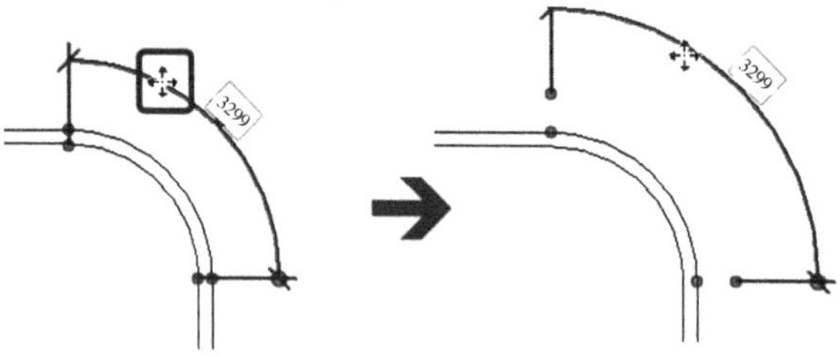

图 1-14-14　移动尺寸标注

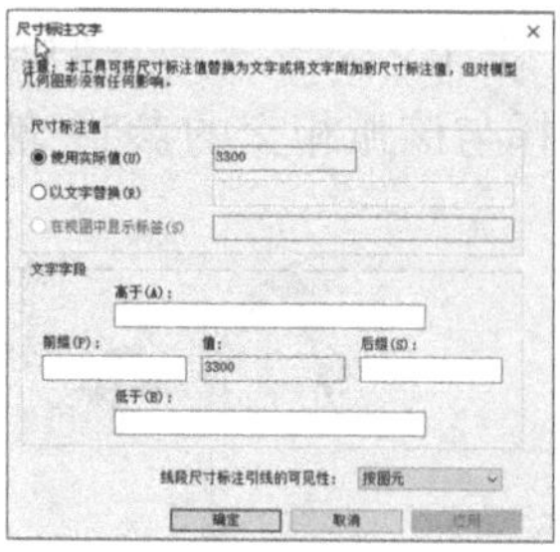

图 1-14-15　“尺寸标注文字”对话框

4. 编辑文字

选择尺寸标注后，点击尺寸文字，弹出“尺寸标注文字”对话框，可以设置“以文字替换(R)”、“文字字段”(前缀、后缀)等内容，如图 1-14-15 所示。也可点击文字下方蓝色圆点移动文字的位置，在选项栏设置是否选用“引线”。

◆ 任务实施

在对视图进行尺寸标注时，应正确设置尺寸标注参数，然后进行快速标注。标注完成后可对局部不符合要求的部分进行调整。具体操作观看二维码视频。

◆ 知识拓展

尺寸标注中还提供了添加“高程点”和“坡度”工具，接下来学习相关内容。

一、添加高程点

“高程点”主要标注选定点的高程。可以在平面视图、立面视图和三维视图中放置高程点。通常用于获取坡道、公路、地形表面及楼梯平台的高程点。

点击“注释”选项卡→“尺寸标注”面板→“高程点”工具，进入“修改|放置尺寸标注”上下文选项卡，“属性”面板选择“高程点”的类型，点击“编辑类型”可以创建或修改“类型参数(M)”，如图 1-14-16 所示。

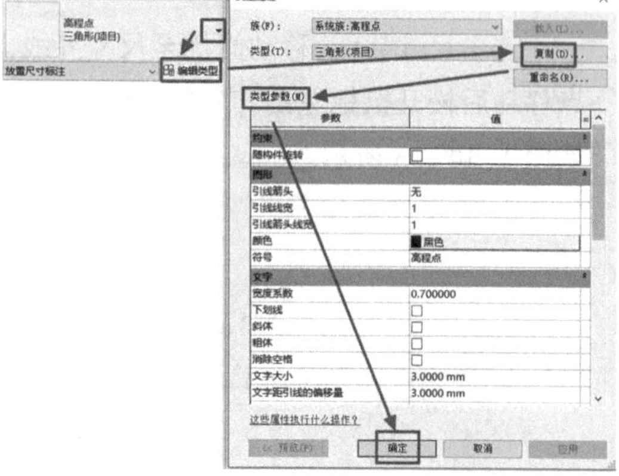

图 1-14-16　高程点属性设置

选项栏设置是否应用引线、水平段以及显示高程,如图 1-14-17 所示。

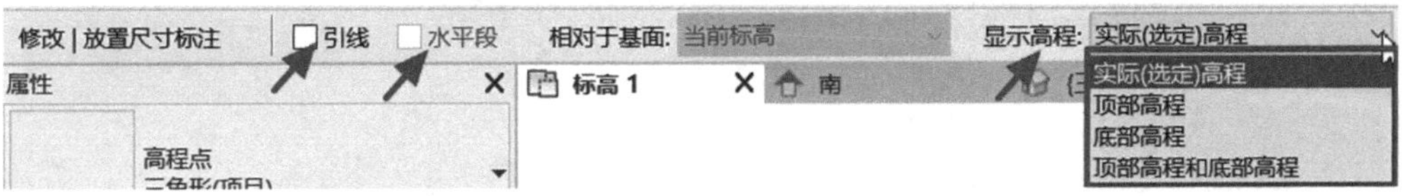

图 1-14-17　高程点选项栏

1. “引线”:指标注高程点时是否设置引线,若不勾选则在原位置点进行标注。

2. “水平段”:指引线是否设置为水平段。只有勾选“引线”时,“水平段”才处于激活状态,如图 1-14-18 所示。

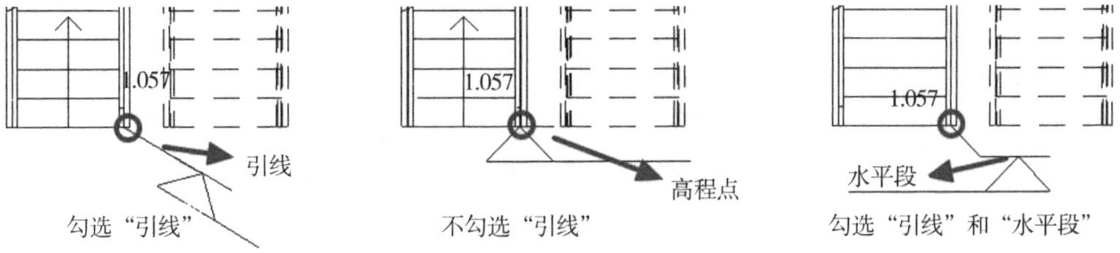

图 1-14-18　高程点选项栏参数设置

3. “显示高程”:此参数仅在平面视图中处于激活状态,指需要标注的高程点:“实际(选定)高程”“顶部高程”“底部高程”“顶部高程和底部高程”。

选项栏参数设置完成,绘图区域移动光标捕捉“高程点”,点击鼠标左键,继续移动光标捕捉“引线”位置,点击鼠标左键,继续移动光标捕捉“水平段”位置,点击鼠标左键确认,如图 1-14-19 所示。

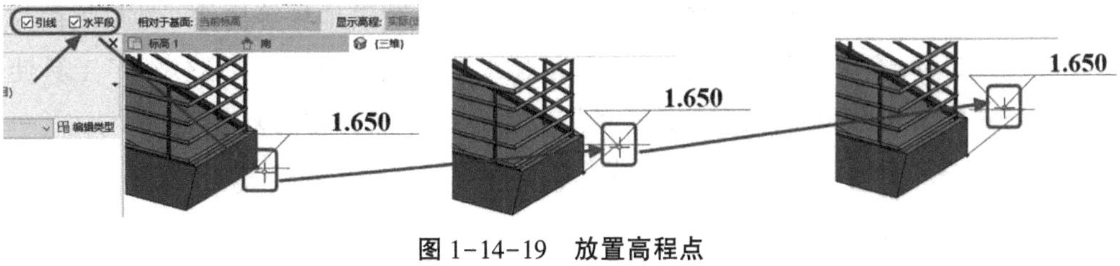

图 1-14-19　放置高程点

二、添加坡度

“坡度”工具指在图元的面或边上的特定点处显示坡度,可以在平面视图、立面视图、剖面视图和三维视图中放置高程点坡度标注。

点击“注释”选项卡→“尺寸标注”面板→“高程点坡度”工具,进入“修改|放置尺寸标注”上下文选项卡,“属性”面板选择“高程点坡度”的类型,点击“编辑类型”可以编辑/设置“类型属性”参数。

选项栏设置“坡度表示”方法:“箭头”和“三角形”。在绘图区域捕捉视图中的坡度平面，显示该坡度的坡度数值，点击鼠标左键，放置坡度标注，如图 1-14-20 所示。

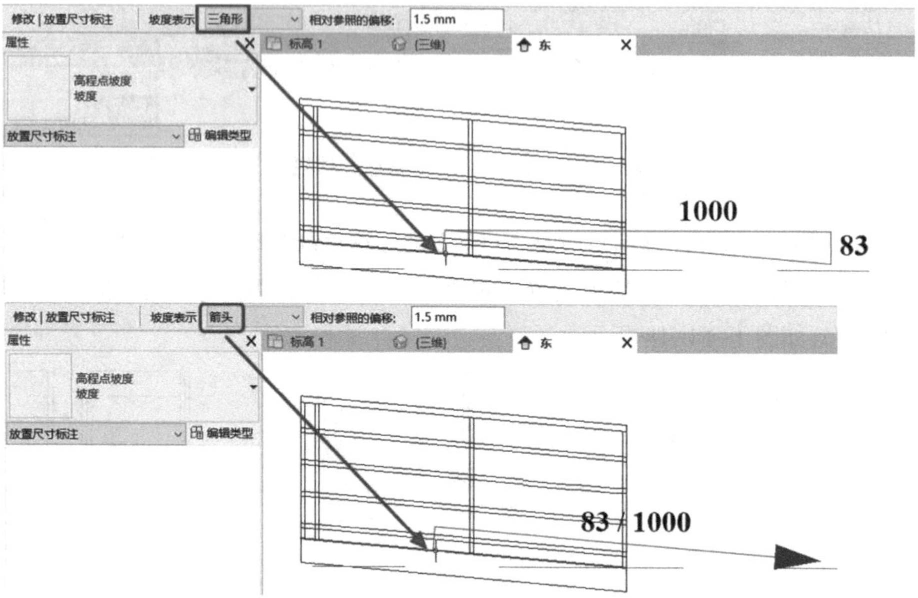

图 1-14-20　高程点坡度

任务 15　创建地形表面

◆ 任务介绍

Revit 可以为项目创建三维地形模型、场地红线、建筑地坪等构件。地形表面的创建是场地设计的基础，Revit 提供了多种创建地形表面的方式，“地形表面”工具使用多种方法定义地形表面，大多数情况使用放置点或导入的数据来定义地形表面，一般在三维视图或场地平面中创建地形表面。

◆ 任务布置

完成小别墅地形表面的创建。

◆ 知识链接

一、通过放置点方式来创建地形表面

1. 添加地形表面

(1) 首先切换至“场地”楼层平面视图，“体量和场地”选项卡→“场地建模”面板→“地形表面”工具，自动切换至“修改 | 编辑表面”上下文选项卡，如图 1-15-1 所示。

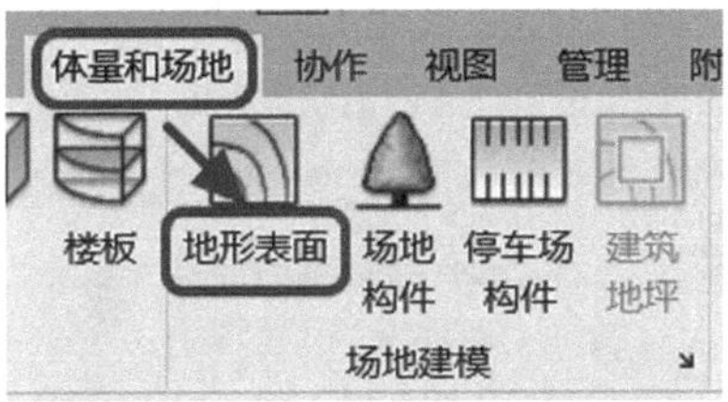

图 1-15-1　调出地形表面工具

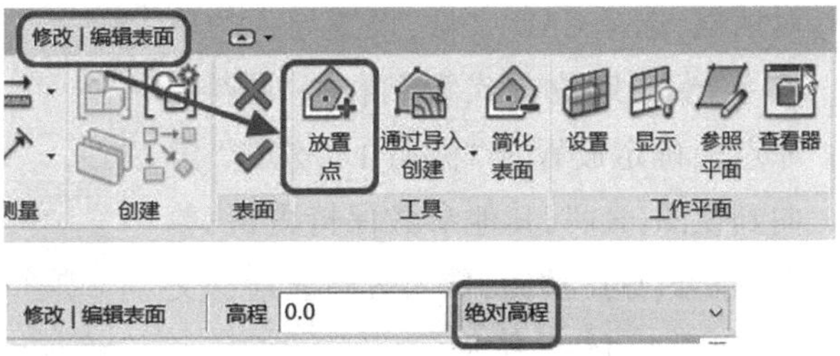

图 1-15-2　放置点工具

(2)单击“工具”面板→“放置点”工具,选项栏设置“高程”值,高程形式为“绝对高程”,如图 1-15-2 所示。

选项栏中“高程”有两个选项:

①绝对高程。点显示在指定的高程处,可以将点放置在活动绘图区域中的任何位置。

②相对于表面。通过该选项,可以将点放置在现有地形表面上的指定高程处,从而编辑现有地形表面。

(3)绘图区域单击放置点。在放置其他点时可以修改选项栏上的高程,如放置点分别为 0、200、500、1000、2000。

(4)单击“属性”面板中“材质”后的浏览按钮,打开材质对话框。在材质列表中选择“场地-草”,该材质位于“材质”对话框的“植物”材质类型中,以该材质为基础复制名称为“场地草”的新材质类型,并选择“场地草”作为该场地材质。

(5)单击“表面”面板→“完成表面”工具,Revit 将按指定高程生成地形表面模型。切换至三维视图,完成后的地形表面如图 1-15-3 所示。

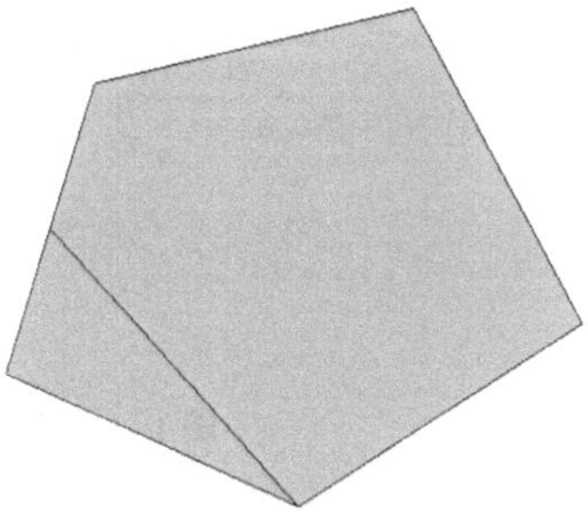

图 1-15-3　地形表面效果图

2. **修改高程点**

(1)绘图区域或场地平面视图选择地形表面,高亮显示后在“修改 | 地形”选项卡→“表面”面板→“编辑表面”工具,进入“修改 | 编辑表面”上下文选项卡。

(2)在“场地”平面图绘图区域中放置两个高程为 1500 的点。

(3)单击“√”工具,退出“修改 | 编辑表面”上下文选项卡。

二、通过导入数据创建、简化地形表面

Revit 可以根据以 DWG 等格式导入的三维等高线数据自动生成地形表面。分析数据并沿等高线放置一系列高程点,此过程需在三维视图中进行。

1. 单击“插入”选项卡→“导入”面板→“导入 CAD”工具,弹出“导入 CAD 格式”

对话框,选择 CAD 文件,设置导入的单位为“米”,定位方式为“自动-原点到原点”;确定放置于“标高 1”,勾选“定向到视图(E)”,其他参数保持默认,单击“打开(O)”按钮,导入等高线素材文件,如图 1-15-4 所示。

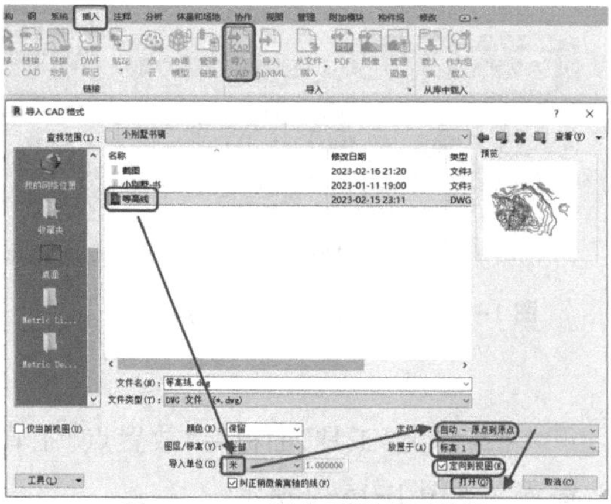

图 1-15-4　导入地形表面数据

注意:在导入时,原点位置偏差可能导致在放置视图的有限绘图区域内无法查看导入文件内容,可使用右键“缩放匹配”工具,以最大范围地显示所有图元。

2. “体量和场地”选项卡→“场地建模”面板,单击“地形表面”按钮,进入“修改 | 编辑表面”上下文选项卡。

3. 单击“工具”面板→“通过导入创建”下拉列表(选择导入实例)。

4. 选择绘图区域中已导入的 DWG 文件,弹出“从所选图层添加点”对话框。该对话框显示了所选择 DWG 文件包含的所有图层,单击“确定”。Revit 将分析所选图层中三维等高线数据,并沿着等高线自动生成一系列高程点,如图 1-15-5 所示。

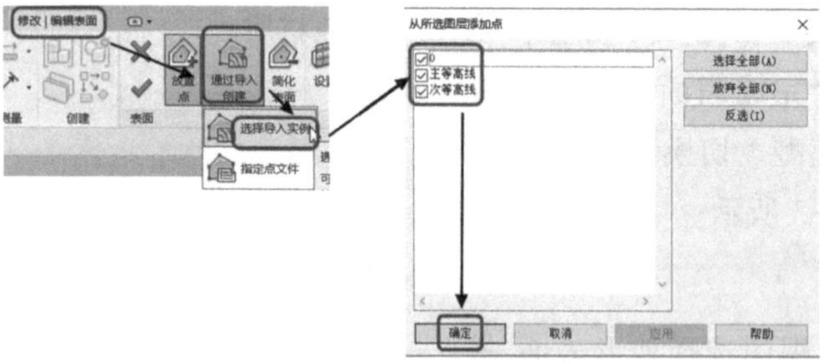

图 1-15-5　生成高程点

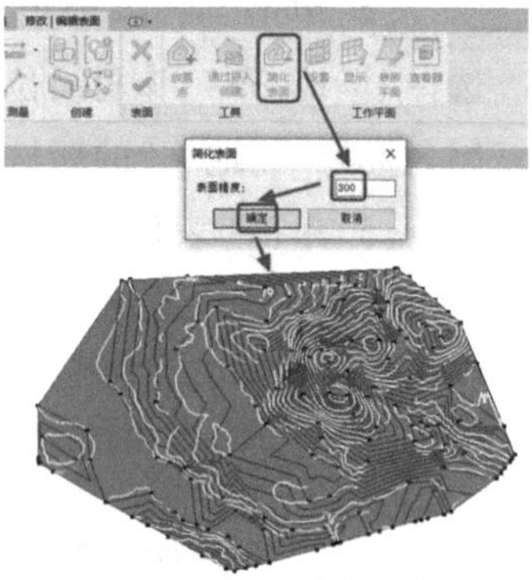

图 1-15-6　简化表面

5. Revit 沿所选择图层中带有高程值的等高线生成的高程点较密集,单击“工具”面板→“简化表面”工具,弹出“简化表面”对话框,输入表面精度值为 300,单击“确定”,确认该表面精度值,剔除多余高程点,如图 1-15-6 所示。

6. 单击“完成表面”,完成地形表面模型。

【重点提示】

(1)“场地”楼层平面视图实际上是以 F1 标高为基础,将剖切位置提高到 10000 m 得到的视图。

(2)DWG 文件是 AutoCAD 创建的数据文件格式。AutoCAD 是目前应用最普遍的

CAD 绘图工具之一。

◆ 任务实施

地形表面相当于建筑图中的设计室外地坪标高，在创建时可借助参照平面线捕捉室外地坪的高程点。具体操作观看二维码视频。

◆ 知识拓展

1. 单击“体量和场地”选项卡→“场地建模”面板名称右侧的斜箭头，弹出“场地设置”对话框。取消勾选“间隔”选项，单击“删除(D)”删除“附加等高线”列表中所有内容。单击“插入(I)”，插入新附加等高线，设置“开始”值为 0.0，“停止”值为 100000(即 100 m)；修改“增量”为 2000.0，即 2 m；设置“范围类型”为“多值”，“子类别”为“主等高线”，即在地形表面 0~100 m 高程范围内，按 2 m 等高距显示主等高线(曲线)。使用类似的方式插入新行，设置“开始”与“停止”值与第 1 行相同，设置“增量”为 10000.0，即 10 m，设置范围类型为“多值”，设置“子类别”为“次等高线”，即在地形表面 0~100 m 高程范围内，每隔 10 m 显示次等高线。设置完成，单击“确定”，退出“场地设置”对话框。Revit 将按场地设置中设置的等高线间隔重新显示地形表面上的等高线，如图 1-15-7 所示。

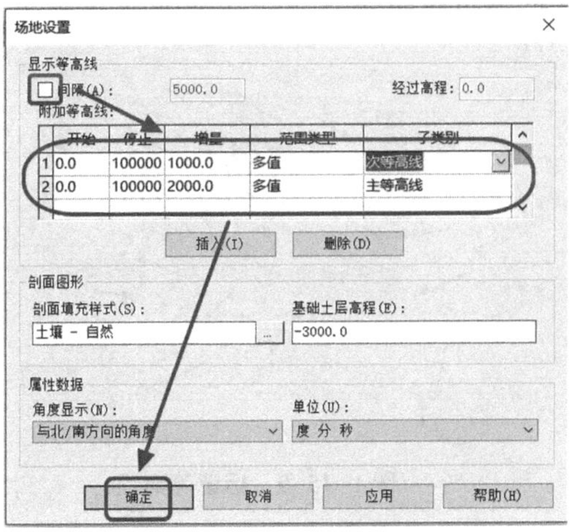

图 1-15-7　场地设置

2. 切换至“场地”楼层平面视图，修改视图比例为 1∶500。单击“体量和场地”选项卡→“修改场地”面板→“标记等高线”工具，进入“修改|标记等高线”上下文选项卡。单击“属性”面板中的“编辑类型”按钮，打开等高线标签“类型属性”对话框，复制名称为“3.5 mm 仿宋”的新标签类型。修改“文字字体”为“仿宋”，“文字大小”为“3.5000 mm”，不勾选“仅标记主等高线”选项，如图 1-15-8 所示。

3. 单击“单位格式”后的“编辑”，打开“格式”对话框。不勾选“使用项目设置

(P)”,设置等高线标签“单位(U)”为“米”,“舍入(R)”方式为“0 个小数位”,其他参数默认不变。单击“确定”按钮,退出“格式”对话框,返回“类型属性”对话框。设置“类型属性”对话框“其他”参数中的“基面”为“项目基点”。单击“确定”,退出“类型属性”对话框,如图 1-15-8 所示。

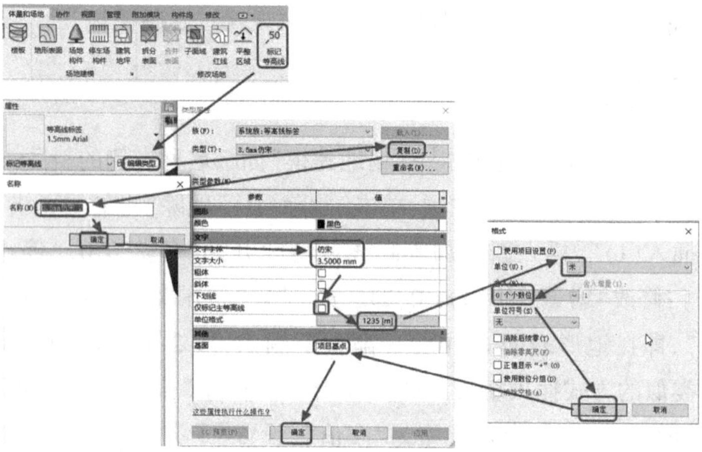

图 1-15-8　标记等高线设置

4. 选项栏中不勾选“链”选项。沿任意方向绘制等高线标签,等高线标签经过的等高线将自动标注等高线高程,如图 1-15-9 所示。

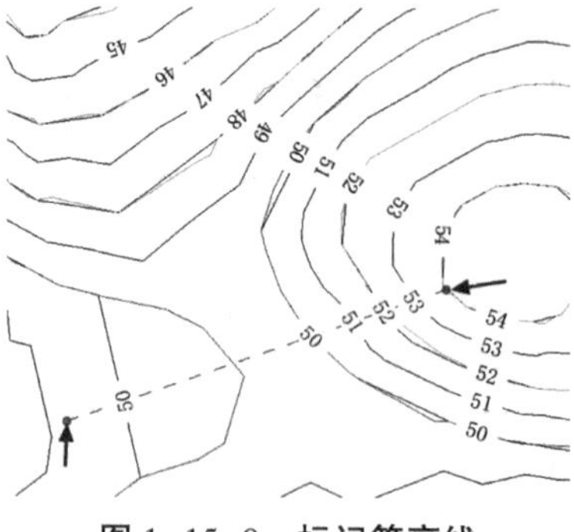

图 1-15-9　标记等高线

5. 使用类似的方式标注其他等高线。关闭该文件,不保存对项目的修改。

任务 16　创建地形子面域(道路)

◆ 任务介绍

完成地形表面模型后,可使用“子面域”或“拆分表面”工具将地形表面划分为不同的区域,并指定不同的材质,从而得到更为丰富的场地设计。

◆ 任务布置

完成小别墅子面域(道路)的创建。

◆ 知识链接

1. 进入场地楼层平面视图,单击“体量和场地”选项卡→“修改场地”面板→“子面域”工具,进入“修改|创建子面域边界”上下文选项卡。

2. 使用绘制工具,绘制子面域边界。配合使用“拆分”及“修剪”工具,使子面域边界轮廓首尾相连,如图 1-16-1 所示。

3. 修改“属性”面板→“材质”为“混凝土-柏油路”,设置完成后,单击“应用”工具应用该设置。

4. 单击“模式”面板→“完成编辑模式”工具,完成子面域。切换至三维视图,效果如图 1-16-2 所示。

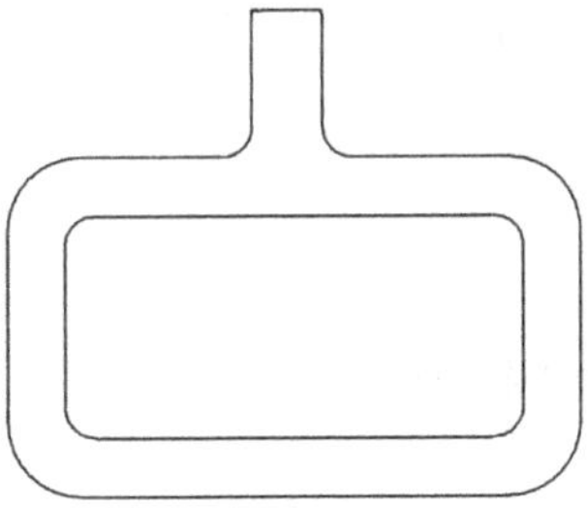

图 1-16-1　绘制子面域边界

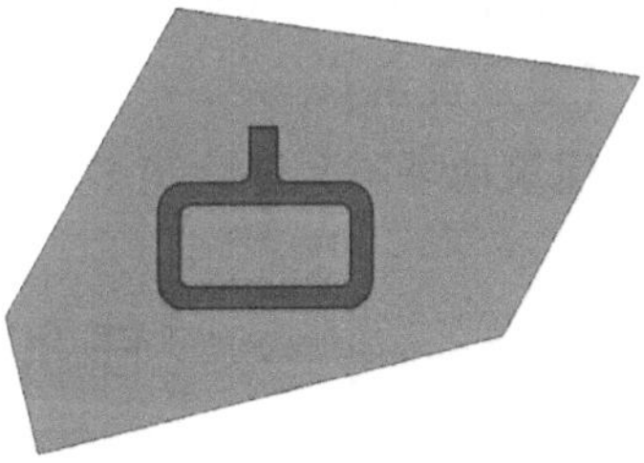

图 1-16-2　子面域

选择子面域,单击“修改|地形”上下文选项卡→“子面域”面板→“编辑边界”工具,可进入子面域边界轮廓编辑状态。

“拆分表面”工具与“子面域”功能类似,都可将地形表面划分为独立的区域。两者不同之处在于,“子面域”工具将局部复制原始表面,创建一个新面,而“拆分表面”则将地形表面拆分为独立的地形表面。要删除使用“子面域”工具创建的子面域,直接将其删除即可,而要删除使用“拆分表面”工具创建的拆分后的区域,必须使用“合并表面”工具。

◆ 任务实施

子面域即在地形表面创建其他构件,如道路、停车场等,创建时应绘制出封闭的轮廓线并设置相应的材质。具体操作观看二维码视频。

◆ 知识拓展

创建地形表面后,可以沿建筑轮廓创建建筑地坪,平整场地表面。在 Revit 中,建筑地坪的使用方法与楼板的使用方法类似。

以下为某建筑项目添加建筑地坪。

1. 切换至标高 1 楼层平面视图,单击“体量和场地”选项卡→“场地建模”面板→“建筑地坪”工具,进入“修改|创建建筑地坪边界”上下文选项卡。

2. 单击“属性”面板→“编辑类型”,弹出“类型属性”对话框。单击“重命名”,弹出“重命名”对话框,输入“综合楼-450 mm-地坪”,单击“确定”,返回“类型属性”对话框。

3. 单击类型参数列表中“结构”参数后的“编辑”按钮,弹出“编辑部件”对话框。修改第 2 层“结构[1]”厚度为 100,材质为“混凝土,现场...”。设置完成后,单击“确定”,返回“类型属性”对话框。单击“确定”,退出“类型属性”对话框。

4. “属性”面板中“标高”设置为 F1 标高,“标高偏移”值为-50。

5. “绘制”面板中→“边界线”→“拾取墙”绘制方式;选项栏中“偏移”值设置为 0,勾选“延伸到墙中(至核心层)”。沿外墙内侧核心表面拾取,生成建筑地坪轮廓边界线,使用修剪工具使轮廓线首尾相连。

6. 单击“模式”面板→“完成编辑模式”工具,完成建筑地坪创建。

【重点提示】

建筑地坪不允许绘制多个闭合的边界轮廓。

任务 17　放置场地构件

◆ 任务介绍

场地构件:用于添加特定的图元,如树、汽车、停车场等。

可在场地平面中放置场地专用构件,如未在项目中载入场地构件,则会出现一条消息,指出尚未载入相应的族。因此,可以通过载入相应的族文件来丰富场地构件。

◆ 任务布置

完成小别墅场地构件的放置。

◆ 知识链接

添加场地构件:

1. 切换至场地平面视图或三维视图。

2. 单击“体量和场地”选项卡→“场地建模”面板→“场地构件”工具。

3. 从“类型选择器”中选择所需的构件。

4. 绘图区域中单击添加一个或多个构件。

5. 放置完构件,选择构件,可以在“属性”面板修改“类型属性”和“实例属性”。

◆ 任务实施

放置场地构件时,应注意在场地平面视图中进行布置,并在项目文件中载入相应的构件族。具体操作观看二维码视频。

◆ 知识拓展

一、停车场构件

将停车位添加到地形表面中,要添加停车位,必须打开一个视图(建议场地平面视图),显示地形表面,地形表面是停车位的主体。

二、添加停车场构件

1. 打开显示要修改的地形表面的视图。

2. 单击“体量和场地”选项卡→“场地建模”面板→“停车场构件”工具。

3. 将光标放置在地形表面上,单击鼠标放置构件。可按需要放置更多的构件,也可以用“阵列”工具阵列停车场构件。

任务 18　放置相机

◆ 任务介绍

在设置好材质后,可以为项目添加透视图和布景。使用“相机”工具可以在项目中添加任意位置的透视图。

◆ 任务布置

为小别墅放置任意角度的视图。

◆ 知识链接

一、透视三维视图

透视三维视图用于显示三维视图中的建筑模型,在透视三维视图中,越远的构件显示得越小,越近的构件显示得越大。可以在透视图中选择图元并修改类型和实例属性。创建或查看透视三维视图时,视图控制栏会指示该视图为透视图。

1. 打开“标高 1”平面视图,选择“视图”选项卡→“创建”面板→“三维视图”下拉菜单→“相机”。绘图区域中单击一次以放置相机，再次单击放置目标点，将跳转到透视三维视图，如图 1-18-1 所示。

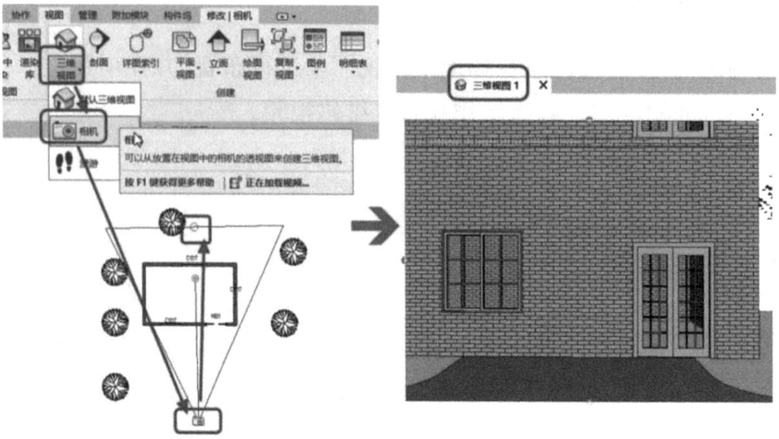

图 1-18-1　创建相机

2. 进入“标高 1”平面视图，在“三维视图 1”点击鼠标右键，选择“显示相机(M)”，“标高 1”平面视图中将显示相机，如图 1-18-2 所示。

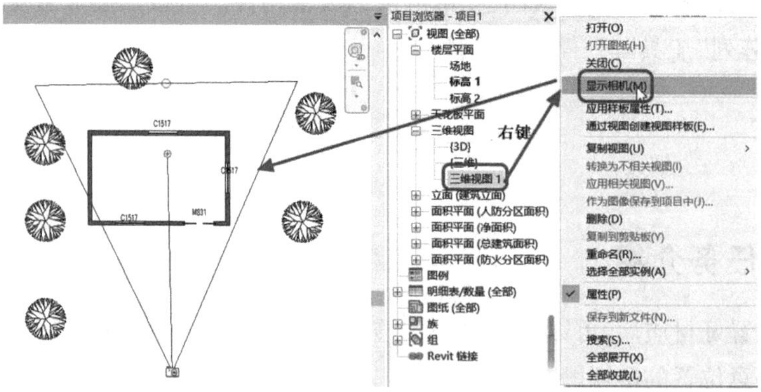

图 1-18-2　显示相机

3. Revit 将创建一个透视三维视图，并为该视图指定名称为三维视图 1、三维视图 2 等。若重命名视图，在项目浏览器中的该视图上点击鼠标右键并选择“重命名”。

二、正交三维视图

正交三维视图用于显示三维视图中的建筑模型。在正交三维视图中，不管相机距离的远近，所有构件的大小均相同。

1. 打开“标高 1”平面视图，选择“视图”选项卡→“创建”面板→“三维视图”下拉菜单→“相机”。选项栏不勾选“透视图”。在绘图区域中单击以放置相机，再次单击放置目标点。Revit 将跳转到正交三维视图，进入“标高 1”平面视图，在“三维视图 2”上点击鼠标右键,选择“显示相机(M)”,在“标高 1”平面视图中将显示相机,如图 1-18-3 所示。

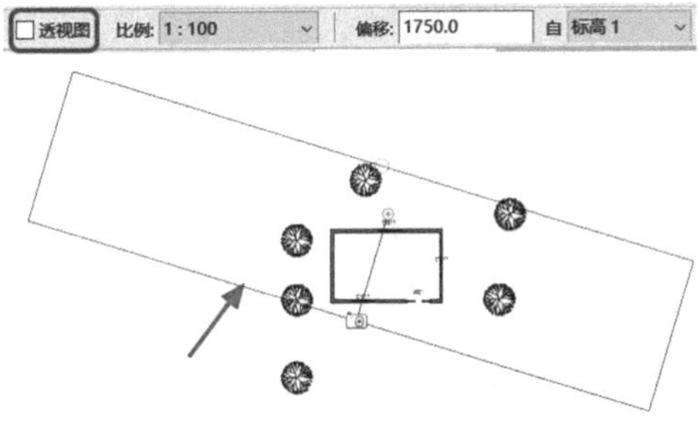

图 1-18-3　正交三维视图

图 1-18-4　相机效果图

2. 未命名项目的三维视图将打开并显示在项目浏览器中。如项目中已经存在未命名视图,三维工具将打开该现有视图。在项目浏览器中的视图名称上单击鼠标右键,选择“重命名”,可以重命名默认三维视图。命名的三维视图将随项目一起保存,如图 1-18-4 所示。

三、调整相机位置

三维视图中修改相机位置:首先,在项目浏览器中,打开透视三维视图,在“透视三维视图”工具点击鼠标右键,选择“显示相机”。在相机可见的所有视图(如平面视图、立面视图和其他三维视图)中,相机均处于选中状态。

“标高 1”平面视图中,被相机三角形包围的区域为可视的范围,其中三角形的底边表示远端的视距。双击要在其中修改相机位置的视图(如平面视图或立面视图)。拖拽移动该相机,视图将根据新相机位置进行更新。拖拽移动目标,视图将根据新的目标点进行更新。

选择透视图,拖拽操纵柄可以修改视域。

◆ 任务实施

放置相机时可在项目浏览器中自动生成相机视图,并且选中相机时,可拖拽四周的边界圆点扩大视图范围,将视图调整至合适的范围。具体操作观看二维码视频。

◆ 知识拓展

漫游动画

Revit 中还可以使用“漫游”工具制作漫游动画。

1. 切换至 F1 楼层平面视图,单击“视图”选项卡→“三维视图”工具→“漫游”工具,如图 1-18-5 所示。

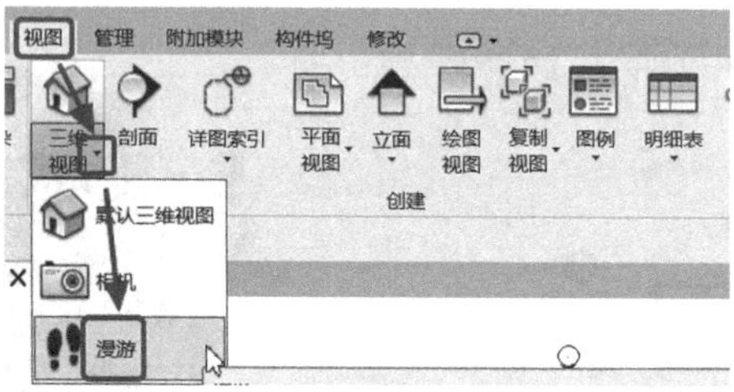

图 1-18-5　漫游工具

2. 选项栏中勾选“透视图”,设置“偏移”值,视点的高度为 1750.0 mm,设置基准标高为 F1,如图 1-18-6 所示。

图 1-18-6　漫游选项栏设置

3. 移动光标至绘图区域中,依次单击放置漫游路径中关键帧相机位置。在关键帧之间,Revit 将自动创建平滑过渡,每一帧也代表一个相机位置,也就是视点的位置。如某一关键帧的基准标高有变化,可以在绘制关键帧时修改选项栏中的基准标高和偏移值,形成上下穿梭的漫游效果。按“Esc”键完成漫游路径,Revit 将自动新建“漫游”视图类别,并在该类别下建立“漫游 1”视图。

4. 路径绘制完毕后,还需进行适当的调整。平面视图中选择漫游路径,进入“修改|相机”上下文选项卡→“漫游”面板→“编辑漫游”工具。如图 1-18-7 所示,选项栏中提供了 4 种用于修改漫游路径的方式,分别是活动相机、路径、添加关键帧和删除关键帧。

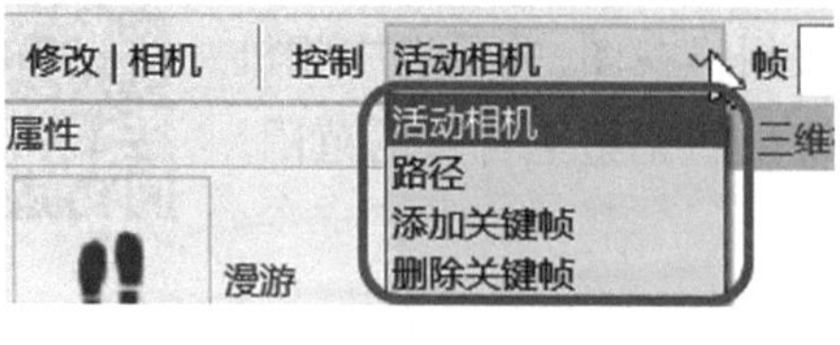

图 1-18-7　相机控制方式

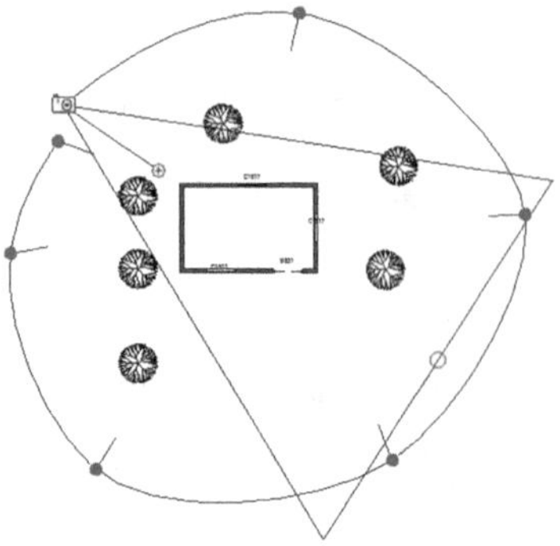

图 1-18-8　漫游路径

5. 在不同的编辑状态下,绘图区域的路径会发生相应变化,如修改控制方式为“活动相机”,路径显示红色圆点,表示关键帧呈现相机位置及可视三角范围,如图 1-18-8 所示。

6. 按住并拖动路径中的相机图标或单击“漫游”面板中的控制按钮,可以使相机在路径上移动，分别控制各关键帧处相机的视距、目标点高度、位置、视线范围等。

7. 如对漫游路径不满意，可将选项栏中的"控制"方式设置为"路径"，进入路径编辑状态，此时路径会以蓝色圆点表示关键帧。在平面图中拖动关键帧，调整路径在平面上的布局。切换到立面视图，按住并拖动关键帧调整关键帧的高度，即视点的高度。使用类似的方式，可以为路径添加或减少关键帧。

8. 打开"实例属性"对话框，单击其他参数"漫游帧"参数，弹出"漫游帧"对话框。可以修改"总帧数"和"帧/秒"值，以调节整个漫游动画的播放时间。漫游动画总时间=总帧数/帧率(帧/秒)。

9. 路径和参数编辑完成后，切换至漫游视图，选择漫游视图中的剪裁边框，自动切换至"修改|相机"上下文选项卡，单击"漫游"面板中的"编辑漫游"工具，打开"漫游"控制栏，单击"播放"，如图 1-18-9 所示。

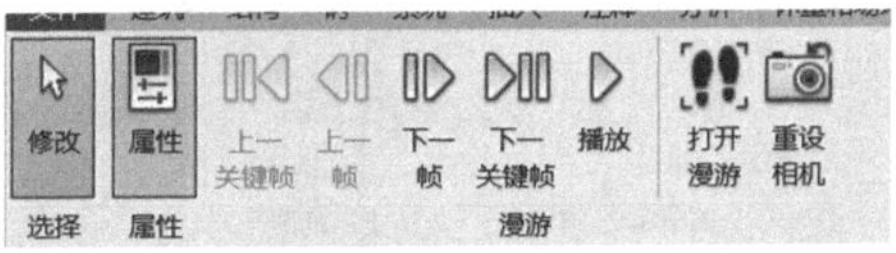

图 1-18-9　播放漫游

10. 预览后，单击应用程序菜单，在列表中选择"导出"→"漫游和动画"→"漫游"选项，在弹出的对话框中设置导出视频文件的大小和格式，设置完毕确定保存的路径即可导出漫游动画。

使用漫游工具，可以更加生动地展示设计方案，并输出为独立的动画文件，方便非 Revit 用户使用和播放漫游。在输出漫游动画时，可以选择渲染的方式输入更为真实的漫游效果。

任务 19　渲染模型

◆ 任务介绍

Revit 集成了 mental ray 渲染器，可以创建模型的照片级真实感图像，可以使用不同的效果和内容(如照明、植物、贴花和人物)来渲染三维视图。实时渲染视图显示真实的材质和纹理。这些渲染样式中的任何一种均可用于为客户展现设计或与团队成员共享。

◆ 任务布置

为小别墅创建渲染效果图。

◆ 知识链接

1. 打开透视三维视图，单击"视图"选项卡→"演示视图"面板→"渲染"工具，弹出“渲染”对话框,如图 1-19-1 所示。

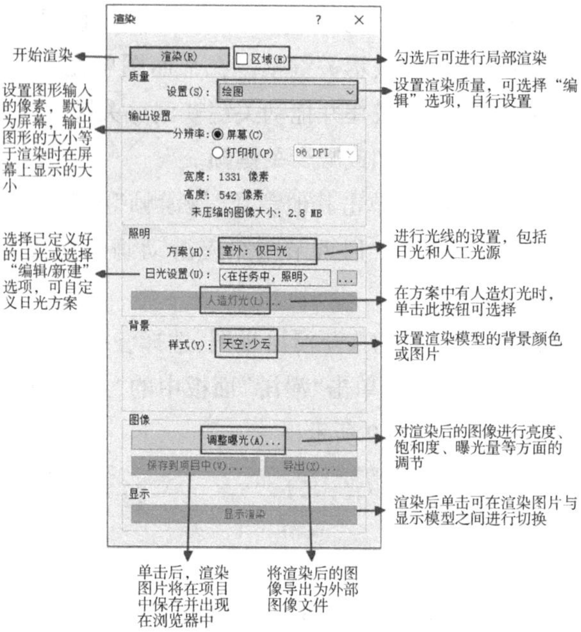

图 1-19-1 渲染

2.“渲染”对话框中质量设置可为渲染图像指定所需的质量,如图 1-19-2 所示。

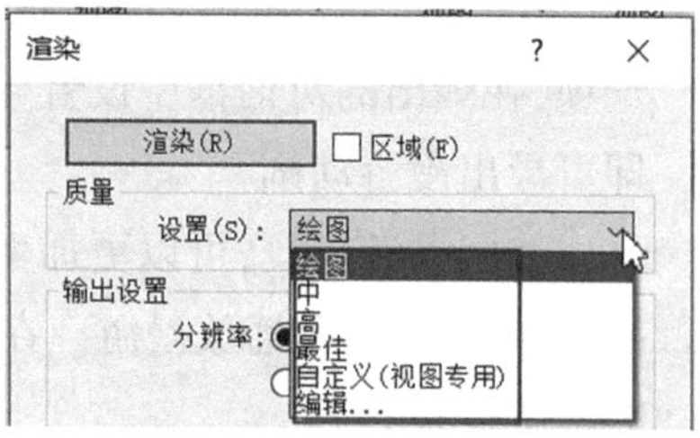

图 1-19-2 质量设置

3. 指定渲染质量。

质量设置为“绘图”时,Revit 相对渲染速度是最快的,但渲染出来的图像质量不高;渲染质量为“最佳”时,Revit 相对渲染速度是最慢的,会以非常高的质量来渲染,渲染所需要的时间也最长。Revit 的渲染质量还可以“自定义(视图专用)”,单击“编辑...”,弹出“渲染质量设置”对话框,在此对话框中可设置渲染质量,如图 1-19-3 所示。

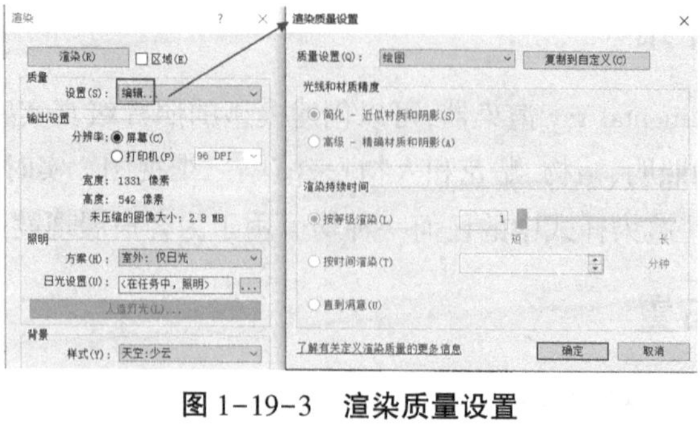

图 1-19-3 渲染质量设置

4. 渲染图像中的照明设置。

(1)渲染对话框的“照明”选项下,选择所需的设置作为“方案(H)”。如选择“日光”，可为“日光设置(U)”选择所需的日光位置，单击“...”，在弹出的“日光设置”对话框中为渲染图像定义新的日光和阴影设置。如选择“人造灯光”，单击“人造灯光”可控制渲染图像的人造灯光，可以创建灯光组并将照明设备添加到灯光组中，还可以打开或关闭灯光组、各个照明设备。

(2)如照明方案是“室内：仅日光”或“室内：日光和人造光”，可考虑是否打开采光口。在渲染过程中，可以自动实现日照效果，启用采光口，可在室内渲染中获得很高的照明质量。

5. 创建渲染图像。

单击“渲染(R)”，Revit 将显示一个“渲染进度”对话框，其中显示有关渲染过程的信息，包括采光口数量和人造灯光的数量。渲染完成之后，Revit 会在绘图区域中显示渲染图像，如图 1-19-4 所示。渲染图像之后，可以调整曝光设置来改善图像。

图 1-19-4　渲染效果

◆ 任务实施

渲染可以重复进行，直到所生成图片质量符合要求为止。具体操作观看二维码视频。

◆ 知识拓展

设定墙体材质的渲染外观。

在 Revit 中要得到真实外观效果，需要在渲染之前为各个构建赋予材质。Revit 为用户提供了非常丰富的材质库。

1. 选择外墙，打开墙体“类型属性”对话框，单击“结构”的编辑工具，弹出“编辑部件”对话框，单击“插入(I)”工具两次，添加两个层，层 1 功能选择面层 1[4]，厚度改为 20.0 mm，层 6 功能选择面层 2[5]，厚度也改为 20.0 mm，单击层列表中第一行的“面层 1[4]”的材质空白处，打开“材质浏览器”，弹出“材质浏览器”对话框，如图 1-19-5 所示。

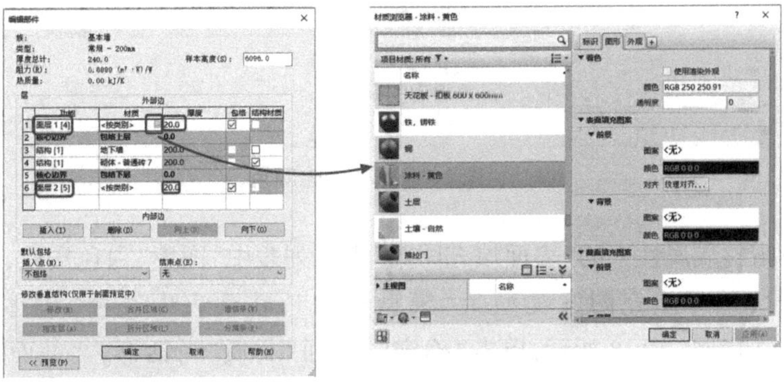
图 1-19-5　材质浏览器

2.“材质浏览器”对话框左侧材质列表中选择“砖,普通,褐色”材质,单击鼠标右键选择“复制”,新材质名称默认为“砖,普通,褐色(1)”,选择复制的材质,鼠标右键选择“重命名”。修改名称为“外墙饰面砖”,创建新的材质名称。

3.选择“外墙饰面砖”,对话框右侧显示该材质的属性。点击“外观”,下方手形图像显示数字“1”,表明此资源与其他 1 个材质共享。单击最右侧复制此资源,手形图像上面的数字修改为“0”。单击“信息”,在下拉列表中修改名称为“外墙饰面砖”,如图 1-19-6 所示。

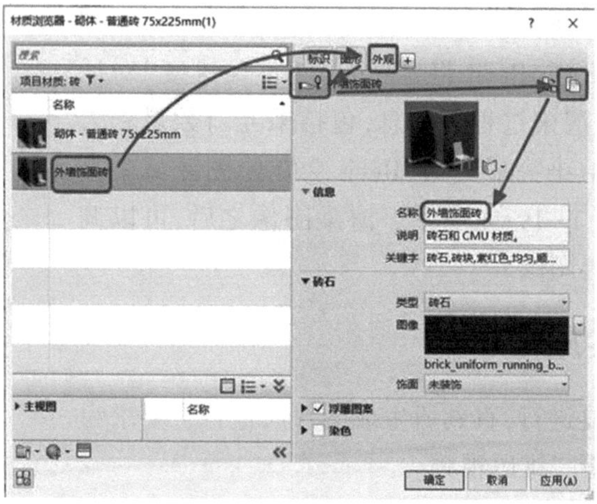

图 1-19-6　新建材质

4.选择“图形”,单击“着色”下的灰色图标。弹出“颜色”对话框,单击设置颜色名称为“RGB 19-192-192”,单击“确定”,如图 1-19-7 所示。

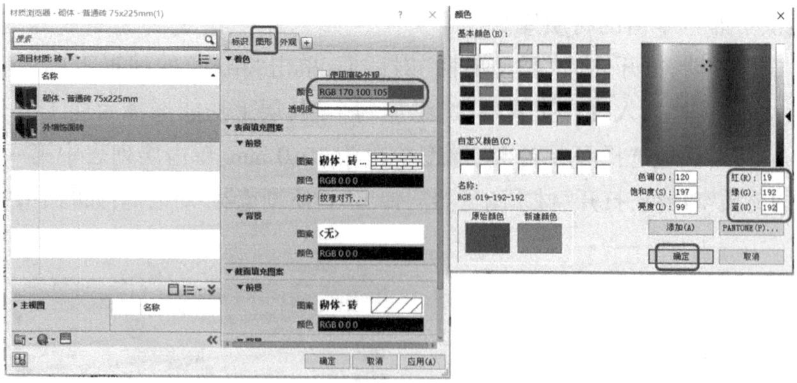

图 1-19-7　构建颜色

5.单击材质属性中的“表面填充图案”下拉列表中“图案”白色按钮,弹出“填充样式”对话框,选择填充图案类型为“模型(M)”,在列表中选择“砌体-砌块 200×400 mm”,如图 1-19-8 所示,单击“确定”,返回“材质”对话框。“截面填充图案”与“表面填充图案”类似,在列表中选择“上对角线-1.5 mm”。

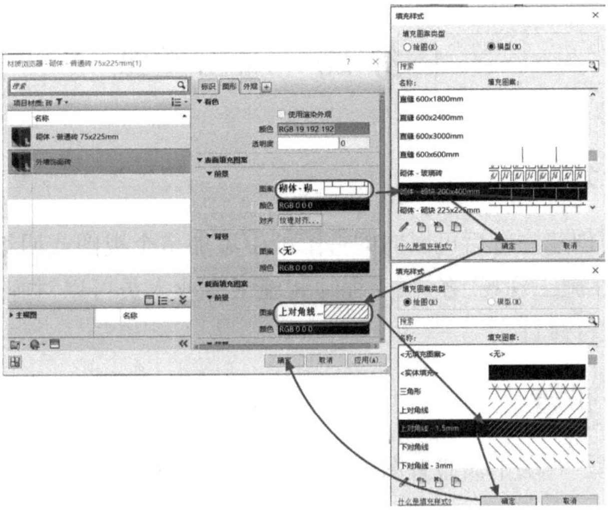

图 1-19-8　填充图案

6. 模型填充图案类型相对于模型保持固定尺寸，而绘图填充图案相对于图纸保持固定尺寸。

(1)“表面填充图案”是指在 Revit 模型的表面填充样式，在三维视图和里面都可以显示，但与渲染无关。

(2)“截面填充图案”是指构件在剖面视图中被剖切时，显示的截面填充图案。如果剖面视图中的墙体需要实体填充时，需要设置该墙体的“截面填充图案”为“实体填充”，平面视图上需要黑色实体填充的墙体也需要将“截面填充图案”设置为“实体填充”，因为平面视图默认为标高向上 1200 的横切面（详细程度为中等或精细时才可见）。

7. 在“材质”对话框中单击“确定”按钮，完成材质“外墙饰面砖”的创建。

8. 结构[1]和面层 2[5]的材质设置与面层 1[4]的材质设置类似，设置完成后如图 1-19-9 所示。

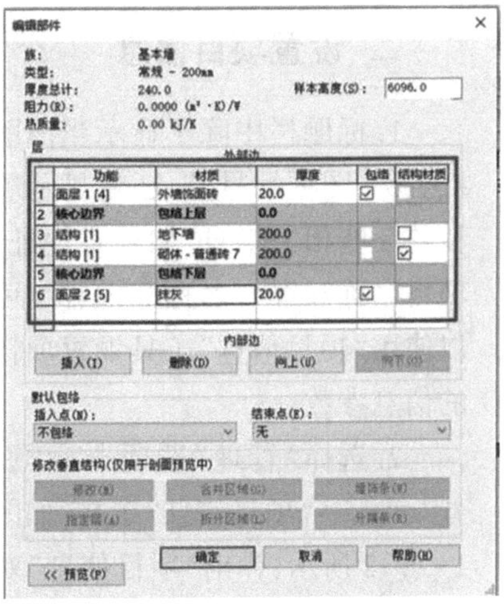

图 1-19-9　构造层次设置

【重点提示】

(1)此颜色与渲染后的颜色无关，只决定着色状态下的构件颜色。

(2)勾选“着色”下拉列表中的“使用渲染外观”复选框，是指在着色模式下构件的颜色将与所设置的渲染外观的纹理图像一致。例如，上述设置的渲染外观为“饰面砖”，颜色为褐色，当勾选“使用渲染外观”复选框时，附着了“饰面砖”的构件在着色状态下将显示为褐色。之前设置的名称为“RGB 19-192-192”的颜色将不起作用。

任务 20　输出图纸

◆ 任务介绍

在 Revit 中创建图纸后可以向同一图纸中添加多个视图或明细表，可以打印和发布施工图纸。在施工现场，客户、工程师和施工专业人员可以对施工图纸上的设计进行标记，以便进行修订。

◆ 任务布置

创建小别墅“一层平面布置图纸”和“北立面平面布置图纸”。

◆ 知识链接

一、创建图纸

图纸是施工图文档集的一个独立的页面，在项目中，可以创建各种样式的图纸，包括平面施工图纸、剖面施工图纸和大样节点详图等。

选择“视图”选项卡→“图纸组合”面板→“图纸”工具，弹出“新建图纸”对话框，如图 1-20-1 所示。在列表中选择一个合适的标题栏，如果该列表中没有所需的标题栏，可以单击“载入(L)...”按钮，在弹出的“载入族”对话框中选择所需的标题栏。这里选择“A0 公制”，单击“确定”按钮，完成图纸的创建。Revit 会自动创建一个图纸视图，在项目浏览器“图纸”列表中也添加了图纸“J0-1-未命名”。

二、设置项目信息

1. 标题栏中除了显示当前图纸名称、图纸编号外，还将显示项目的一些相关信息，如项目地址、项目名称和客户名称等内容。可以使用“项目信息”工具设置项目的信息参数。

2. 选择“管理”选项卡→“设置”面板→“项目信息”工具，如图 1-20-2 所示，弹出“项目信息”对话框。根据项目的实际情况输入各参数信息，单击“确定”按钮，完成项目信息设置。

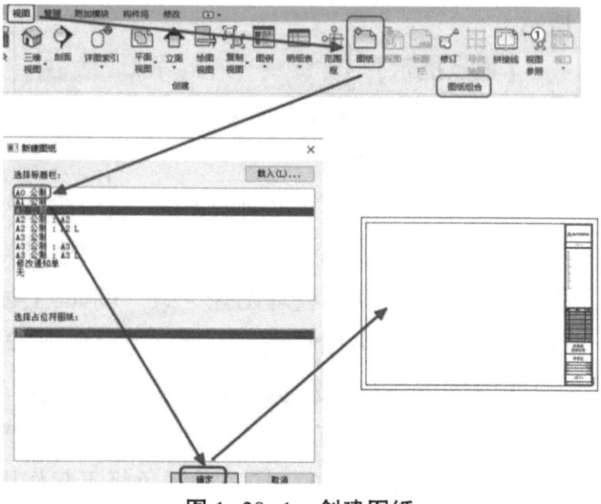

图 1-20-1　创建图纸

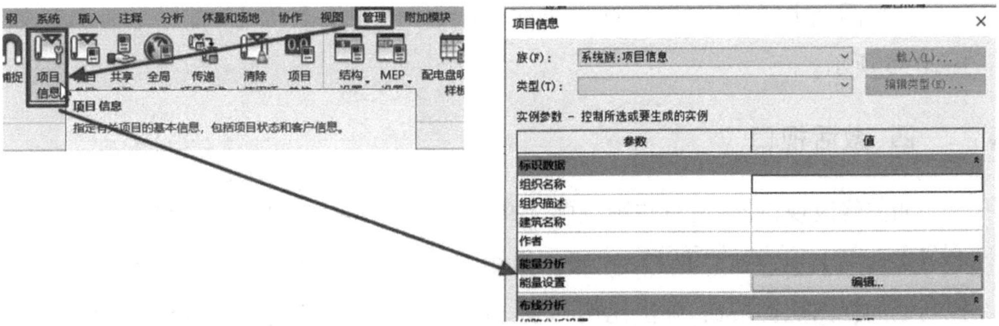

图 1-20-2　项目信息设置

三、布置视图

可以在图纸中添加建筑的一个或多个视图，包括楼层平面、场地平面、天花板平面、立面视图、三维视图、剖面视图、详图视图、绘图视图和渲染视图。每个视图仅可以放置到一张图纸上。要在项目的多张图纸中添加特定视图，可以创建视图副本，并将每个视图放置到不同的图纸上。

1. 在项目浏览器中展开“图纸”，在图纸“J0-1-未命名”上单击右键，选择“重命名”，输入“数量”和“名称”，如图 1-20-3 所示。

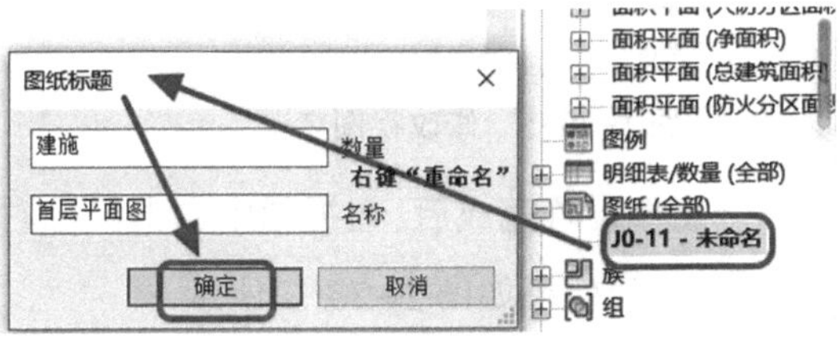

图 1-20-3　重命名图纸名称

2. “视图”选项卡→“图纸组合”面板→“视图”工具，弹出“视图”对话框，在视图列表中选择“楼层平面：一层”，单击“在图纸中添加视图(A)”；或者在项目浏览器中单击鼠标左键，拖拽“楼层平面：一层”到“建施”图纸视图，如图 1-20-4 所示。

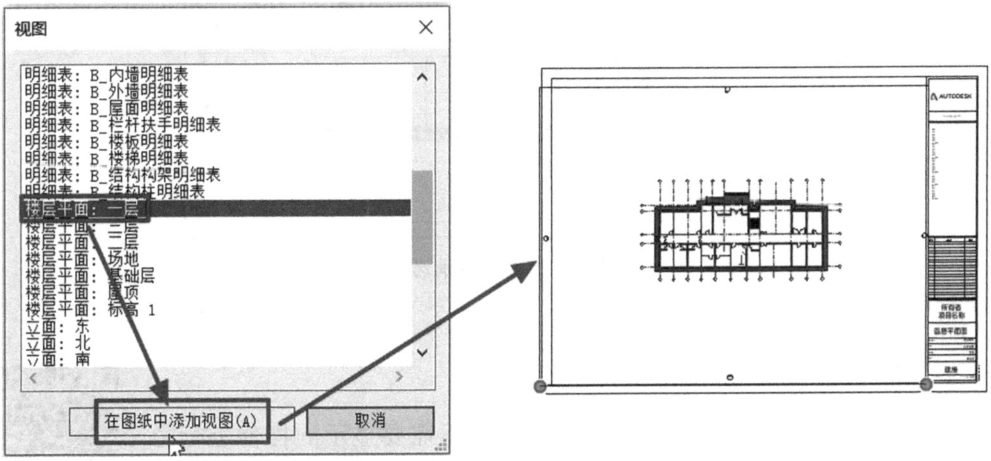

图 1-20-4　图纸组合

选择图纸中的平面视图 F1,“属性”面板修改视图名称为“首层平面图”,如图 1-20-5 所示。

四、激活视口

如需修改视口比例,可在图纸中选择一层视图,Revit 会自动切换到“修改|视口”上下文选项卡→“视口”面板→“激活视图”工具,此时“图纸标题栏”灰显,单击视图控制栏的视图比例按钮,弹出比例列表,选择“自定义...”比例,在弹出的“自定义比例”对话框中将比例设置为 1∶60,如图 1-20-6 所示。

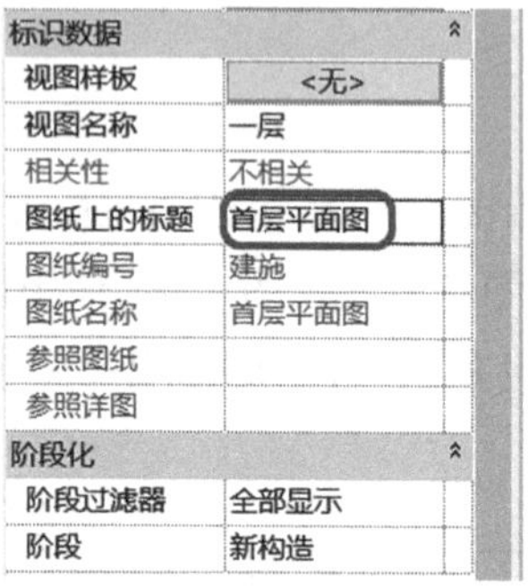

图 1-20-5　修改视图名称

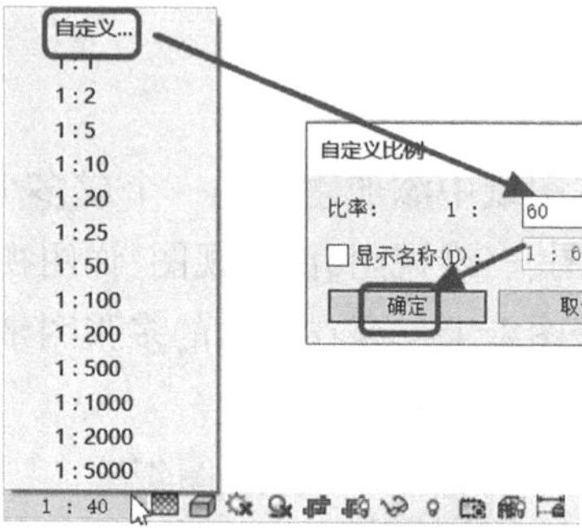

图 1-20-6　设置视图比例

比例设置完成后,在视图中单击鼠标右键,选择“取消激活视图(D)”工具完成比例的设置,效果如图 1-20-7 所示。

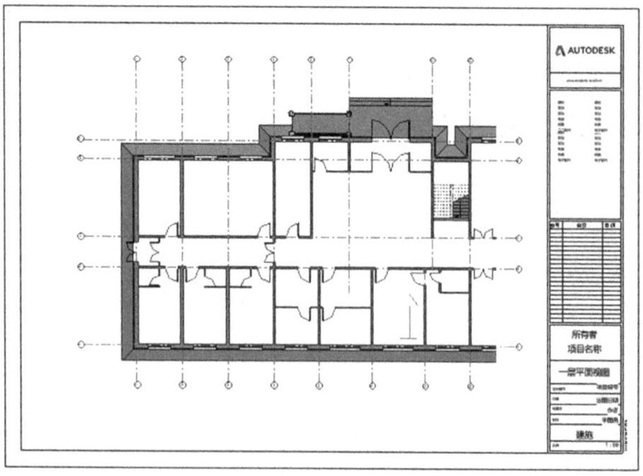

图 1-20-7　取消激活视图

◆ 任务实施

创建图纸时注意用不同的隐藏工具将不需要显示的构件进行隐藏。具体操作观看二维码视频。

◆ 知识拓展

导出为 CAD 文件

一个完整的建筑项目必须要求与其他专业（如结构、给排水）设计人员共同合作完成。因此使用 Revit 的用户必须能够为这些设计人员提供 CAD 格式的数据。Revit 可以将项目图纸或视图导出为 DWG、DXF、DGN 及 SAT 等格式的 CAD 数据文件，方便为使用 AutoCAD、Microstation 等 CAD 工具的设计人员提供数据。下面以最常用的 DWG 数据为例来介绍如何将 Revit 数据转换为 DWG 数据。

1. 单击“应用程序菜单”，在列表中选择“导出”→“选项”→“设置 DWG / DXF”选项，打开“修改 DWG/DXF 导出设置”对话框，如图 1-20-8 所示，该对话框可以分别对 Revit 模型导出为 CAD 时的层、线、填充图案、文字和字体等进行设置。在“层”选项卡列表中，指定各类对象类别及子类别的投影和截面图形在导出 DWG/DXF 文件时对应的图层名称及线型颜色 ID。进行图层配置有两种方法：(1)根据要求逐个修改图层的名称、线颜色等；(2)通过加载图层映射标准进行批量修改。

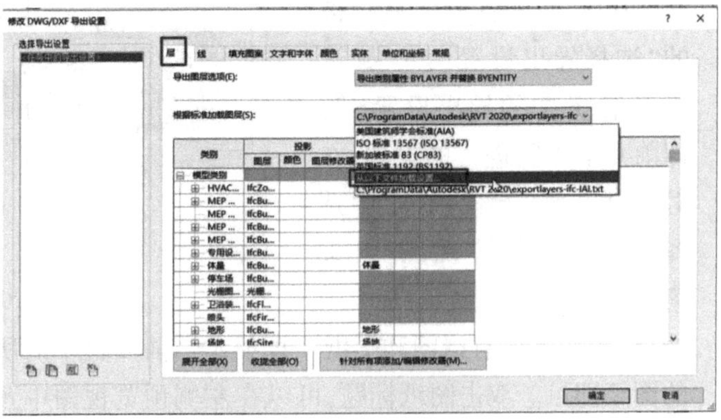

图 1-20-8　修改 DWG/DWF 导出设置

2. 单击“根据标准加载图层”下拉列表按钮，Revit 提供了 4 种国际图层映射标准，以及从外部加载图层映射标准文件的方式。选择“从以下文件加载设置...”，在弹出的对话框中选择光盘中的“DVD \ scene \ chapter20 \ other \ exportlayers - Revit - tangent. txt”配置文件，然后退出选择文件对话框。

3. 继续在“修改 DWG/DXF 导出设置”对话框中选择“填充图案”选项卡，打开填充图案映射列表。在默认情况下，Revit 中的填充图案在导出为 DWG 时选择的是“自动生成填充图案”，即保持 Revit 中的填充样式方法不变，但是如混凝土、

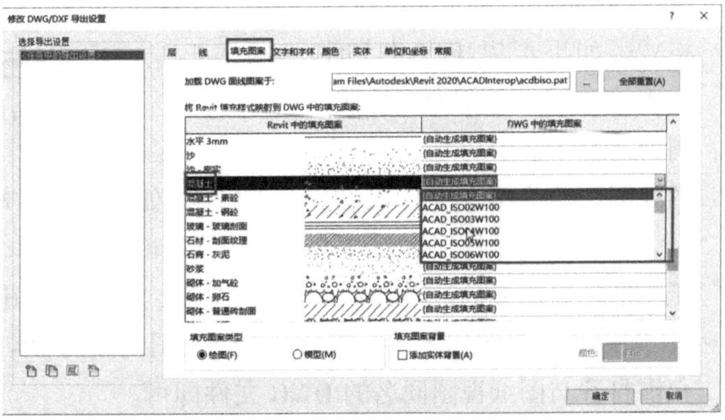

图 1-20-9　图案填充

钢筋混凝土这些填充图案在导出为 DWG 后会出现无法被 AutoCAD 识别为内部填充图案，从而造成无法对图案进行编辑的情况，要避免这种情况可以单击填充图案对应的下拉列表，选择合适的 AutoCAD 内部填充样式即可，如图 1-20-9 所示。

4. 可以继续在“修改 DWG/DXF 导出设置”对话框中对需要导出的线、颜色、文字和字体等进行映射配置，设置方法和填充图案类似。

5. 单击“应用程序菜单”按钮，在列表中选择“导出”→“CAD 格式”→“DWG”，打开“DWG 导出”对话框，如图 1-20-10 所示，对话框左侧顶部的“选择导出设置(L)”确认为“<任务中的导出设置>”，即前几个步骤进行的设置，在对话框右侧“导出(E)”中选择“<任务中的视图/图纸集>”，在“按列表显示(S)”中选择“集中的所有视图和图纸”，即显示当前项目中的所有图纸，在列表中勾选要导出的图纸即可。双击图纸标题，可以在左侧预览视图中预览图纸内容。Revit 还可以使用打印设置时保存的“设置 1”快速选择图纸或视图。

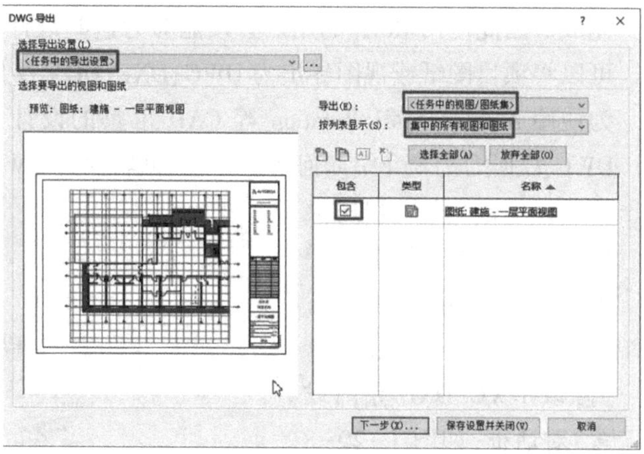

图 1-20-10　DWG 导出

6. 完成后单击“下一步(X)...”按钮，打开“导出 CAD 格式-保存到目标文件夹”对话框，如图 1-20-11 所示，指定文件保存的位置、DWG 版本格式和命名的规则，单击“确定”按钮，即可将所选择图纸导出为 DWG 数据格式。如果希望导出的文件采用 AutoCAD 外部参照模式，请勾选对话框中的“将图纸上的视图和链接作为外部参照导出(X)”，此处设置为不勾选。

图 1-20-11　导出 CAD 格式

7. 如果使用外部参照方式导出后，Revit 除了将每个图纸视图导出为独立的与图纸视图同名的 DWG 文件外，还将单独导出与图纸视图相关的视口为独立的 DWG 文件，并以外部参照的方式链接至与图纸视图同名的 DWG 文件中。要查看 DWG 文件，仅需打开与图纸视图同名的 DWG 文件即可。

项目二　族的创建及编辑

◆ 教学目标

通过本项目的学习，了解族及族的分类，熟练掌握族编辑器环境，族编辑器环境是"1+X" 建筑信息模型（BIM）职业技能等级考试——初级中的实操试题每期必考的重点，通常以"构件集"的方式表达。在题目中，如有明确要求使用构件集，就必须选择族编辑器环境，通常使用"公制常规模型"族样板；如果没有明确规定使用构件集，则可以用自己熟悉的方式去完成模型的构建。初级考试以形状创建为重点，必须熟练使用形状的创建工具，掌握创建工具的一些操作技巧。能根据需要快速、准确地创建及编辑族模型。

任务 1　族的认知

◆ 任务介绍

"族"是 Revit 中所使用的一个功能强大的概念，熟练合理地创建"族"，有助于更好地创建与管理 BIM 模型。就目前而言，Revit 族是制约 BIM 发展的一大瓶颈。族具有制作烦琐、工程量大等特点，"族"的创建是 Revit 建模过程中一个重要且耗时较长的环节。

族是构成 Revit 项目的最基本元素，所有添加到 Revit 项目中的图元都是创建完成的族（如建筑构件、尺寸标注、标记、符号等）。Revit 软件自带族库，如果创建的项目需要的族在 Revit 软件族库里面没有，就需要根据项目创建族。本任务是了解族的概念、类型、参数，以及掌握族的创建方法。

◆ 任务布置

小明要参加"1+X"建筑信息模型（BIM）职业技能等级考试——初级，想学习族的创建与编辑，先从族的认知开始着手学习。

◆ 知识链接

Revit 软件中的族是某一类别中图元的类，是根据参数（属性）集在使用上的相同，以及在图形表示上的相似来对图元进行分组的。一个族中不同图元的部分或全部属性可能有不同的值,但属性的设置是相同的。

Revit 软件中的所有图元都是基于族的。每个族图元能够在其内定义多种类型,根据族创建者的设计,每种类型可以具有不同的尺寸、形状、材质设置或其他参数变量。族有助于更轻松地管理数据和进行修改。

一、族的类型

Revit 软件中族按照类型的不同分为系统族、标准构件族、内建族。

1. 系统族

系统族是在 Revit 软件中预定义的族。样板文件中提供的系统族,包含基本建筑构件,例如墙、屋顶、楼板、风管等,如图 2-1-1 所示。系统族不能将其从外部文件中载入到项目中,也不能将其保存到项目之外的位置;只能复制和修改现有系统族,但不能创建新系统族;可以指定新参数定义新的族类型。

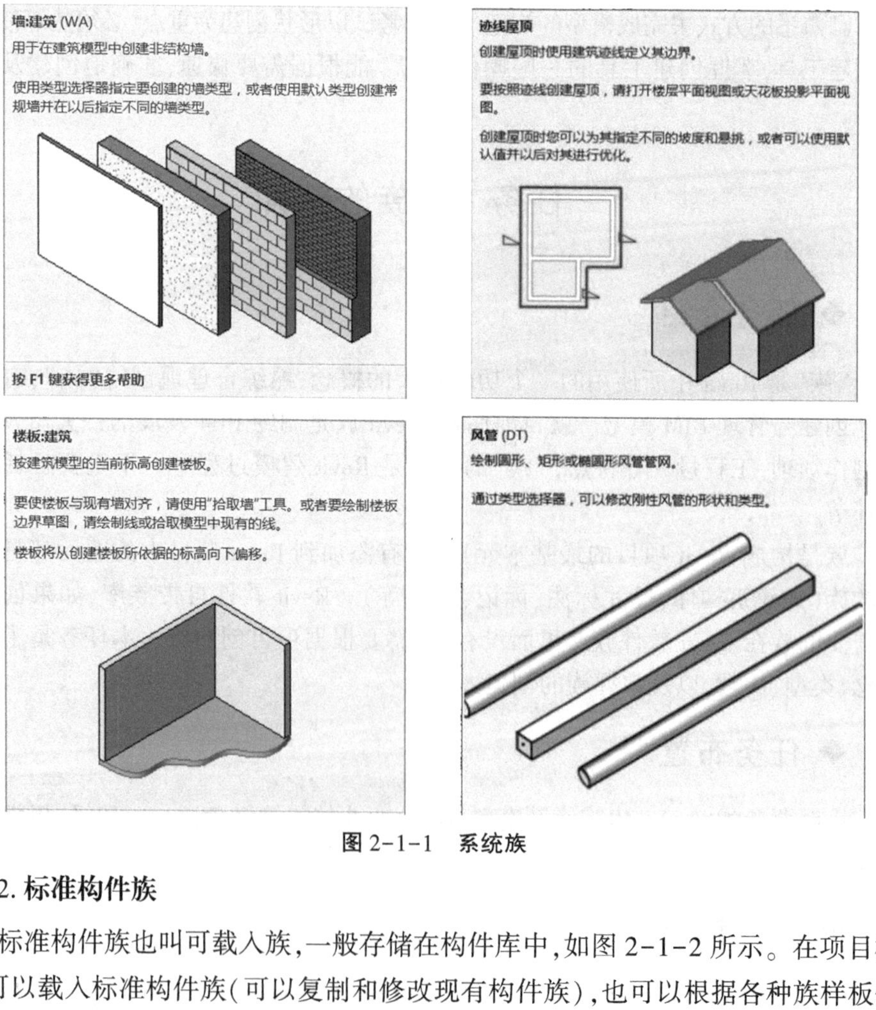

图 2-1-1　系统族

2. 标准构件族

标准构件族也叫可载入族,一般存储在构件库中,如图 2-1-2 所示。在项目样板中,可以载入标准构件族(可以复制和修改现有构件族),也可以根据各种族样板创建新的构件族。

标准构件族可以位于项目环境外，且具有扩展名(.rfa)。可以将它们载入项目，从一个项目传递到另一个项目，如果需要还可以从项目文件保存到自己的族库中。

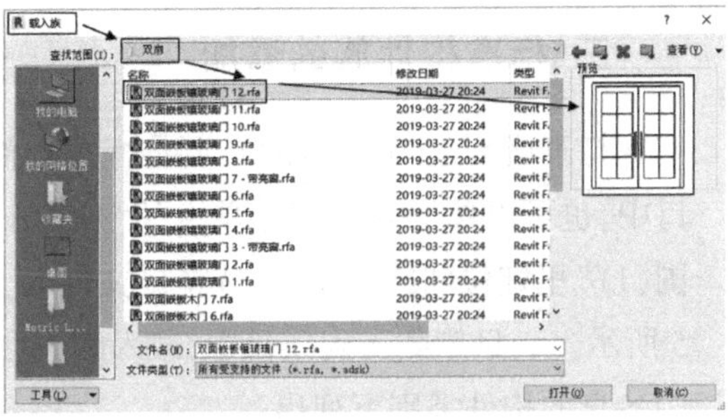

图 2-1-2　构件库(门族)

3. 内建族

内建族是项目中的特定模型构件或注释构件，它只能在当前项目中创建及应用。

二、族的参数

族中包含许多可以自由调节的参数，这些参数记录着图元在项目中的尺寸、材质、安装位置等信息，通过添加和修改这些参数，可以改变图元的尺寸、位置，能增加族的灵活性。族的这些参数可以分为类型参数和实例参数两类。

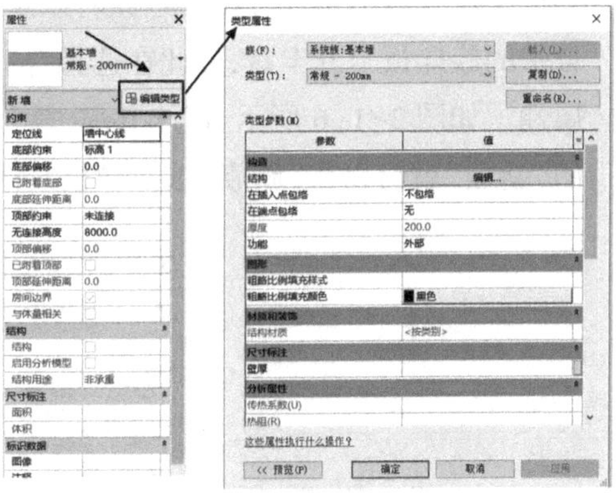

图 2-1-3　族的类型参数

类型参数是特定族类型的所有实例的每个属性参数都具有相同的值，修改类型参数的值会影响该族类型当前和将来的所有实例，在“类型属性”对话框中设置修改的值均为类型参数，如图 2-1-3 所示。

实例参数是应用于族类型所创建的族实例，但这些参数的值可能会因图元在项目中的位置而不同。修改实例参数的值将只影响选择集内的图元或者将要放置的图元。在“属性”选项板中设置修改的值为实例参数，如图 2-1-4 所示。

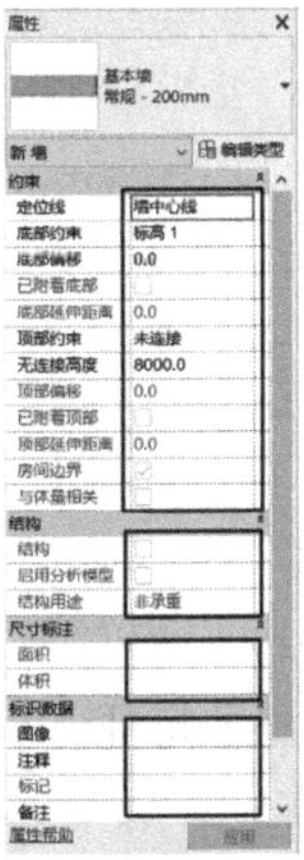

图 2-1-4　族的实例参数

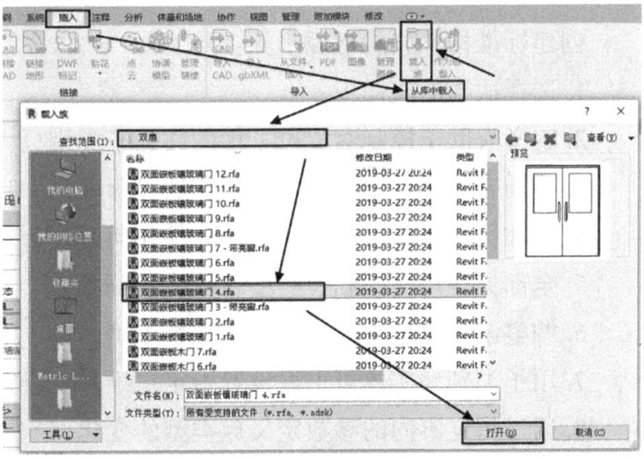

图 2-1-5　添加标准构件族

三、标准构件族的添加

打开或创建一个新项目，要将标准构件族添加到项目中，可以将其拖拽到文档窗口中，也可以单击“插入”菜单上的“从库中载入”面板里的 “载入族”工具，在“查找范围（I）”里定位到族的位置，选择族文件名，然后单击“打开（O）”将其载入，如图 2-1-5 所示。一旦族载入到项目中，载入的族会与项目一起保存。所有族将在项目浏览器中各自的构件类别下列出。

四、标准构件族的创建

创建标准构件族时，软件会提示选择一个与该族所要创建的图元类型相对应的族样板。该样板中包含开始创建族时以及在项目中放置族时所需要的信息。Revit 软件自带的族样板十分丰富，因此在选择合适族样板时需要考虑其分类、功能、使用方法等属性。如图 2-1-6 所示，打开 Revit 软件，在“最近使用的文件”界面，单击“族”下面的“新建”就可以在“新族-选择样板文件”里面选择需要用的族样板。

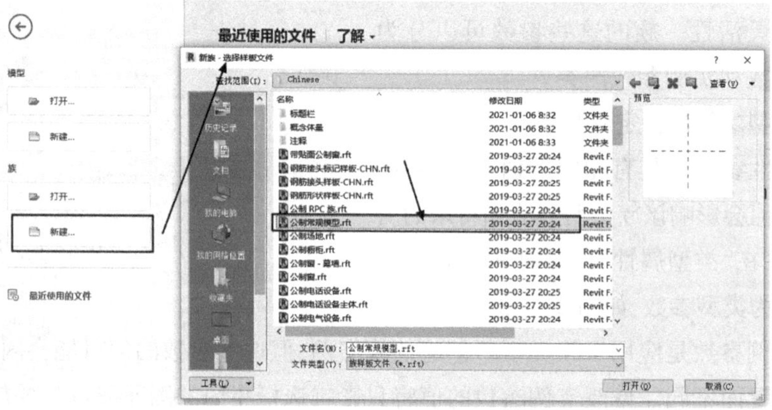

图 2-1-6　选择合适的族样板

创建标准构件族的常规步骤：

1. 选择适当的族样板。
2. 定义有助于控制对象可见性的族的子类别。
3. 布局有助于绘制构件几何图形的参照平面。
4. 添加尺寸标注以指定参数化构件几何图形。
5. 全部标注尺寸以创建类型参数或实例参数。
6. 调整新模型以验证构件行为是否正确。
7. 用子类别和实体可见性设置指定二维和三维几何图形的显示特征。
8. 通过指定不同的参数定义族类型的变化。
9. 保存新定义的族，将其载入新项目，然后观察它如何运行。

五、内建族的创建

内建族是在项目中创建的，要创建内建族需要先打开或新建一个项目→“建筑”/“结构”/“系统”选项卡→“构件”→“内建模型”，如图 2-1-7 所示。然后在“族类别和族参数”中，选择相应的族类别，选中族类别后，创建的这个族就具有该族类别的特性，然后单击“确定”，会弹出“名称”窗口，在这里输入内建族的名称，然后单击“确定”，如图 2-1-8 所示。接下来就可以创建及编辑内建族了，创建完成选择“完成模型”。

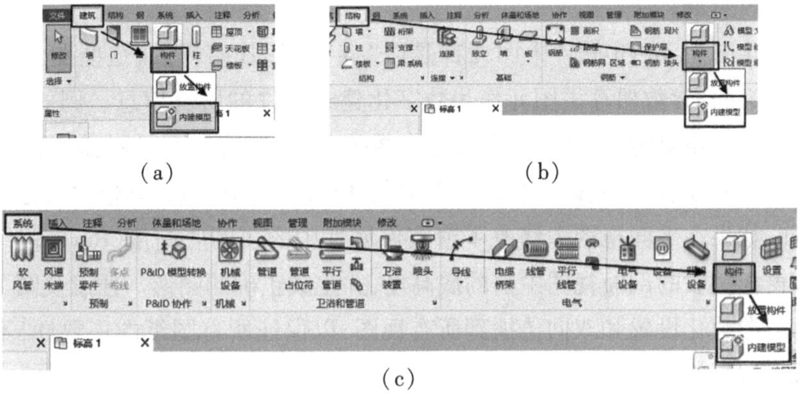

(a)　　(b)

(c)

图 2-1-7　内建模型位置

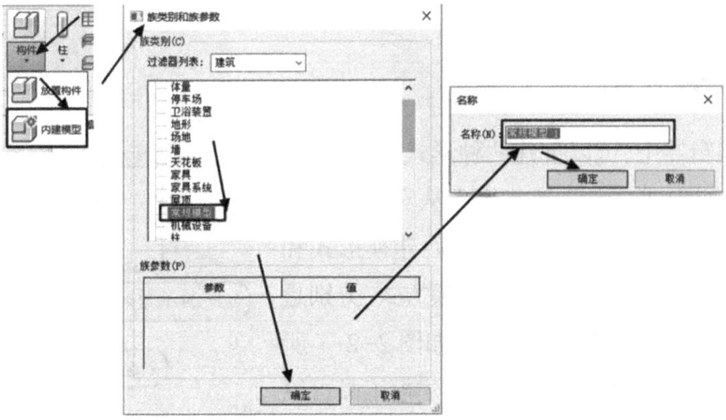

图 2-1-8　创建内建族

◆ 知识拓展

一、标准构件族的用途

标准构件族是在 Revit 软件中最经常创建和修改的族，主要是由于标准构件族具

有可自定义的特征,用起来非常方便,它的主要用途如下:

1. 安装在建筑内和建筑周围的建筑构件,例如窗、门、橱柜、家具和植物等。

2. 安装在建筑内和建筑周围的系统构件,例如锅炉、热水器、空气处理设备和卫浴装置等。

3. 常规定义的一些注释图元,例如符号和标题栏等。

二、族的参数化设计

族的参数化设计是 Revit 软件的一个重要特征,它分为两个部分:参数化图元和参数化修改引擎。

参数化图元,Revit 软件中图元都是以“族”的形式出现的,这些图元是通过一系列参数定义的,参数保存了图元作为数字化建筑构件的所有信息。例如,当需要指定墙与门之间的距离为 200 时,可以通过参数关系来“锁定”门与墙的间隔。

参数化修改引擎,允许用户任何部分的任何改动都可以自动修改其他相关联的部分,例如,如果在平面视图中修改了窗实例属性中的窗的底高度,Revit 软件将自动修改与该窗相关联的剖面视图中窗的底高度,并生成正确的图形。任意视图下所发生的变更都能参数化设置和双向传播到所有视图,以保证所有图纸的一致性,不必逐一对所有视图进行修改,从而提高工作效率和工作质量。

任务 2　创建拉伸模型

◆ 任务介绍

在族编辑器中,可以创建两种形式的模型:实心形式和空心形式。空心形式用于从实体模型中扣减空心形状,Revit 软件分别为实心建模形式和空心建模形式提供了 5 种不同的建模方式,分别是拉伸、融合、旋转、放样和放样融合,如图 2-2-1 所示,通过绘制轮廓草图并配合这 5 种建模工具可以生成各种不同的模型。

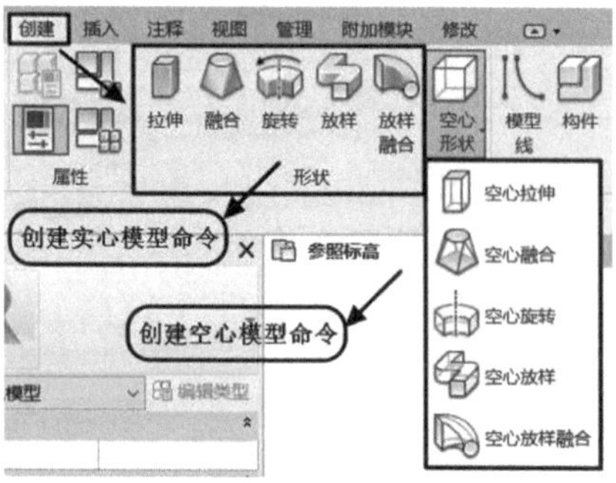

图 2-2-1　创建族的形式

用族创建模型时,对于截面形状轮廓相同的,考虑使用“拉伸/放样”命令。路径是直线形式的,根据习惯,用“拉伸/放样”都可以;路径带有转角的,就使用“放样”命令。若路径两端的截面形式不同,中间部分的截面会随路径变化产生过度变化的图元,就要考虑用“融合”思路创建。当路径是通长的直线,选择“融合”/“放样融合”命令都可以;当路径是复杂的,就用“放样融合”来创建。

拉伸是通过二维形状(轮廓)来创建三维形状的,是将二维形状(轮廓)在它的垂直面上进行拉伸。拉伸是最容易创建的形状,也是考试出题最多的内容。学生通过本任务的学习,可以根据给出的图纸熟练地进行拉伸模型的创建。

◆ 任务布置

[2021年第六期“1+X”建筑信息模型(BIM)职业技能等级考试——初级中的实操题第一题,简称“1+X”2021年第六期第一题]根据图2-2-2所示尺寸,创建木栏杆模型,整体材质为“红木”,请将模型以“木栏杆+考生姓名”形式保存至本题文件夹。

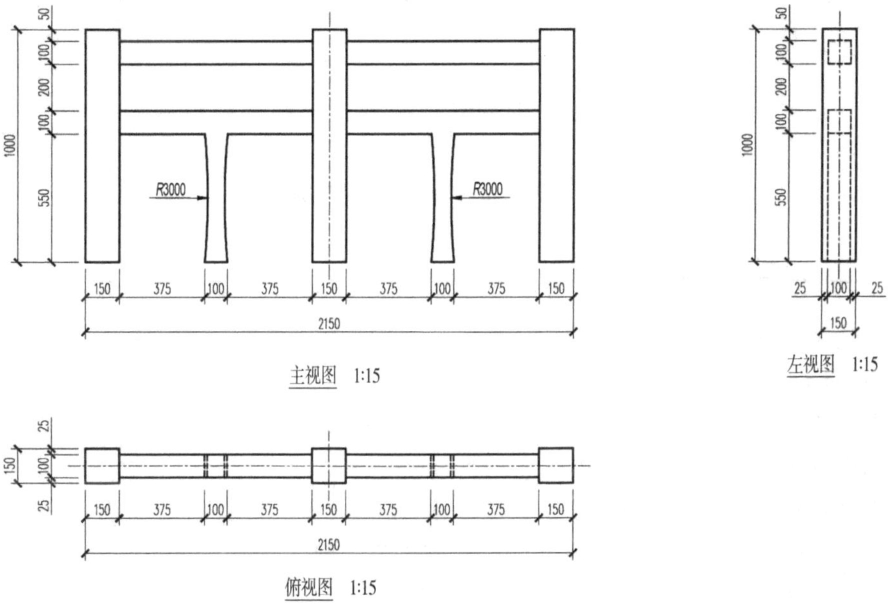

图2-2-2　“1+X”2021年第六期第一题

◆ 知识链接

通过“拉伸”工具可以创建拉伸形式族三维模型,包括实心形式和空心形式。实心形式和空心形式创建方法一致。

一、调出“拉伸”工具

单击功能区“创建”选项卡→“形状”面板→“拉伸”工具,或单击功能区“创建”选项卡→“形状”面板→“空心形状”→“空心拉伸”工具,进入拉伸的编辑模式,如图2-2-3所示。

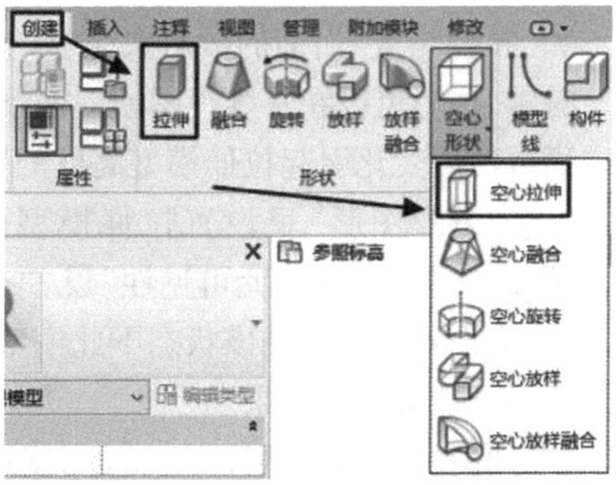

图2-2-3　调出“拉伸”工具

二、绘制二维轮廓

在“项目浏览器”面板里打开需要绘制二维轮廓的视图，在“绘制”面板上选择需要的绘制工具，在绘图窗口绘制需要的轮廓，然后单击模式面板里的“√”，完成“拉伸”工具的编辑模式，如图 2-2-4 所示。

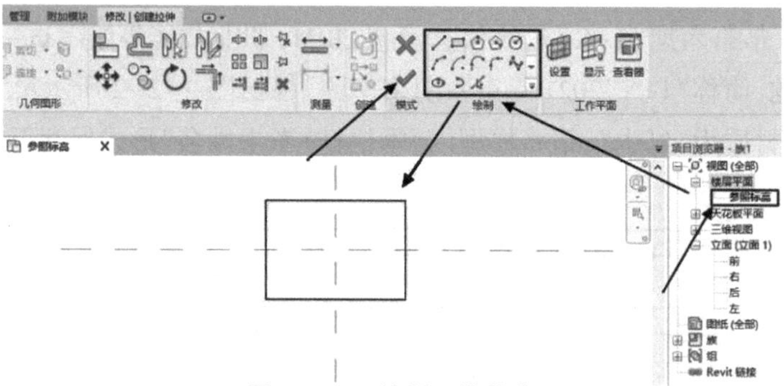

图 2-2-4　绘制二维轮廓

三、设置拉伸模型的参数

轮廓绘制完成后，可以直接在“属性”面板上设置拉伸模型的参数；也可以先完成“拉伸”工具的编辑模式后，单击选择拉伸模型，再在“属性”面板上编辑其参数，如图 2-2-5 所示。

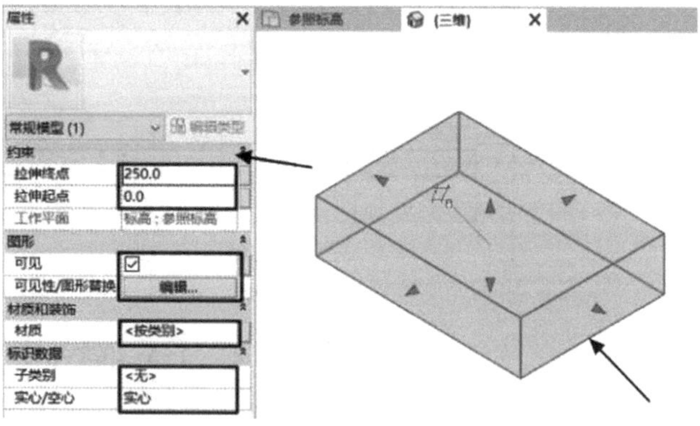

图 2-2-5　设置拉伸模型的参数

拉伸模型的参数在属性面板上设置，最常用的是“拉伸终点”“拉伸起点”“材质”等参数。

1. 在“约束”里面调整拉伸模型的高度。拉伸模型的高度是通过设置“拉伸起点”和“拉伸终点”后面的数值来完成的。先完成“拉伸”工具的编辑模式，再进行属性的编辑，这时可以在三维视图或立面视图里清晰地看到由“拉伸起点”和“拉伸终点”后面数值的变化引起拉伸模型高度的变化。

2. 在“图形”里设置拉伸模型的可见性，单击“可见性/图形替换”后面的“编辑...”，打开“族图元可见性”设置对话框，根据需要进行设置，单击复选框里面的对号，取消对号后就是该状态下此模型是不显示的。设置完成后需要把拉伸模型载入到项目后才能看到效果。

3. 在“材质和装饰”里设置实心拉伸模型的材质，单击“材质”后面的“<按类别>”里的三个小点，可以打开材质库进行设置。

4. 在“标识数据”里给实心拉伸模型指定子类别，在“子类别”后面单击选择。如果需要绘制的是“空心拉伸”模型，却绘制成了“实心拉伸”模型，可以在“标识数据”下“实心/空心”后面单击更改。

【重点提示】

(1)“拉伸”工具很简单，它的难点在于，需要清楚知道在哪个视图里绘制轮廓，比如长方体，可以在平面(参照标高)或前、后立面或左、右立面里绘制轮廓，在轮廓的垂直面上进行拉伸。

(2)拉伸的轮廓必须是闭合环。创建实心形状，就绘制一个闭合环；创建空心形状，可以是大轮廓包小轮廓；如果多个形状相交，需要把它们修改为一个闭合环；如果要一次性创建多个形状，那么绘制多个形状的轮廓必须是不相交的闭合环。

◆ 任务实施

这个任务分五步来完成，执行两次拉伸命令，一次在“参照标高”平面里先创建“木栏杆”左、中、右三根立柱，然后在“前”立面再创建“木栏杆”除三个立柱之外的模型；创建完模型，设置材质及保存文件。具体操作观看二维码里视频。

绘制步骤如下：

1. 新建一个族文件；2. 创建参照平面；3. 创建模型；4. 设置材质；5. 保存文件。

◆ 知识拓展

模型文字的创建

模型文字是基于某一个平面上的三维文字。三维文字可用于构件、族、建筑的模型文字添加。

一、设置工作平面

打开一个项目文件或族文件，单击“创建”选项卡→“工作平面”面板→“设置”工具，在弹出的“工作平面”对话框中选择“拾取一个平面(P)”→“确定”按钮，选择木栏杆某一平面，如图 2-2-6 所示。

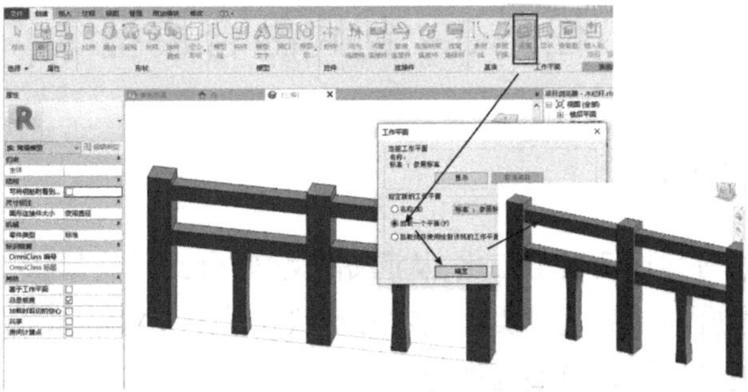

图 2-2-6　设置工作平面

二、编辑放置模型文字

单击“模型”面板→“模型文字”工具，进行模型文字的替换，单击栏杆，模型文字就放置在栏杆上，如图 2-2-7 所示。

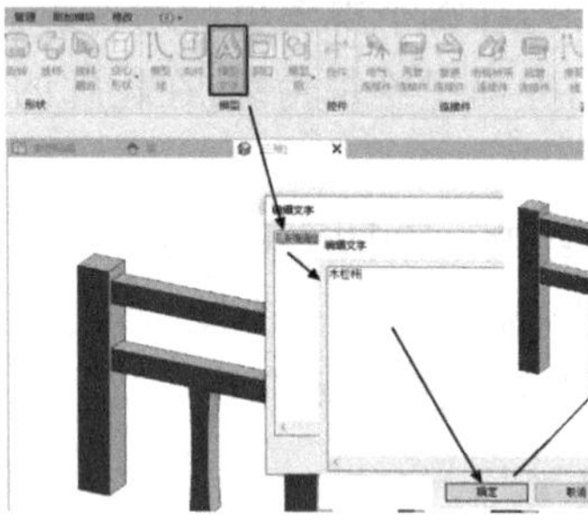

图 2-2-7　设置模型文字

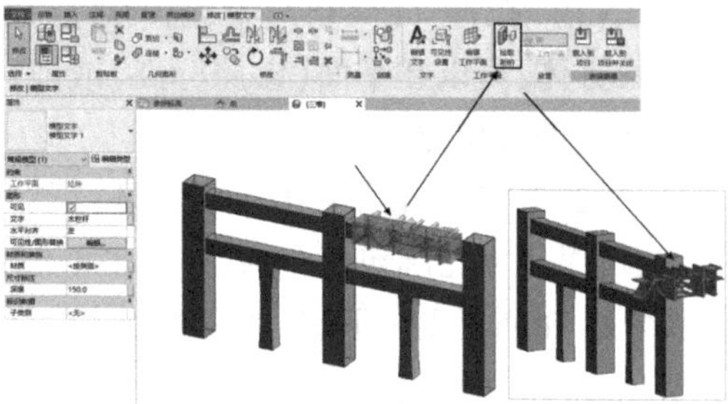

图 2-2-8　模型文字设置新的工作平面

三、编辑模型文字的属性

单击已经创建完成的模型文字，出现“修改|模型文字”上下文选项卡→“识取新的”工具，此时可以对模型文字进行新的工作平面的选择，如图 2-2-8 所示。

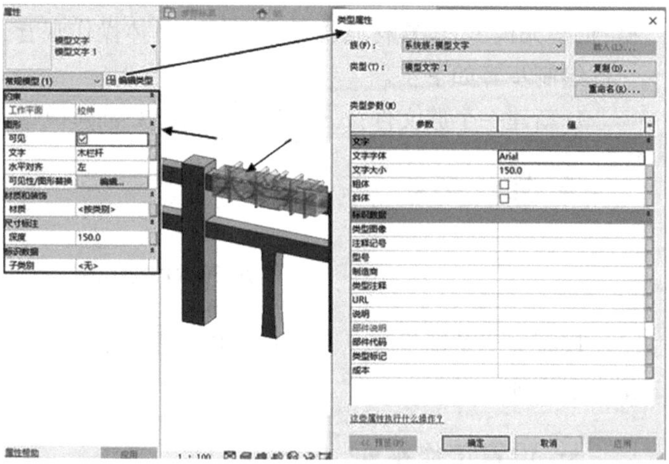

图 2-2-9　模型文字属性设置

单击已经创建完成的模型文字，也可以进行模型文字属性的设置，如图 2-2-9 所示，在“属性”面板可以对模型文字的图形、材质和装饰等进行设置，单击“编辑类型”，可以设置文字字体、文字大小等。

任务 3　创建融合模型

◆ 任务介绍

融合是形状沿其长度发生变化，从起始形状融合到最终形状，就是将两个轮廓按照给定的深度融合在一起生成实心或空心形状。学生通过本任务的学习，可以根据给出的图纸熟练地进行融合模型的创建。

◆ 任务布置

（“1+X”2020 年第五期第一题）根据给定尺寸，创建过滤器模型，材质为“不锈钢”，请将模型以“过滤器+考生姓名”保存至本题文件夹中。

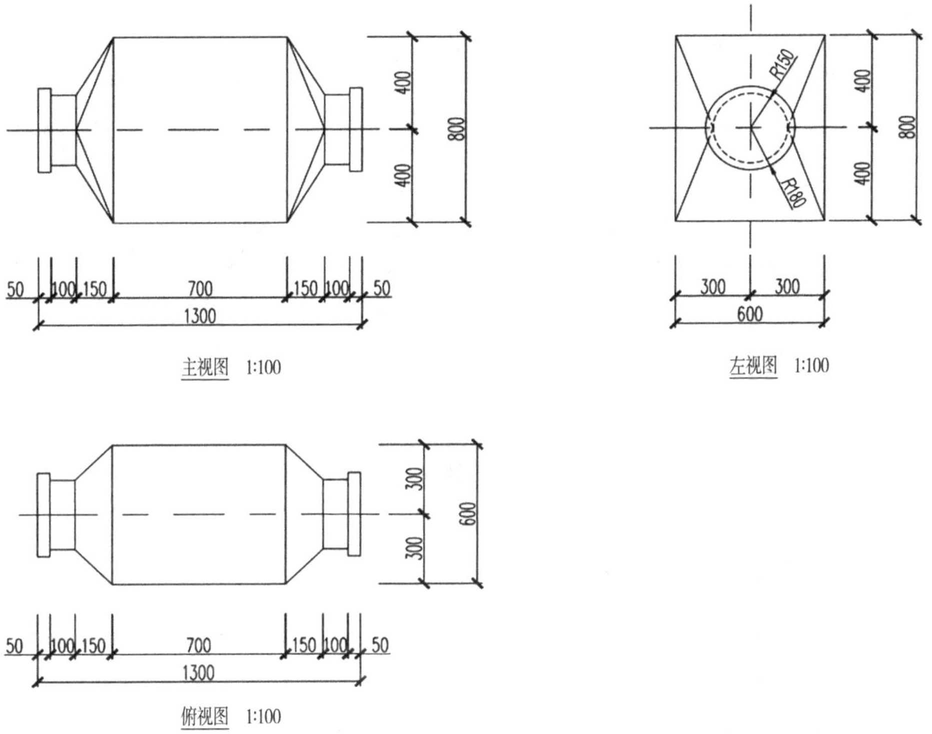

图 2-3-1　“1+X”2020 年第五期第一题

◆ 知识链接

通过“融合”工具可以创建融合形式的族三维模型，包括“实心形式”和“空心形式”。“实心形式”和“空心形式”创建方法一致。

一、调出“融合”工具

单击功能区“创建”选项卡→“形状”面板→“融合”工具，或单击功能区“创建”选项卡→“形状”面板→“空心形状”→“空心融合”工具，进入“融合”的编辑模式，如图 2-3-2 所示。

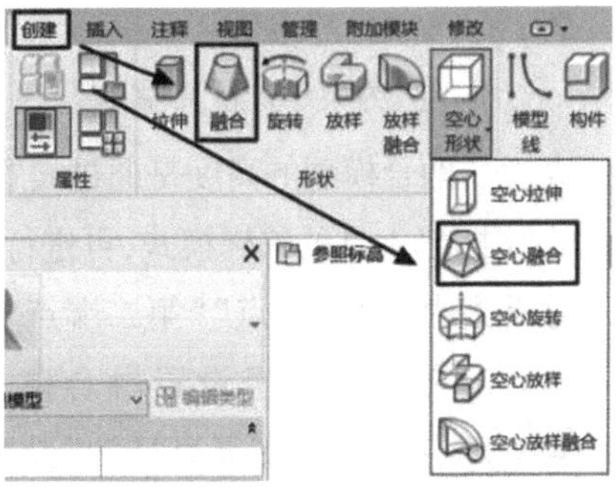

图 2-3-2　调出“融合”工具

二、绘制二维轮廓

在“项目浏览器”面板里打开需要绘制二维

轮廓的视图，在“绘制”面板上选择需要的绘制工具，在绘图窗口绘制需要的轮廓（融合的底部轮廓），然后单击“模式”面板里“编辑顶部”工具，在“绘制”面板上选择需要的绘制工具，在绘图窗口绘制需要的轮廓（融合的顶部轮廓），绘制完成融合的顶部、底部轮廓后，单击“模式”面板里的“√”，完成“融合”工具的编辑模式，如图 2-3-3 所示。

图 2-3-3　绘制融合模型的轮廓

三、设置融合模型的参数

融合顶部、底部轮廓绘制完成后，可以直接在“属性”面板上设置融合模型的参数；也可以先完成“融合”工具的编辑模式后，单击选择融合模型，再在“属性”面板上编辑其参数，如图 2-3-4 所示。

融合模型的参数在属性面板上设置，最常用的是“第一端点”（融合底部位置）、“第二端点”（融合顶部位置）及“材质”等参数。

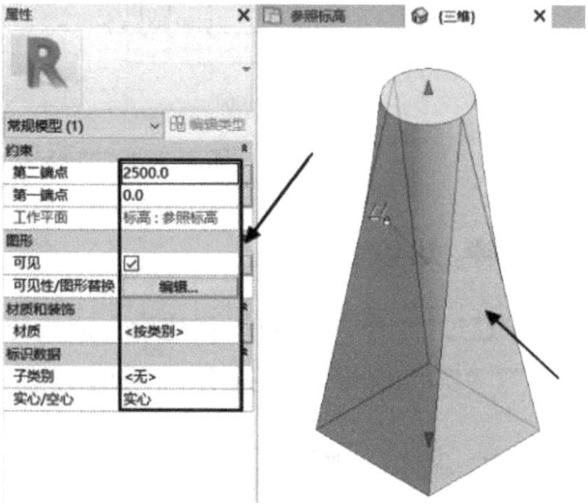

图 2-3-4　设置融合模型的参数

1. 在“约束”里面调整融合模型的高度。融合模型的高度是通过设置“第一端点”“第二端点”后面的数值来完成的。先完成“融合”工具的编辑模式，再进行属性的编辑，这时可以在三维视图或立面视图里清晰地看到由“第一端点”“第二端点”后面的数值的变化引起融合模型高度的变化。

2. 在“图形”里设置融合模型的可见性，单击“可见性/图形替换”后面的“编辑...”，打开“族图元可见性”设置对话框，根据需要进行设置。设置完成后需要把这个融合模型载入到项目后才能看到效果。

3. 在“材质和装饰”里设置实心融合的材质，单击 “材质”后面的“<按类别>”里的三个小点，可以打开材质库进行设置。

4. 在“标识数据”里给实心融合模型指定子类别，在“子类别”后面单击选择。如果想绘制的是空心融合模型，却绘制成了实心融合模型，可以在“标识数据”下“实心/空心”后面单击更改。

【重点提示】

(1)“属性”面板约束后面第一端点(融合底部位置)和第二端点(融合顶部位置)，模型底部不一定非得是模型的底，顶部也不一定非得是模型的顶，这里的底部是指创建融合模型时，第一次绘制轮廓的那个面，顶部是指第二次绘制轮廓的那个面。

(2)单击选中模型，会出现蓝色的三角形夹点，通过拖拽的方式可以调整融合高度，当高度变化时，“属性”面板里的端点值也会随之变化。最好是不要用拖拽的方式修改模型。如果想修改融合模型顶部、底部的轮廓，可以选中融合模型，在“模式”面板中单击“编辑顶部”或“编辑底部”工具，就会回到轮廓的编辑模式里，修改完成后再单击 “模式”面板→“√”，完成对融合模型的修改。

(3)融合模型顶部、底部轮廓必须是闭合环。

◆ 任务实施

为了方便完成任务，我们将要创建的“过滤器”模型分成四部分来创建。四部分如图 2-3-5 所示。其中 A、C、D 部分均用拉伸命令完成，B 部分用融合命令完成；模型是左右对称的，将右边 B、C、D 三部分创建完成后，用镜像命令可以生成左边部分。创建完模型，设置材质及保存文件。具体操作观看二维码里视频。

绘制步骤如下：

1. 新建一个族文件。
2. 创建模型。
3. 设置材质。
4. 保存文件。

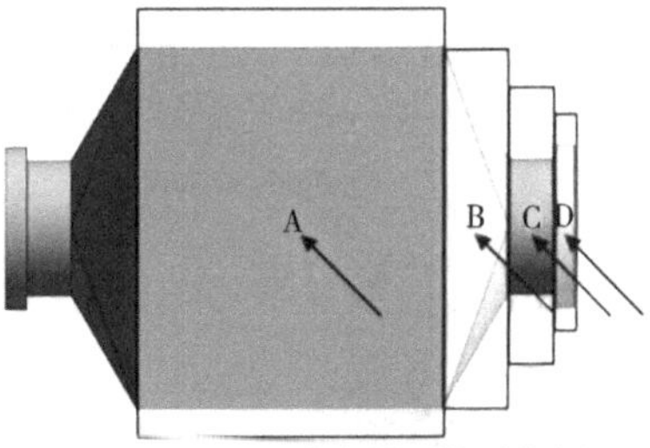

图 2-3-5　“过滤器”模型分解

◆ 知识拓展

融合模型“高级”编辑

在使用“融合”工具建模的过程中，可能会出现所生成的融合模型表面不够满意、形体扭曲的情况，如图 2-3-6 所示，模型底部三点融合到了顶部的一点上，出现这种情况是因为融合顶部和融合底部图形的顶点数不一样。通过增减顶部、底部融合图形的顶点数量来控制融合的效果，融合模型底部是六边形，将顶部的圆形拆分成 6 段圆弧。

单击选择融合模型→“模式”面板中的“编辑顶部”工具→“编辑融合顶部边界”模式,进入融合命令编辑模式→利用“参照标高”视图→“创建”选项卡→“基准”面板→利用“参照平面”工具做两个参照平面→“修改”面板里的“拆分”工具,将原来的圆分成 6 段→“模式”面板→“√”,完成编辑模式,如图 2-3-6 所示。

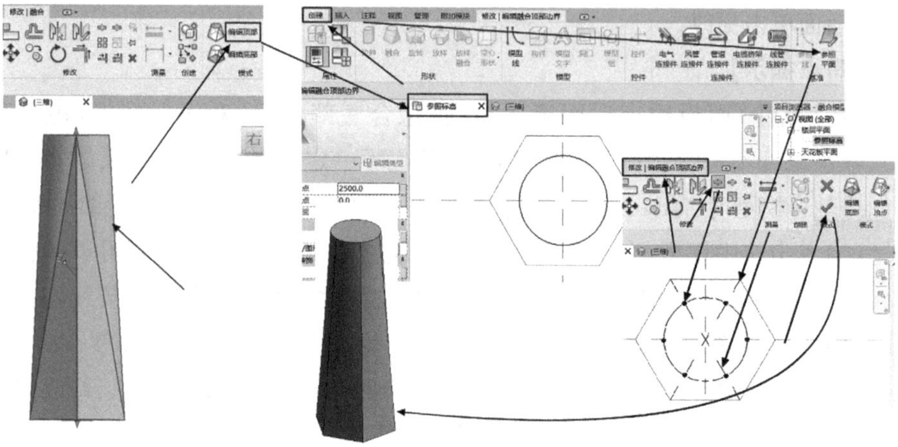

图 2-3-6　融合模型“编辑顶部”

对融合模型表面融合不够满意时,可以利用“编辑顶点”工具来调整各个顶点的融合关系。单击选择模型,在“模式”面板→“编辑顶部”或“编辑底部”工具进入融合的编辑模式→“模式”面板→“编辑顶点”工具,“参照标高”视图看得方便一些,这里面的带有虚线的空心小圆点是控制柄,单击控制柄,就会变为一条连接实线,一个填充的蓝色控制柄会显示在连线上。单击实心体控制柄可以删除连接,控制柄又恢复原有的状态。单击控制柄时,可能会有一些边缘消失,按顺序单击控制柄后,到三维视图,融合后的效果和未调整的融合不一样,如图 2-3-7 所示。

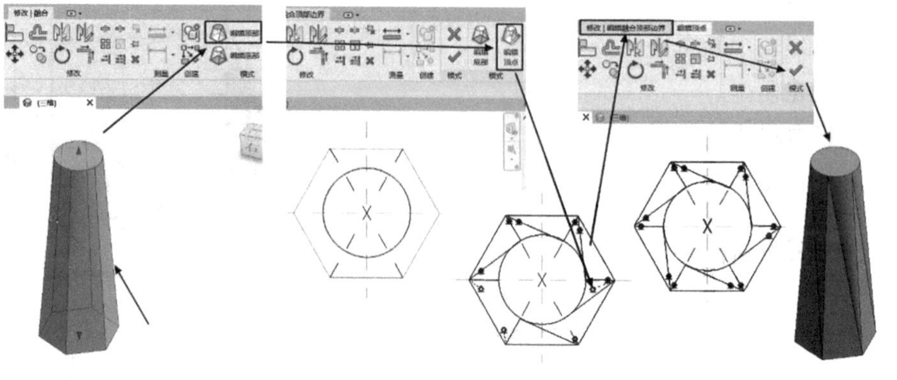

图 2-3-7　融合模型“编辑顶点”

选择模型,在“模式”面板→“编辑顶部”工具→融合的编辑模式→“模式”面板→“编辑顶点”工具→“顶点连接”面板→“向右扭曲”“向左扭曲”工具也可以改变融合表面的融合状态,如图 2-3-8 所示。

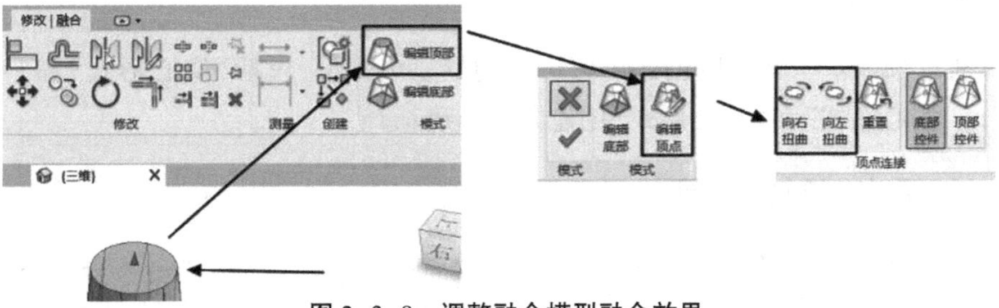

图 2-3-8　调整融合模型融合效果

任务 4　创建旋转模型

◆ 任务介绍

旋转是指一个或多个二维闭合轮廓围绕某轴线旋转一定角度而生成的形状,可以旋转生成实心或空心形状。学生通过本任务的学习,可以根据给出的图纸熟练地进行旋转模型的创建。

◆ 任务布置

(“1+X”2020 年第一期第二题)按图 2-4-1 中尺寸创建储水箱模型,并将储水箱材质设置为“不锈钢”,结果以“储水箱+考生姓名”为文件名保存在考生文件夹中。

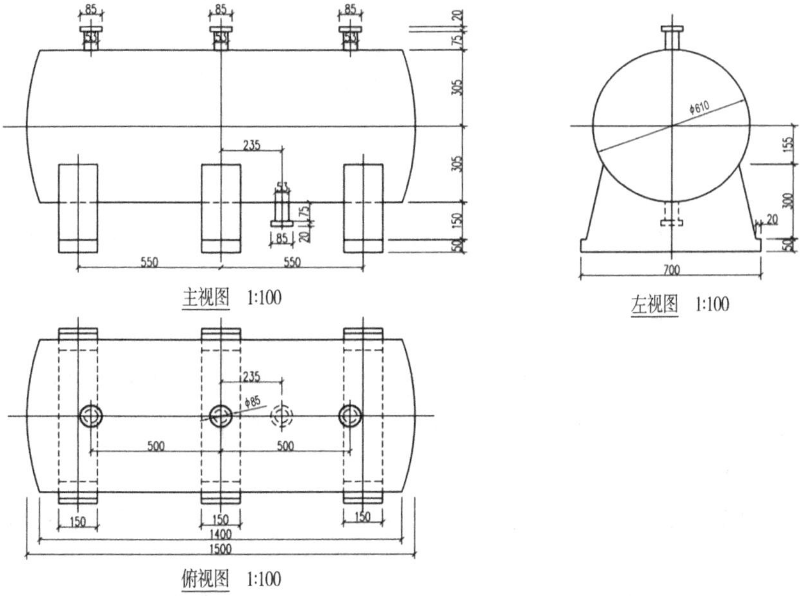

图 2-4-1　“1+X”2020 年第一期第二题

◆ 知识链接

通过“旋转”工具可以创建旋转形式的族三维模型，包括“实心形式”和“空心形式”。“实心形式”和“空心形式”创建方法一致。

一、调出“旋转”工具

单击功能区“创建”选项卡→“形状”面板→“旋转”工具，或单击功能区“创建”选项卡→“形状”面板→“空心形状”→“空心旋转”工具，进入旋转的编辑模式，如图 2-4-2 所示。

图 2-4-2　调出“旋转”工具

二、绘制二维轮廓、轴线

在“项目浏览器”面板里打开需要绘制二维轮廓的视图，“绘制”面板→“边界线”工具，边界线是要旋转的二维图形的轮廓，在“绘制”面板上选择需要的绘制工具，在绘图窗口绘制需要的轮廓，如图 2-4-3 所示绘制轮廓，再单击“绘制”面板→“轴线”工具，轴线是旋转轴，拾取或绘制旋转轴线，单击“模式”面板→“√”，完成“旋转”工具的编辑模式。

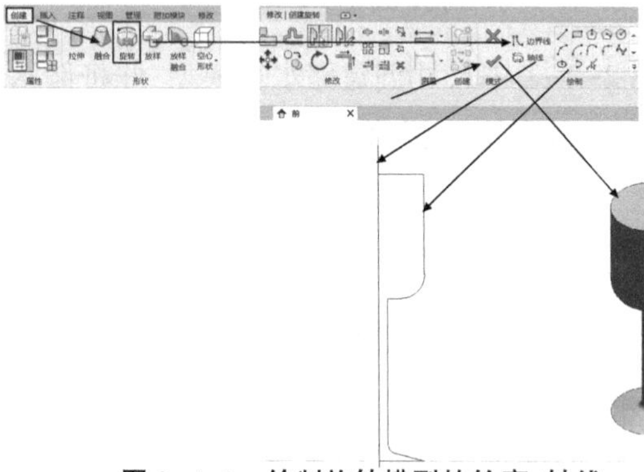

图 2-4-3　绘制旋转模型的轮廓、轴线

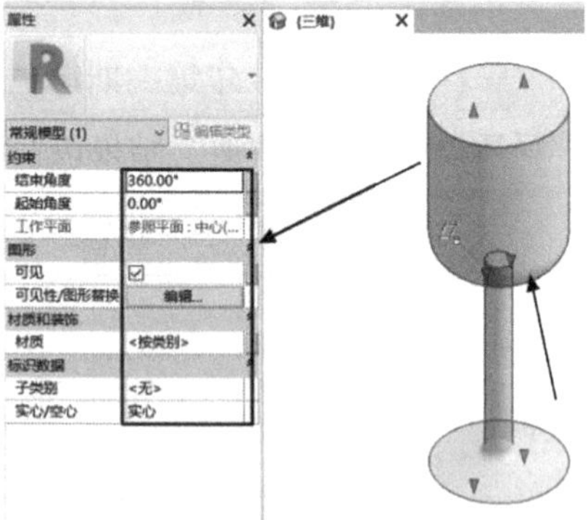

图 2-4-4　设置旋转模型的参数

三、设置旋转模型的参数

旋转命令的“边界线”和“轴线”绘制完成，可以直接在“属性”面板上设置旋转模型的参数；也可以先完成“旋转”工具的编辑模式后，单击选择旋转模型，再在“属性”面板上编辑其参数，如图 2-4-4 所示。

旋转模型的参数在属性面板上设置，最常用的是“起始角度”“结束角度”“材质”等参数。

1. 在“约束”里面调整旋转模型的角度。旋转模型的角度是通过设置“起始角度”

和“结束角度”后面的数值来完成的。先完成“旋转”工具的编辑模式，再进行属性的编辑，这时可以在三维视图里清晰地看到旋转模型的变化。

2. 在“图形”里设置旋转模型的可见性，单击“可见性/图形替换”后面的“编辑...”，打开“族图元可见性”设置对话框，根据需要进行设置。设置完成后需要把这个旋转模型载入到项目中后才能看到效果。

3. 在“材质和装饰”里设置实心旋转模型的材质，单击“材质”后面的“<按类别>”里的三个小点，可以打开材质库进行设置。

4. 在“标识数据”里给实心旋转模型指定子类别，在“子类别”后面单击选择。如果想绘制的是空心旋转模型，却绘制成了实心旋转模型，可以在“标识数据”下“实心/空心”后面单击更改。

【重点提示】

(1) 边界线必须是闭合环。创建单个旋转模型，就是创建单个闭合环；创建多个旋转模型，就是创建多个闭合环，但是多个闭合环是不可以相交的。

(2) 轴线与旋转几何图形之间的相互关系：轴线与旋转几何图形接触，旋转完成是实心模型；轴线与旋转几何图形有一定距离的时候，则会产生圆环模型。轴线与旋转几何图形不能相交，如图 2-4-5 所示。

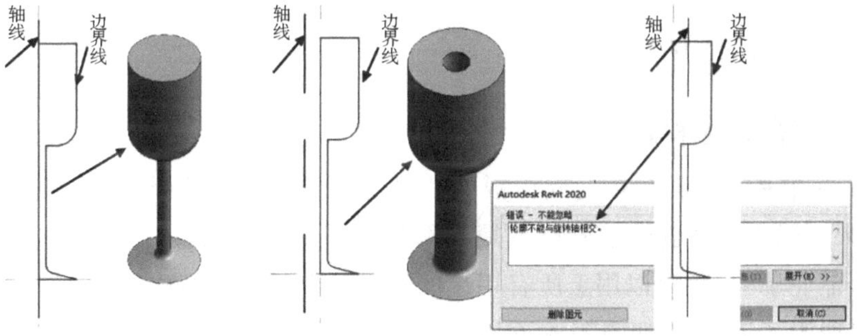

图 2-4-5 轴线与旋转几何图形之间的相互关系

(3) 单击选择旋转模型的蓝色夹点，可以通过拖拽的方式调整旋转模型的轮廓。不建议大家这样调整，这样调整不够精准，建议在“模式”面板选择“编辑旋转”工具，进入到创建旋转的编辑模式里，最好是回到创建轮廓的视图里对“边界线”和“轴线”进行调整或修改，修改完成后，单击“模式”面板→“√”，完成对旋转模型的修改。

(4) 起始角度和结束角度的数值，顺时针为正、逆时针为负。

◆ 任务实施

将储水箱拆分成三部分完成，储水箱身用“旋转”工具创建，储水箱基座用“拉伸”工具创建一个，其余两个用复制工具完成；储水箱阀门可以用两次“拉伸”工具或一次“旋转”工具绘制，这里选用“旋转”工具完成，旋转轮廓、轴线在前立面视图绘制，其余阀门可以用复制、镜像等工具完成。创建完模型,设置材质及保存文件。具体操作观看二维码里视频。

绘制步骤如下:

1. 新建一个族文件;2. 绘制储水箱身模型;3. 绘制储水箱基座模型;4. 绘制储水箱阀门模型;5. 设置储水箱材质;6. 保存文件。

◆ 知识拓展

创建轮廓族

为了绘制各种各样的建筑造型,为了美观以及模型的精细化处理,经常用到一个比较简单但很重要的族——轮廓族。轮廓族是一个二维闭合环形状,可以将闭合环载入到项目中,然后通过相应命令形成相应模型实体。

一、轮廓族的用途

在轮廓族用途中,常用的功能是楼板边、墙饰条和分隔缝。除此之外,还有竖梃、封檐带、条形基础、栏杆扶手、楼板金属压型板、楼梯前缘、楼梯支撑、楼梯踏板、楼梯踢面、檐沟等也会用到轮廓族。

二、轮廓族的创建步骤

1. 选择合适族样板

Revit 中基于公制轮廓的族样板文件分为六类。需要选择合适的轮廓族样板文件,如果不确定自己创建的轮廓族属于哪种类型的族样板,那就选择“公制轮廓”样板,“公制轮廓”样板可以用于所有用途的轮廓绘制,如果轮廓被强制定义了用途,则不可以用于其他用途,如图 2-4-6 所示。

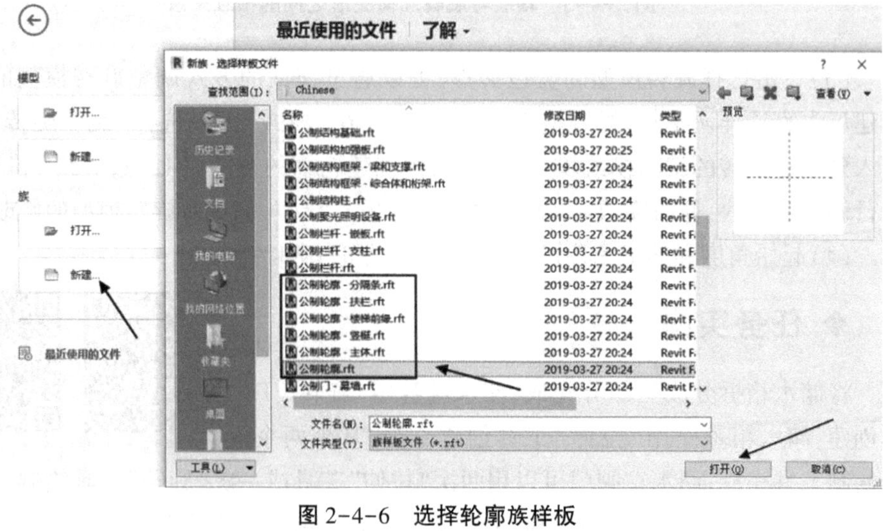

图 2-4-6　选择轮廓族样板

2. 创建平面轮廓

轮廓族与其他族的不同之处在于：轮廓族的创建界面只有一个视图，即楼层平面；轮廓族的“创建”选项卡下只有“线”工具，而没有拉伸、融合、旋转、放样等操作。点击“线”工具，选择合适的绘制方式，依据图纸的尺寸进行轮廓线的绘制，如图 2-4-7 所示。

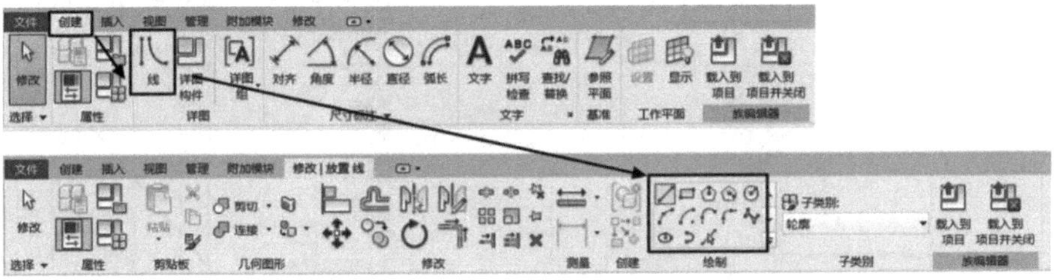

图 2-4-7　创建平面轮廓

依据图纸给出的信息，按图纸绘制轮廓，如图 2-4-8 所示。

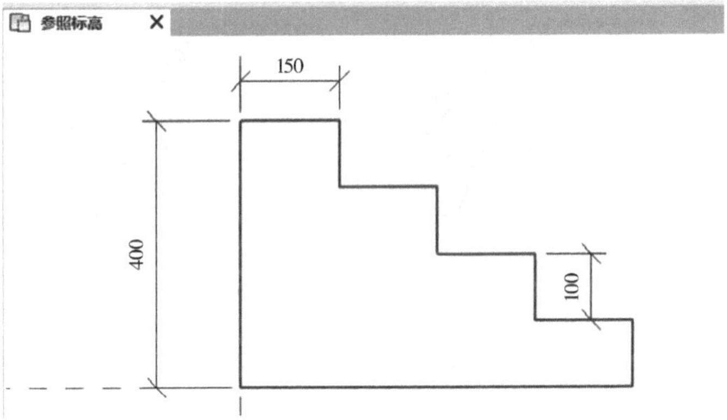

图 2-4-8　台阶轮廓

3. 将轮廓族载入到项目中

轮廓绘制完成之后，选择“载入到项目”或者“载入到项目并关闭”，如图 2-4-9 所示。

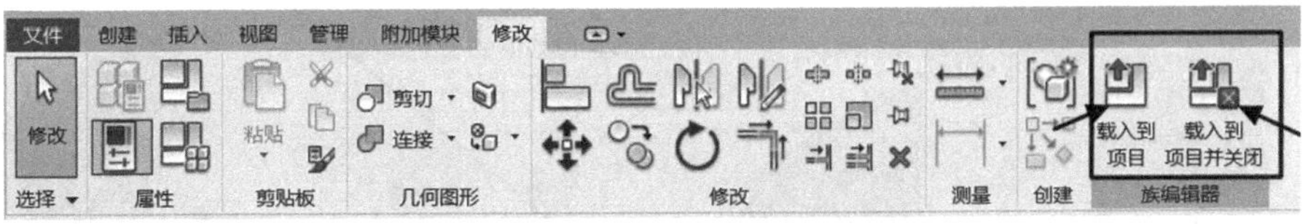

图 2-4-9　轮廓族载入到项目中

三、轮廓族使用方法

1. 在“建筑”或“结构”选项卡下选择“楼板：楼板边”→“编辑类型”→选择载入的

轮廓族→设置相应材质,如图 2-4-10 所示。

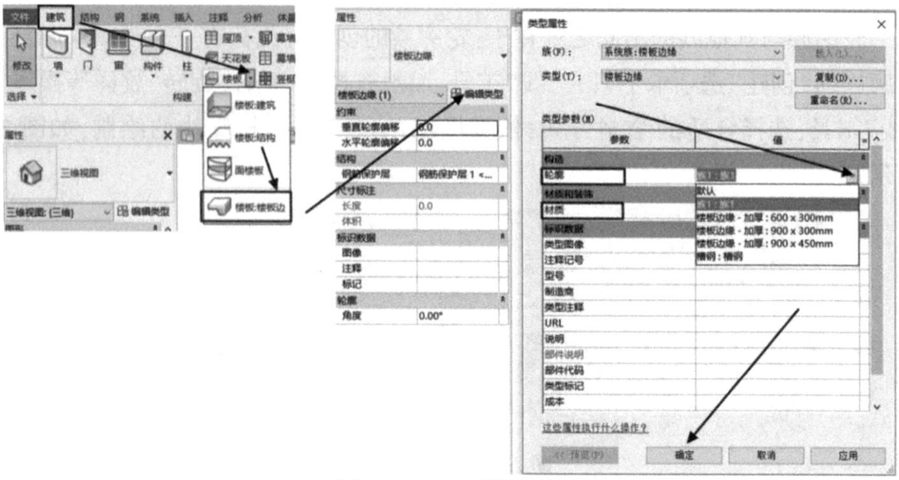

图 2-4-10　设置材质

2. 选择一条楼板边线点击即可生成,如图 2-4-11 所示。

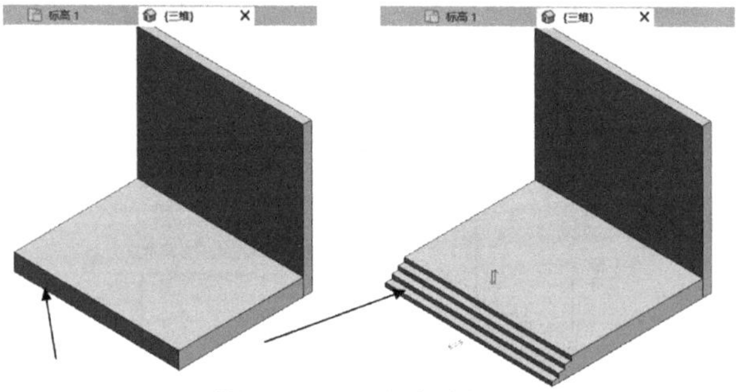

图 2-4-11　生成楼板边

3. 当轮廓不用于楼板上时,可以让轮廓沿着模型线生成。

(1)设置工作平面

打开一个需要的视图,设置一个合适的工作平面,如图 2-4-12 所示。

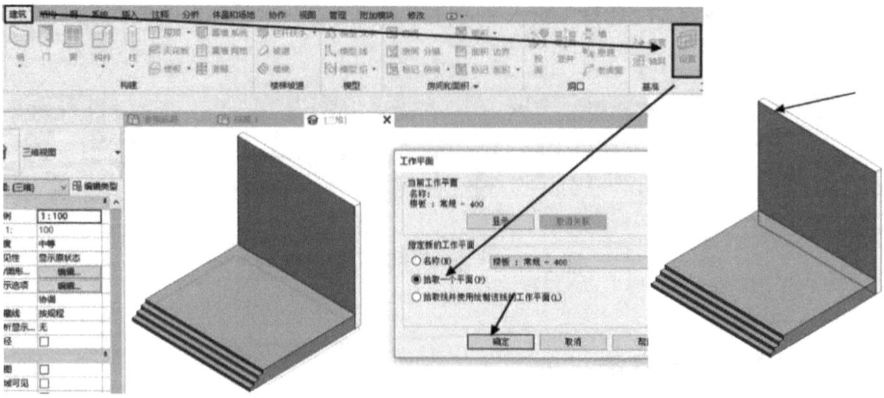

图 2-4-12　设置工作平面

(2)绘制模型线

选择"建筑"选项卡下的"模型 线"工具,根据需要绘制模型线,如图 2-4-13 所示。

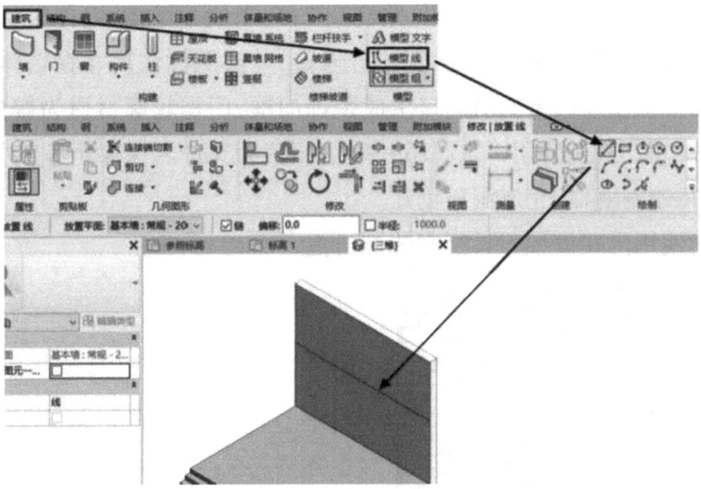

图 2-4-13　绘制模型线

(3)使用楼板边命令,单击模型线生成轮廓模型

用前面讲的方法调出楼板边,如图 2-4-11 所示,然后单击模型线,这样轮廓就可以绘制在模型的任何地方了,单击选择轮廓模型,拖拽小蓝点还可以改变轮廓的长度,如图 2-4-14 所示。

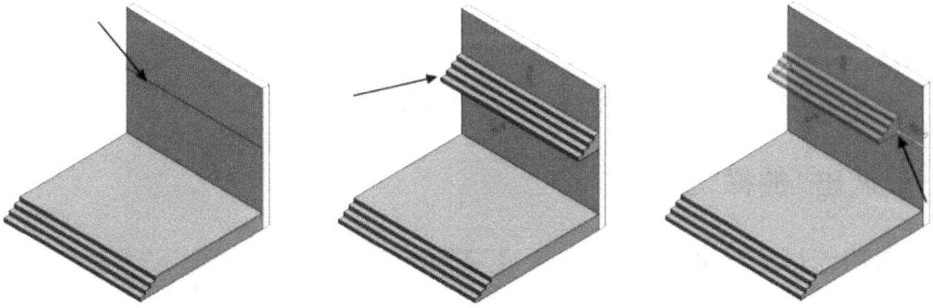

图 2-4-14　生成轮廓模型

任务 5　创建放样模型

◆ 任务介绍

放样模型是一个轮廓,沿某个路径将此轮廓拉伸而形成三维模型,可以放样生成实心或空心形状。学生通过本任务的学习,可以根据给出的图纸熟练地进行放样模型

的创建。

◆ 任务布置

（“1+X”2019 年第一期第一题）绘制图 2-5-1 所示墙体，墙体类型、墙体高度、墙体厚度及墙体长度自定义，材质为灰色普通砖，并参照标注尺寸在墙体上开一个拱门洞。以内建常规模型的方式沿洞口生成装饰门框，门框轮廓材质为樱桃木，样式见图 1-1 剖面图。创建完成后以“拱门墙+考生姓名”为文件名保存至考生文件夹中。

要求：1. 绘制墙体，完成洞口创建。

2. 正确使用内建模型工具绘制装饰门框。

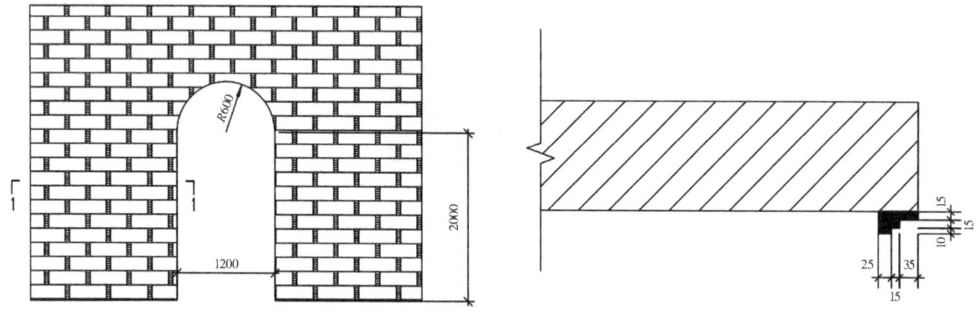

门洞尺寸 1:100　　　　1-1 剖面图 1:50

图 2-5-1　“1+X”2019 年第一期第一题

◆ 知识链接

通过“放样”工具可以创建放样形式的族三维模型，包括“实心形式”和“空心形式”。“实心形式”和“空心形式”创建方法一致。

一、调出“放样”工具

单击功能区“创建”选项卡→“形状”面板→“放样”工具，或单击功能区“创建”选项卡→“形状”面板→“空心形状”→“空心放样”工具，进入“放样”的编辑模式，如图 2-5-2 所示。

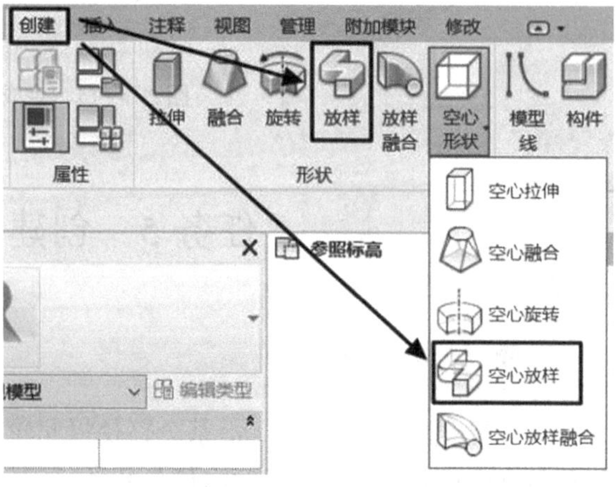

图 2-5-2　调出“放样”工具

二、创建放样路径

创建放样路径有两种方法，一种是绘制路径，一种是拾取路径。

用拾取路径的方法，可以节省时间，根据具体情况来选择创建路径的方法。

绘制路径：在“项目浏览器”面板里打开需要绘制路径的视图，“创建”选项卡→“形状”面板→“放样”工具→“修改|放样”上下文选项卡→“工作平面”面板→“绘制路径”工具进入路径创建工作界面，使用“修改|放样>绘制路径”上下文选项卡→选择“绘制”面板里的工具绘制放样路径草图，单击“模式”面板里“√”完成放样路径的创建，如图 2-5-3 所示。

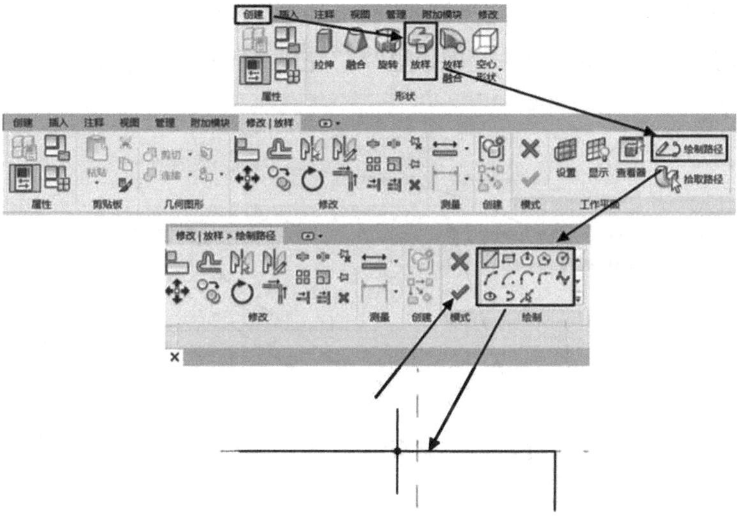

图 2-5-3　“放样”工具——绘制路径

拾取路径：单击“工作平面”面板→选择“拾取路径”工具进入路径创建工作界面，在绘图区域单击要拾取的路径，然后单击“模式”面板里“√”完成放样路径的创建，如图 2-5-4 所示。

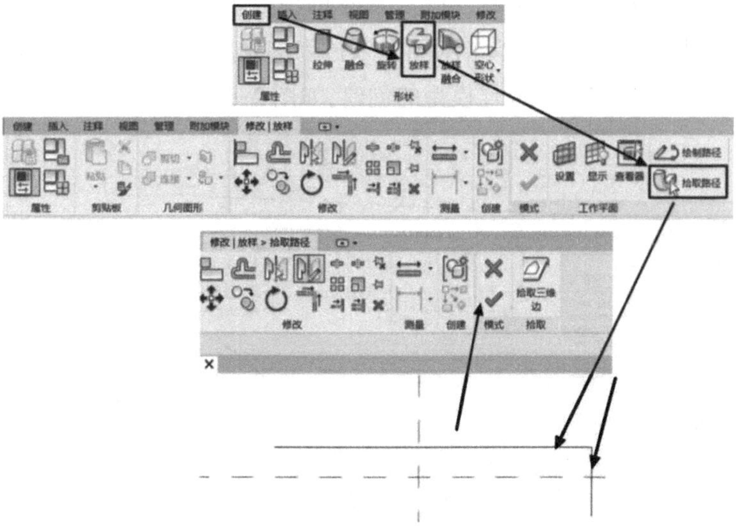

图 2-5-4　“放样”工具——拾取路径

三、创建放样轮廓

放样路径创建完成,在“修改|放样”上下文选项卡里,轮廓是“<按草图>”状态时,单击“编辑轮廓”,这时弹出了“转到视图”窗口,根据需要选择绘制轮廓的视图,然后单击“打开视图”按钮,进入轮廓编辑草图模式。用“绘制”面板里的绘制工具在绘图区域绘制轮廓。轮廓必须是闭合环,轮廓草图可以是单个闭合环,也可以是不相交的多个闭合环,轮廓绘制完成后,单击“模式”面板的“√”,就完成了轮廓编辑。在“修改|放样”上下文选项卡里,单击“模式”面板里“√”完成放样模型的创建,如图 2-5-5 所示。

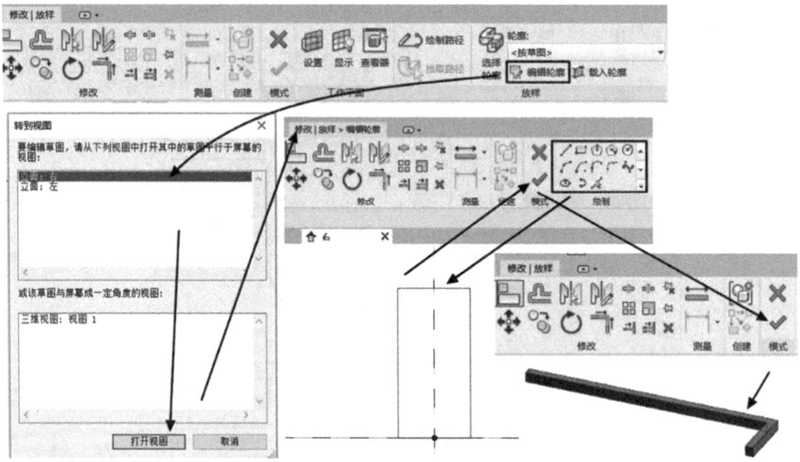

图 2-5-5 “放样”工具——编辑轮廓

如果不绘制轮廓草图,可以选择载入轮廓,单击“载入轮廓”工具→打开“载入族”对话框,在“查找范围(I)”里面找到需要作为放样的轮廓的位置,图 2-5-6 里选择的是 Revit 软件自带的轮廓,双击打开轮廓文件夹→常规轮廓→装饰条→天花线→天花角线 65→单击“打开(O)”按钮,单击“修改|放样”上下文选项卡里“放样”面板上的“<按草图>”后面的小三角,单击刚刚载入过来的轮廓,这样轮廓就创建出来了,单击“模式”面板中的“√”完成放样模型的创建,如图 2-5-6 所示。

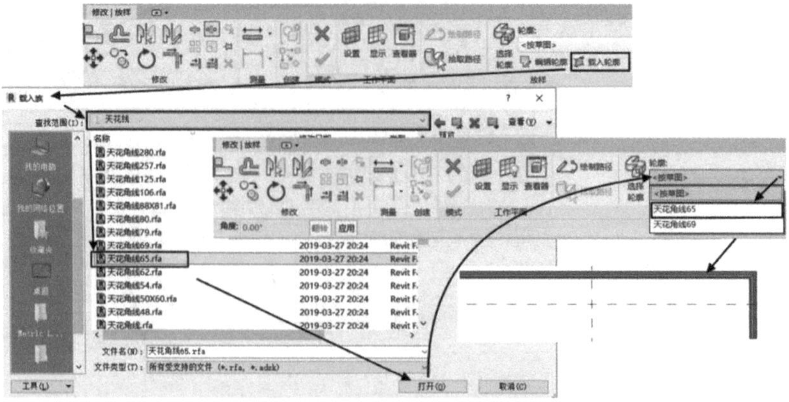

图 2-5-6 “放样”工具——载入轮廓

四、设置放样模型的参数

放样模型创建完成,选择放样模型,在“属性”面板上设置参数,如图 2-5-7 所示。

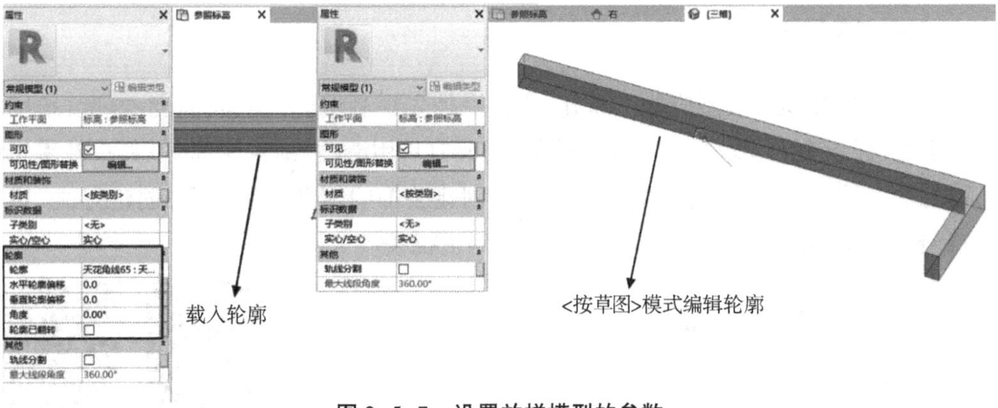

图 2-5-7　设置放样模型的参数

1. 在“图形”中设置放样模型的可见性,单击“可见性/图形替换”后面的“编辑...”,打开“族图元可见性”设置对话框,根据需要进行设置。设置完成后需要把放样模型载入到项目中后才能看到效果。

2. 在“材质和装饰”中设置实心放样模型的材质,单击 “材质”后面的“<按类别>”里的三个小点,可以打开材质库进行设置。

3. 在“标识数据”中给实心放样模型指定子类别,在“子类别”后面单击选择。如果想绘制的是空心放样模型,却绘制成了实心放样模型,可以在“标识数据”下“实心/空心”后面单击更改。

4. 轮廓,是指放样的轮廓,如果是用草图模式编辑的轮廓,这里就没有轮廓的设置内容。如果是载入的轮廓,这里可以对轮廓进行设置。

在“属性”面板“轮廓”里设置载入轮廓的水平、垂直的偏移,偏移指的是轮廓与轮廓插入原点的偏移,可对轮廓上、下、左、右进行偏移;角度指的是轮廓绕轮廓原点旋转的角度,角度是顺时针旋转为正,逆时针旋转为负;“轮廓已翻转”后面的复选框如果没有选择就是轮廓没有翻转,复选框勾选后,绘图区域轮廓就翻转了。

5. “其他”里的“轨线分割”参数,它仅影响弧形路径,勾选“轨线分割”后面的复选框可将非分段式放样改为分段式放样(分段式放样平时用到不多,多用在创建机械风管的弯管),分段式放样“最大线段角度”为 0~360°。

【重点提示】

(1)放样路径既可以是单一的闭合路径,也可以是单一的开放路径,但不能有多条路径,路径可以是直线、曲线,也可以是直线或曲线的组合。

(2)创建放样路径的方法虽然有两种,但在一个放样命令里,只能采用一种创建路径的方法。

(3)选择放样模型，在“模式”面板里单击“编辑放样”工具，进入到创建放样的编辑模式里，可以对“放样路径”和“轮廓”进行重新设置或修改，修改完成后，单击“模式”面板里的“√”，完成放样模型的修改。

◆ 任务实施

任务“拱门墙”模型应分三部分创建：一是先绘制墙体(类型、高度、厚度、长度均自定义，任务中无要求)；二是在墙体上打开洞口，用墙的“编辑轮廓”工具重新编辑墙的轮廓即可；三是用内建模型的放样工具创建装饰门框及设置材质，创建完成“拱门墙”模型并保存文件。具体操作观看二维码里视频。

绘制步骤如下：

1. 新建一个项目文件。
2. 绘制墙体。
3. 绘制墙洞口。
4. 绘制装饰门框。
5. 保存文件。

◆ 知识拓展

创建放样融合模型

放样融合，就是可以创建一个具有两个不同轮廓的融合体，然后沿某个路径对其进行放样，“放样融合”工具兼容了“放样”和“融合”两个工具的内容。

一、调出“放样融合”工具

单击功能区“创建”选项卡→“形状”面板→“放样融合”工具，或单击功能区“创建”选项卡→“形状”面板→“空心形状”→“空心放样融合”工具，进入“放样融合”的编辑模式，如图 2-5-8 所示。

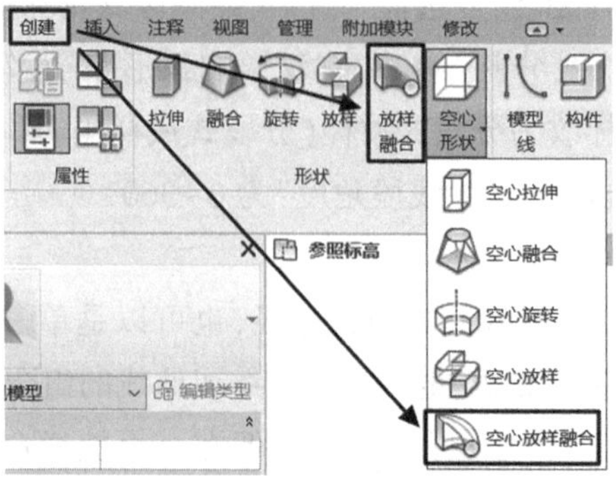

图 2-5-8　调出“放样融合”工具

二、创建放样融合路径

“放样融合”路径的创建方法与“放样”工具里的路径创建方法一样，放样融合的路径可以是直线、曲线或样条曲线，但必须是一段。这和放样的路径有区别，放样的路径并无此要求，所以放样融合命令的路径“绘制”面板的绘制工具比较少，如图 2-5-9 所示。

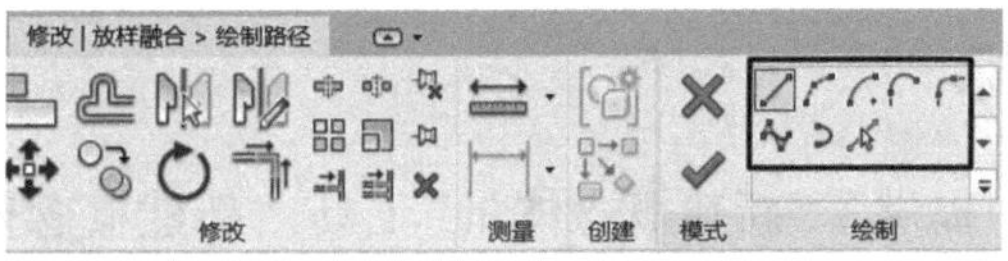

图 2-5-9 “放样融合”工具的路径“绘制”面板

三、创建放样融合轮廓

“放样融合”轮廓的创建方法与“放样”工具里的轮廓创建方法一样，但是放样命令里只创建一个轮廓，而放样融合命令需要创建两个轮廓，“选择轮廓 1”和“选择轮廓 2”分别创建放样融合的两个轮廓，这两个轮廓的创建无先后顺序，如图 2-5-10 所示。

图 2-5-10 “放样融合”工具有两个轮廓

四、设置放样融合模型的参数

放样融合模型创建完成，选择放样融合模型，在“属性”面板上设置参数，设置方式与“放样”工具一致。轮廓是“<按草图>”编辑的，在“属性”面板里无轮廓属性设置；只有载入的轮廓，在属性面板里才需要设置属性，如图 2-5-11 所示。

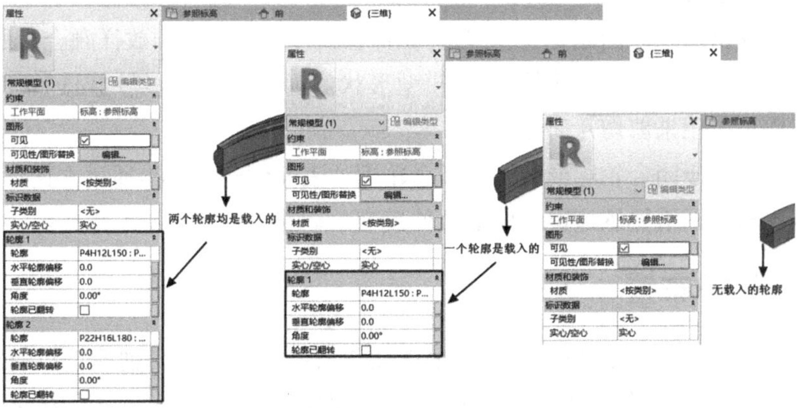

图 2-5-11 设置放样融合模型的参数

项目三　体量的创建及编辑

◆ 教学目标

在 Revit 软件中提供了“新建概念体量”工具,“新建概念体量”的功能非常强大,弥补了一部分常规建模方法的不足,在方案推敲、曲面异形建模、高效参数化设计等方面都有非常好的应用,实际应用广泛、高效,但是因为难度也比较大,其中的“参数化”部分更体现了“新建概念体量”工具强大的实际应用价值。作为入门,本项目主要讲解“新建概念体量”的简单应用操作,包括新建体量、内建体量、放置体量,以及基于体量的幕墙系统、屋顶、墙体、楼板等。

学生通过本项目的学习,了解体量的概念及分类,熟练掌握体量环境,体量环境也是“1+X” 建筑信息模型(BIM)职业技能等级考试——初级的实操试题每期必考的重点。体量形状创建方式灵活,生成何种形状由软件判断,初级考试目前仍然以组合形状考查为主。初级考试以组合形状为重点,必须熟练掌握体量环境创建形状的方法,掌握体量环境的一些操作技巧。能根据需要快速、准确地创建及编辑体量。

任务 1　创建拉伸模型

◆ 任务介绍

概念体量形状可以通过绘制线或者闭合环创建,使用该工具可以创建任意曲线、三维实心或空心形状,然后通过三维形状操纵控件直接进行操纵。

概念体量形状的创建有 5 种方式:拉伸、融合、旋转、放样、放样融合。所有体量形体都是基于这几种方式创建的,体量模型形状的创建包括实心与空心形状的创建,实心与空心可以用来剪切几何形体。

拉伸要基于闭合轮廓或者源自闭合轮廓的表面创建。学生通过本任务的学习,可以根据给出的图纸熟练地进行体量拉伸模型的创建。

◆ 任务布置

(“1+X”2021 年第六期第二题)根据图 3-1-1 给定尺寸,创建钢拱桥模型,建模方式不限,工字钢均位于拱肋下方中心处,桥面材质为“混凝土”,其余材质均为“钢”,

请将模型以“钢拱桥+考生姓名”命名，并保存至本题文件夹中。

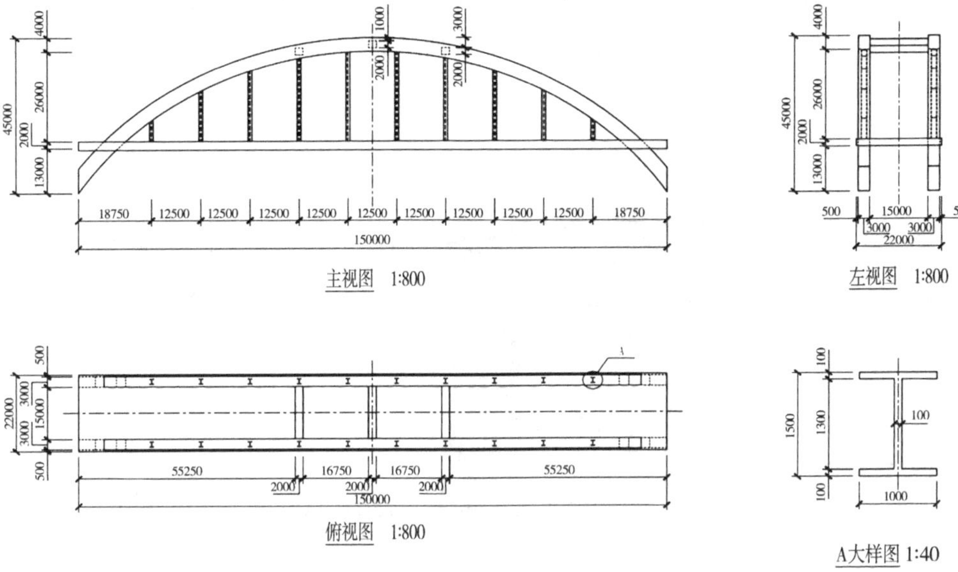

图 3-1-1　“1+X”2021 年第六期第二题

◆ 知识链接

一、概念体量模型的创建

Revit 软件提供了两种创建概念体量模型的方式：内建体量和可载入体量族。内建体量是仅可用于当前项目的概念体量模型，此体量不能在其他项目中重复使用；可载入体量族（新建概念体量族）可以像可载入族文件那样载入到不同的项目中重复使用。

在项目中创建内建体量，单击“体量和场地”选项卡→“概念体量”面板→“内建体量”工具，输入概念体量名称即可进入概念体量族编辑状态，如图 3-1-2 所示。

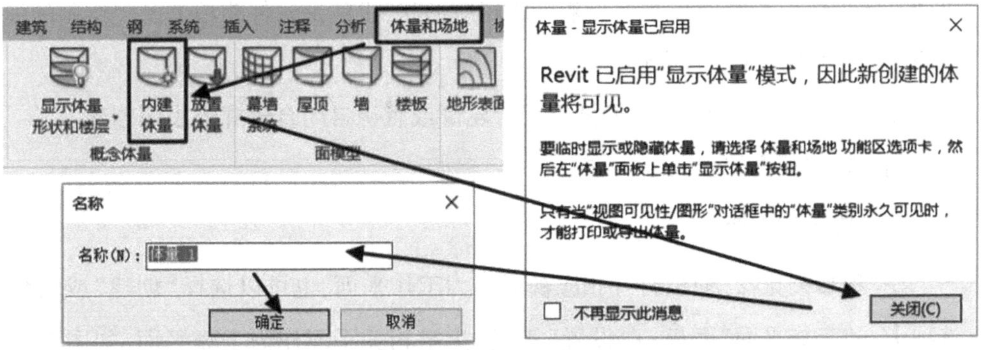

图 3-1-2　新建内建体量

可载入体量族(新建概念体量族),打开 Revit 软件,在“最近使用的文件”界面,单击“族”→“新建...”→“概念体量”文件夹→“公制体量. rft”族样板文件→“打开(O)”,进入概念体量编辑状态,如图 3-1-3 所示。

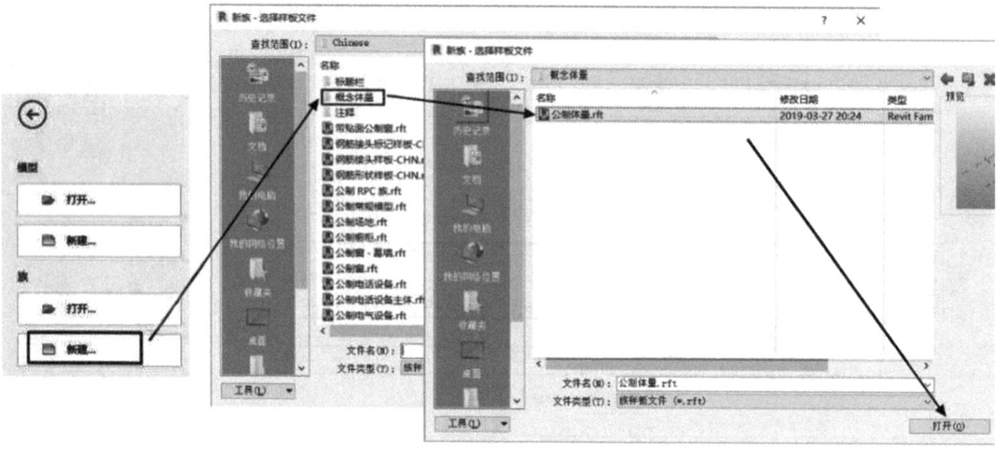

图 3-1-3　新建概念体量族文件

二、概念体量的形式

概念体量包括“实心”和“空心”两种形式,“空心形式”几何图形的作用是剪切实心几何图形。“空心形式”和“实心形式”可以通过“属性”面板的形式实例属性进行转换。

三、创建拉伸模型

概念体量是由线生成面、由面生成体的过程;族是通过“拉伸”“融合”“旋转”“放样”“放样融合”工具生成形体的过程。概念体量虽没有这些规定好的工具,但是都可以用不同平面上的模型线条组合来生成相应形状,也就是软件能根据已经绘制的模型线条,自己思考生成什么形状。

在概念设计环境中,拉伸要基于闭合轮廓或者源自闭合轮廓的表面创建。

创建拉伸模型的步骤:

1. 设置工作平面

在“项目浏览器”面板打开相应视图作为工作平面,也可以选择“创建”或“修改”选项卡→“工作平面”面板→“设置”工具,指定相关平面作为工作平面,如图 3-1-4 所示。

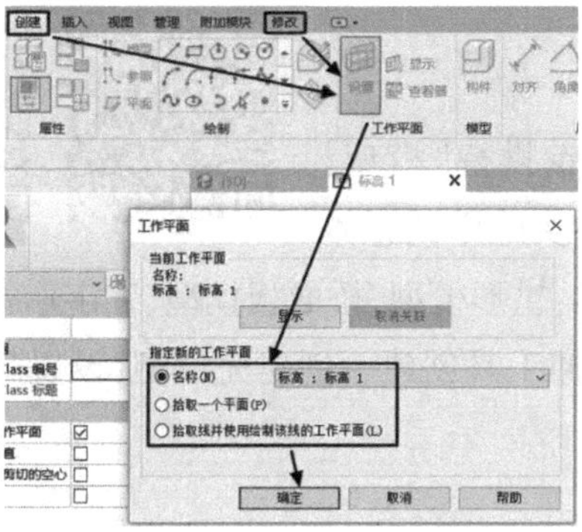

图 3-1-4　设置工作平面

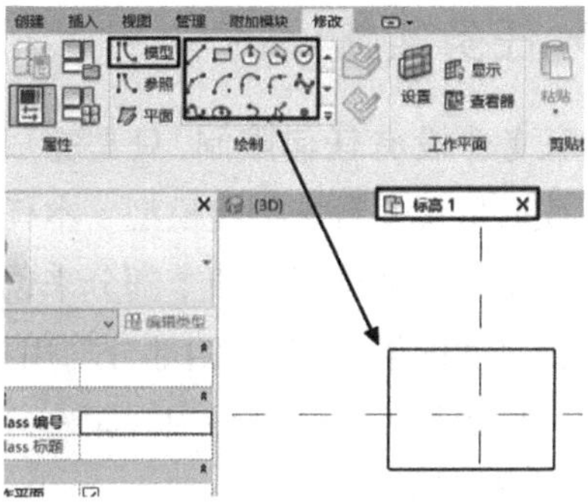

图 3-1-5　绘制轮廓

2. 绘制轮廓

打开设置的工作平面，在工作平面上用“模型”里的绘制工具绘制出需要的轮廓，如图 3-1-5 所示。

3. 创建拉伸模型

选择绘制的轮廓，单击“修改|线”上下文选项卡→“形状”面板→“创建形状”工具→“实心形状”或“空心形状”，这里选择实心形状，如图 3-1-6 所示。

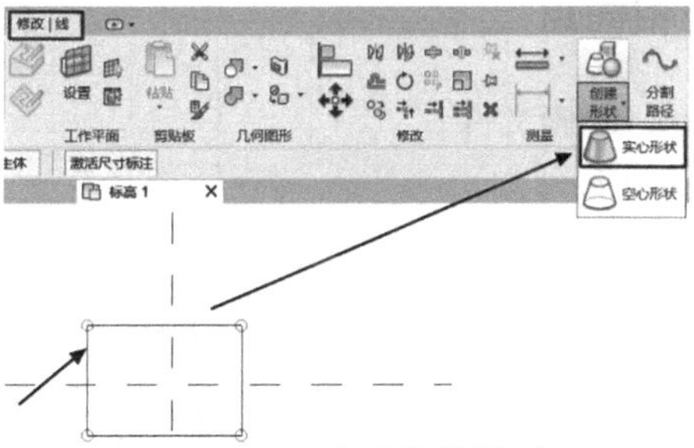

图 3-1-6　创建拉伸模型

4. 拉伸模型调整与属性设置

将视图切换至“三维”视图，在生成的形体中，任何一个平面，任何一条边，任何一个顶点都可以进行拖动或输入数值，从而改变形体，如图 3-1-7 所示。选择整个形体，可以设置属性，同族拉伸模型属性设置一致，如图 2-2-5 所示。

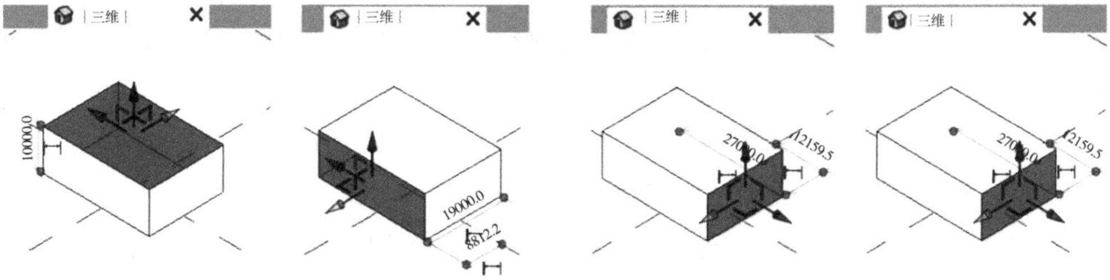

图 3-1-7　拉伸模型调整

◆ 任务实施

本任务中没有任何限制，只是完成“钢拱桥”模型，可以用族或概念体量来创建模型。本任务实施用概念体量创建模型。这个模型分四个部分来创建：拱形模型、桥面板模型、工字形钢索和两个拱形模型之间的梁模型，这四部分均用拉伸工具创建。创建完模型，设置材质及保存文件。具体操作观看二维码中视频。

绘制步骤如下：

1. 新建一个概念体量文件；2. 创建拱形模型；3. 创建拱桥的桥面板模型；4. 创建工字形钢索；5. 创建两个拱形模型之间的梁模型；6. 设置钢拱桥模型材质；7. 保存文件。

◆ 知识拓展

族和体量的区分

很多人在刚开始学习 Revit 软件的时候，往往会分不清族和体量有什么区别。族和体量之所以会被很多人分不清楚，是因为它们两个有很多的相同之处。

一、族和体量的相同点

1. 生成的文件都是. rfa 族文件。
2. 都可以添加参数进行控制。
3. 都可以赋予材质。
4. 都可以在项目中创建，也都可以在项目外创建。
5. 建模方法相似：都有拉伸、融合、放样、旋转、放样融合这五种建模方法（空心形体同理）。

二、族和体量的不同点

1. 建模环境不同。族仅有参照标高，无法创建标高，体量可以创建标高。
2. 在体量中可以用不闭合的模型线条和图形，而在族中就不行，无论采用“拉伸、放样、融合、放样融合、旋转”哪一种工具，轮廓形状必须是闭合的。
3. 建模工具不同。族主要借助拉伸、融合、旋转、放样、放样融合几个工具创建形体，体量就只能利用模型线、参照线来创建形体。
4. 族的创建是通过特定的工具绘制出形体，体量则是通过绘制几何图形生成实体，相对而言，体量的建模方式更简单。
5. 形体控制方式不同。通过族绘制的形体，如使用拉伸工具创建的形体，只能利用拉伸命令编辑，其他命令绘制的形体也一样，但体量绘制的形体可以不受约束，可以编辑整体形状、某一个面,或者一条线段,甚至一个点。在体量中,可以通过参照点来约束控制形体,这是族环境中没有的功能。

6. 体量提供了分割表面的工具,可以将表面进行有理化,能将复杂构件通过划分的网格进行填充。

7. 用途不同。族一般是创建常规构件的模型,如门、窗,甚至是螺丝、螺帽。体量一般是为了建筑方案设计,当然也可以做其他用途,它大大增强了 Revit 建立曲面模型的能力。如:建立墙/屋面的时候,可以直接拾取体量表面,从而解决了 Revit 无法生成异形曲面墙/屋顶的问题。

如果没有特殊要求,建模时用族、体量都可以,根据自己熟练程度及习惯进行选择即可。

任务 2　创建旋转体量模型

◆ 任务介绍

在概念设计环境中,旋转要基于绘制在同一工作平面上的线和二维形状而创建。线用于定义旋转轴,二维形状绕该轴旋转后形成三维形状。学生通过本任务的学习,可以根据给出的图纸熟练地进行旋转体量模型的创建。

◆ 任务布置

(“1+X” 2021 年第一期第二题)根据图 3-2-1 给定尺寸,创建气水分离器模型,气水分离器三个基脚间角度为 120°,材质整体设为“不锈钢”,请将模型以“气水分离器+考生姓名”命名并保存至本题文件夹中。

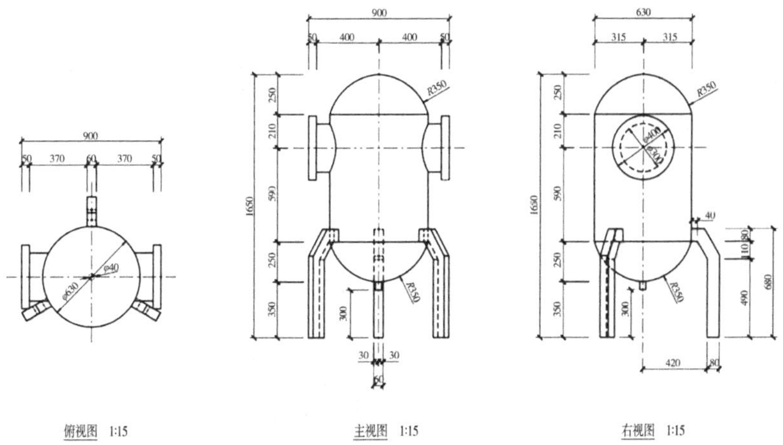

图 3-2-1　“1+X” 2021 年第一期第二题

◆ 知识链接

一、设置工作平面

在“项目浏览器”面板打开相应视图作为工作平面，也可以选择“创建”或“修改”选项卡→“工作平面”面板→“设置”工具，指定相关平面作为工作平面，如图 3-1-4 所示。

二、绘制旋转截面

打开设置的工作平面，在工作平面上用模型里的绘制工具绘制出需要的截面形式，如图 3-2-2 所示。

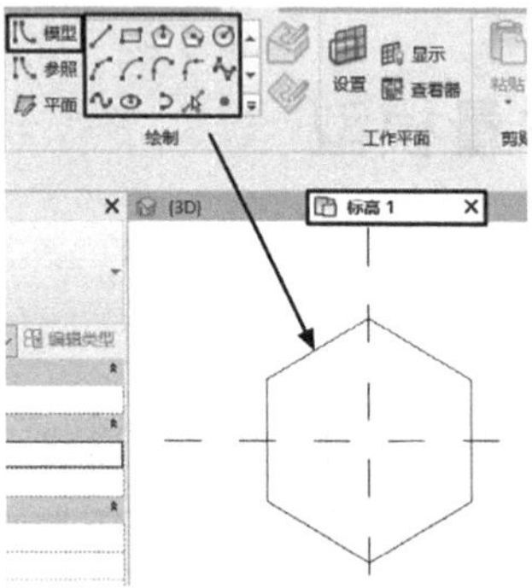

图 3-2-2　绘制旋转截面

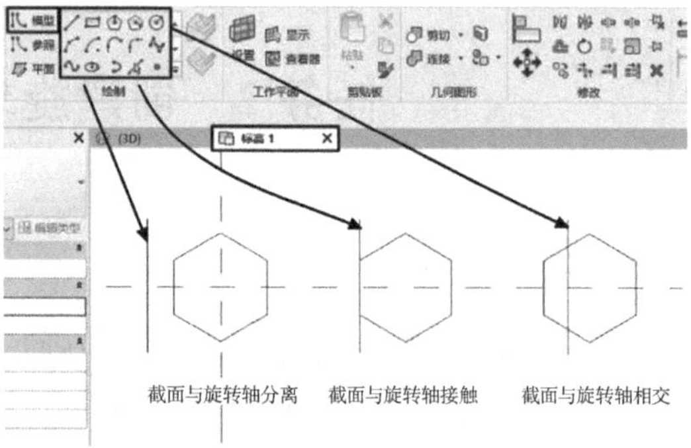

图 3-2-3　绘制旋转轴

三、绘制旋转轴

在绘制旋转截面的工作平面上绘制旋转轴，旋转轴可以与截面分离、接触、相交，如图 3-2-3 所示。

四、创建形状

选择旋转截面和旋转轴，单击“修改 | 线”上下文选项卡→“形状”面板→“创建形状”工具→“实心形状”或“空心形状”，这里选择“实心形状”，如图 3-2-4 所示。

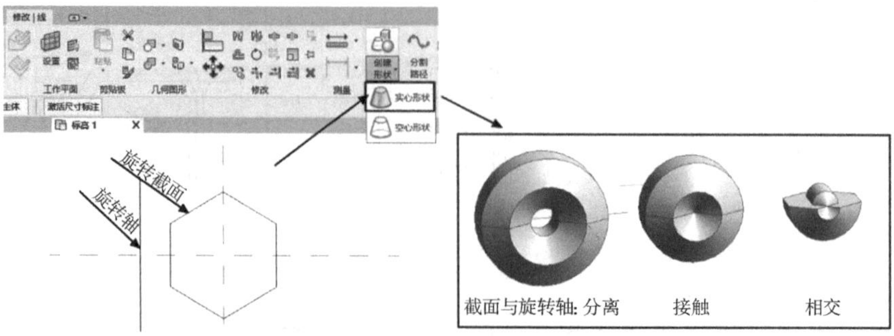

图 3-2-4　创建形状

五、旋转模型调整与属性设置

选择旋转模型，可以设置属性，同族旋转模型属性设置一致，如图 3-2-5 所示。

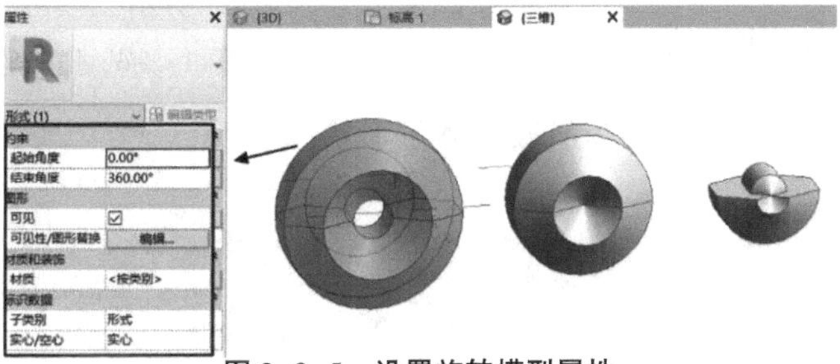

图 3-2-5　设置旋转模型属性

◆ 任务实施

“气水分离器”模型没有限制用族还是体量来创建模型，这个任务实施选择用体量创建模型，为了方便创建模型，将气水分离器分为四部分。第一部分用旋转方式创建；第二部分右边，可以用两次拉伸完成，也可以用一次旋转完成，这里用旋转的方式创建，第二部分左右是对称的，可以用镜像的方式生成左边的模型；第三部分基脚可以用旋转复制的方式创建；第四部分模型用旋转和拉伸的方式均能创建，这里用拉伸的方式创建。创建完模型，设置材质及保存文件。具体操作观看二维码中视频。

绘制步骤如下：

1. 新建一个概念体量文件。
2. 创建气水分离器第一部分模型。
3. 创建气水分离器第二部分模型。
4. 创建气水分离器第三部分模型——基脚。
5. 创建气水分离器第四部分模型。
6. 设置气水分离器材质。
7. 连接气水分离器的四部分模型。
8. 保存文件。

◆ 知识拓展

体量形状图元编辑

一、拖拽坐标方向操纵控件

按 Tab 键切换选择点、线、面，选择后将出现坐标系，当光标放在 X、Y、Z 任意坐标方向上,该方向箭头将变为高亮显示,此时按住并拖拽,将在被选择的坐标方向移动点、线或面,如图 3-2-6 所示。

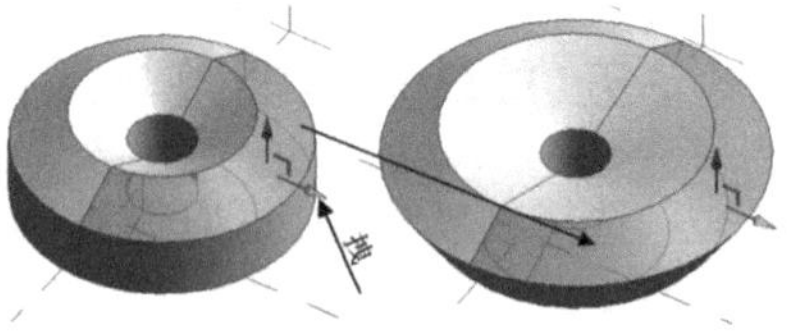

图 3-2-6　拖拽坐标方向操纵控件

二、修改形状轮廓

编辑形状基于轮廓或路径,改变体量形状,如图所 3-2-7 示。

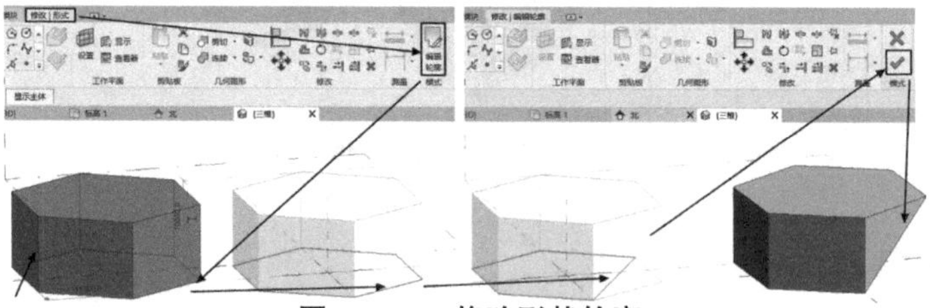

图 3-2-7　修改形状轮廓

1. 选择要编辑的轮廓、路径或表面。在某些情况下(例如在放样或放样融合中),修改形状轮廓在透视模式中可能会更容易实现。

2. 单击“修改|形式”上下文选项卡→“模式”面板→“编辑轮廓”工具。

3. 绘图区域将进入草图模式。但基于参照几何图形而创建的形状没有绘制模式,需要直接修改参照几何图形。可以使用“修改|编辑轮廓”上下文选项卡中的“绘制”面板里的工具来编辑轮廓。

注:在编辑锁定的轮廓时,只有主轮廓可以编辑。主轮廓通常是作为参照标高或平面主体的轮廓。

4. 单击“模式”面板里的“√”,完成轮廓的编辑。

三、在透视模式中编辑形状

通过编辑原几何图形来调整其形状,如图 3-2-8 所示。

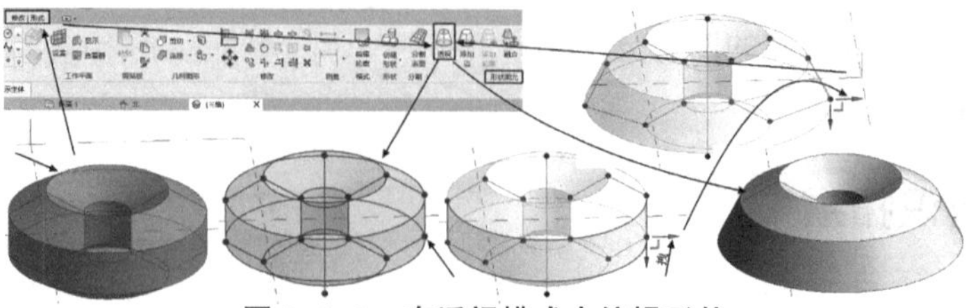

图 3-2-8　在透视模式中编辑形状

1. 选择一个体量形状。

2. 单击“修改|形式”上下文选项卡→“形状图元”面板→ “透视”工具。透视模式将显示所选形状的基本几何骨架,这种模式下便于更清楚地选择体量几何构架对其进

行编辑。

3. 选择形状和三维控件显示的任意图元以重新定位节点和线。也可以在透视模式中添加和删除轮廓、边和顶点。如有必要，请重复按 Tab 键以高亮显示可选择的图元。重新调整原几何图形以调整形状，如图 3-2-8 所示，将修改一个节点。

4. 调整完成后，选择形状并单击“修改|形式”上下文选项卡→“形状图元”面板→“透视”工具，返回到默认的编辑模式。

四、向形状中添加边

添加边来更改形状的几何图形，如图 3-2-9 所示。

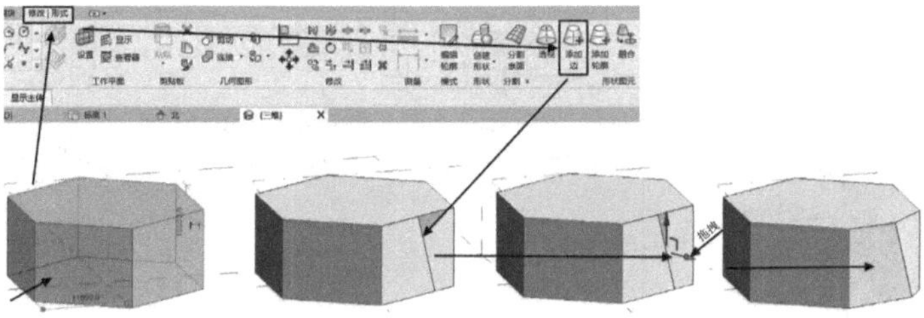

图 3-2-9　向形状中添加边

1. 选择一个形状。

2. 在创建体量时自动产生的边缘，有时不能满足编辑需要，Revit 软件提供了增加边的工具，单击“修改|形式”上下文选项卡→“形状图元”面板→“添加边”工具。

3. 将光标移动到形状上，将出现新边的预览，在适当位置单击即完成新边的添加。边显示在沿轮廓周边的形状上，并与拉伸的轨迹中心线平行。

注：边与形状的纵断面中心平行，而该形状则与绘制时所在的平面垂直。要在形状顶部添加一条边，请在垂直参照平面上创建该形状。

4. 选择边，单击三维控制箭头操纵该边。

5. 几何图形会根据新边的位置进行调整。

五、向形状中添加轮廓

添加轮廓，并使用它直接操纵体量形状的几何图形，如图 3-2-10 所示。

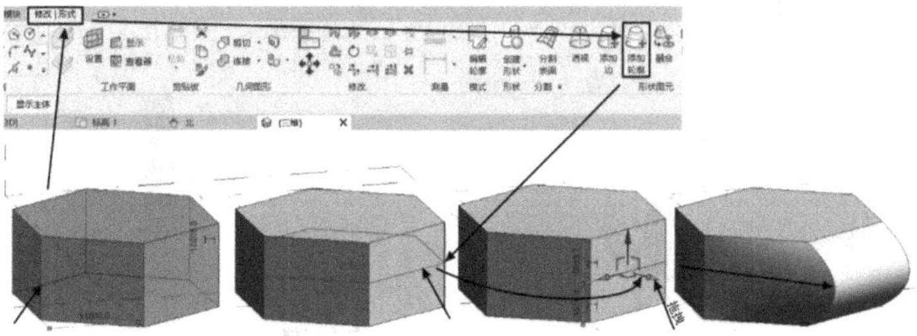

图 3-2-10　向形状中添加轮廓

1. 选择一个形状。

2. 单击“修改|形式”上下文选项卡→“形状图元”面板→“添加轮廓”工具。

3. 将光标移动到形状上方,将出现与初始轮廓平行的新轮廓的预览,在适当位置单击完成新的闭合轮廓的添加。

4. 新的轮廓会产生新的点及边缘,可以通过操纵它们来修改体量形状。

六、融合形状

在概念设计中,可将形状降低到其底层的可编辑曲线中。编辑曲线后,可以重新创建形状,如图 3-2-11 所示。

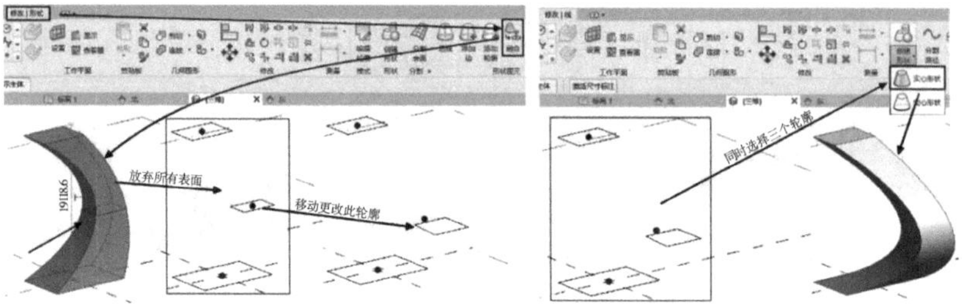

图 3-2-11　融合形状

1. 选择该形状。

2. 单击“修改|形式”上下文选项卡→“形状图元”面板→“融合”工具。

3. 形状将放弃所有表面并隐藏到轮廓曲线和路径之后。

4. 根据需要编辑曲线和路径。

5. 单击“修改|线”上下文选项卡→“形状”面板→“创建形状”工具→“实心形状”,重新创建形状。

七、锁定轮廓

锁定轮廓以约束其与形状中其他轮廓的关系,如图 3-2-12 所示。

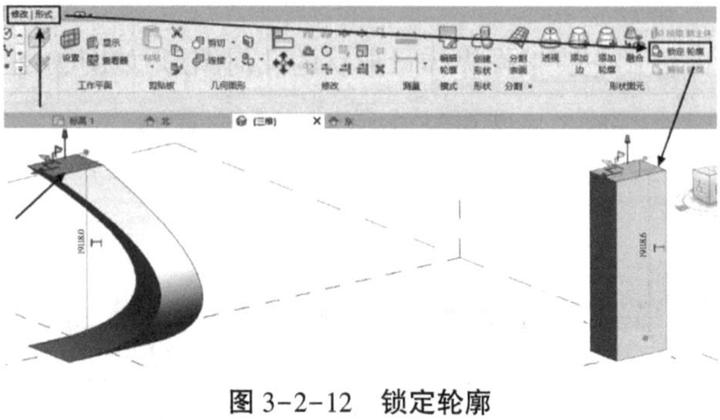

图 3-2-12　锁定轮廓

1. 选择形状中某一轮廓。

2. 单击“修改|形式”上下文选项卡→“形状图元”面板→“锁定 轮廓”工具。

3. 所选轮廓控制着锁定的形状，即体量将简化为所选轮廓的拉伸，手动添加的轮廓将失效，并且操纵方式受到限制，而且锁定轮廓后无法再添加新轮廓。轮廓解锁后，可以通过任何方式操纵形状。

八、解锁轮廓

1. 选择一个锁定的形状。

2. 单击“修改|形式”上下文选项卡→“形状图元”面板→“解锁 轮廓”工具，将取消对操纵柄的操作限制，添加的轮廓也将重新显示并可编辑，但不会恢复锁定轮廓前的形状。

九、变更形状主体

将形状移动到概念设计环境中的其他工作平面、标高或表面，如图 3-2-13 所示。

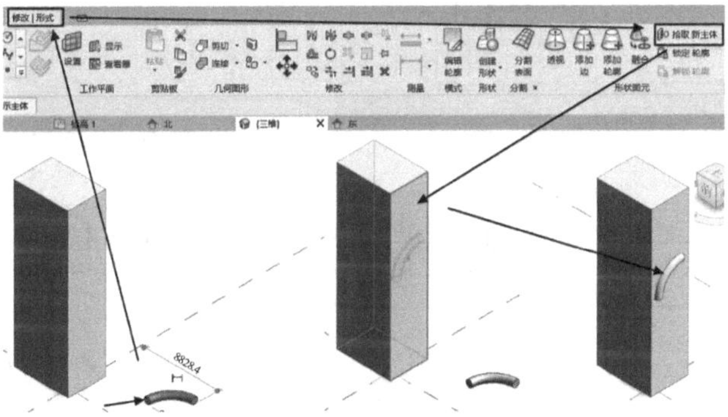

图 3-2-13　拾取新主体

1. 选择一个形状。

2. 单击“修改|形式”上下文选项卡→“形状图元”面板→“拾取 新主体”工具。

3. 从选项栏中的“放置平面”列表中选择一个主体。主体将在绘图区域中高亮显示。

4. 单击将形状的主体变更为所选的工作平面。

任务 3　创建融合体量模型

◆ 任务介绍

在概念设计环境中，融合是融合了不同工作平面上的两个或者多个轮廓的形状。

轮廓可以是开放的,也可以是闭合的。学生通过本任务的学习,可以根据给出的图纸熟练地进行融合体量模型的创建。

◆ 任务布置

(中国图学学会——第三期 BIM 技能一级考试试题第三题)根据图 3-3-1 中给定的投影尺寸,创建形体体量模型,基础的底标高为-2.1 米,设置模型材质为混凝土。请以“模型体积”为文件名,并以文本格式保存到考生文件夹中,模型文件以“杯形基础+考生姓名”为文件名保存到考生文件夹中。

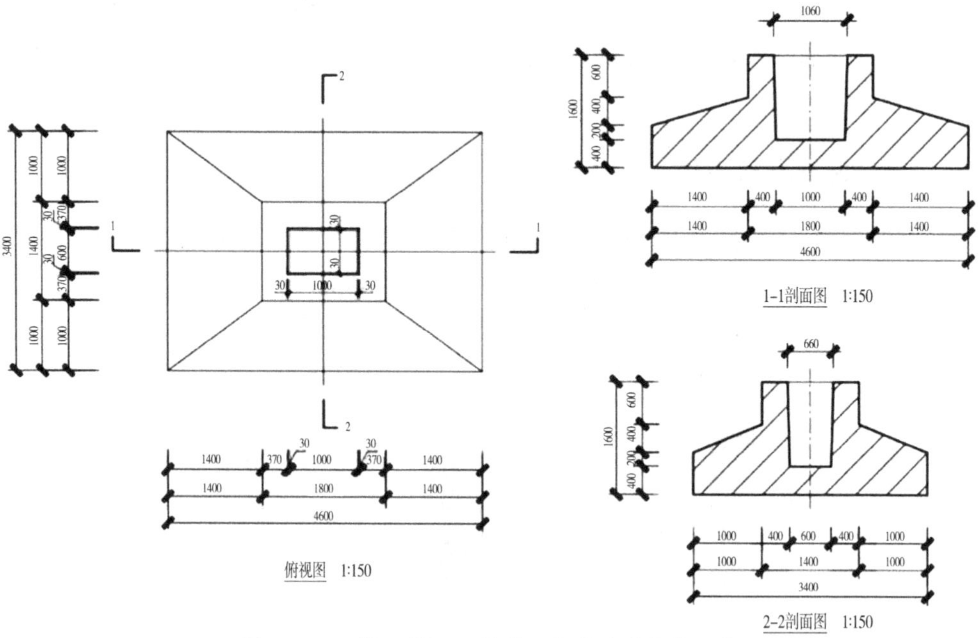

图 3-3-1　第三期 BIM 技能一级考试试题第三题

◆ 知识链接

一、设置工作平面

在“项目浏览器”面板打开相应视图作为工作平面,也可以选择“创建”或“修改”选项卡→“工作平面”面板→“设置”工具,指定相关平面作为工作平面,如图 3-1-4 所示。

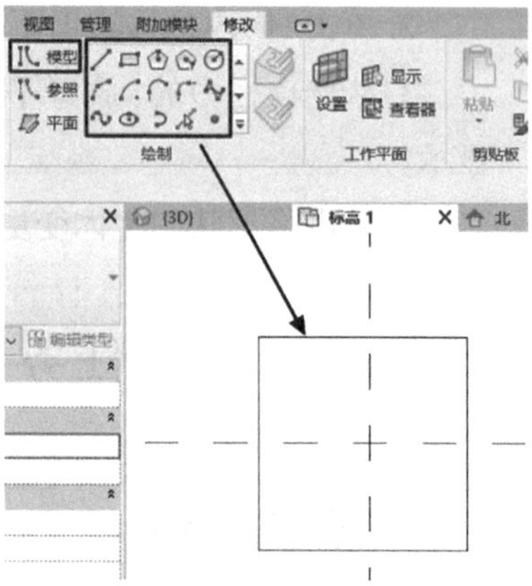

图 3-3-2　绘制融合的一个轮廓

二、绘制融合的一个轮廓

打开设置的工作平面,在工作平面上用“模型”里的绘制工具绘制出需要的轮廓形式,如图 3-3-2 所示。

三、设置第二个轮廓的工作平面及轮廓

按上述方法设置第二个轮廓的工作平面及轮廓,如图 3-3-3 所示。如果需要第三个、第四个轮廓,方法一样。

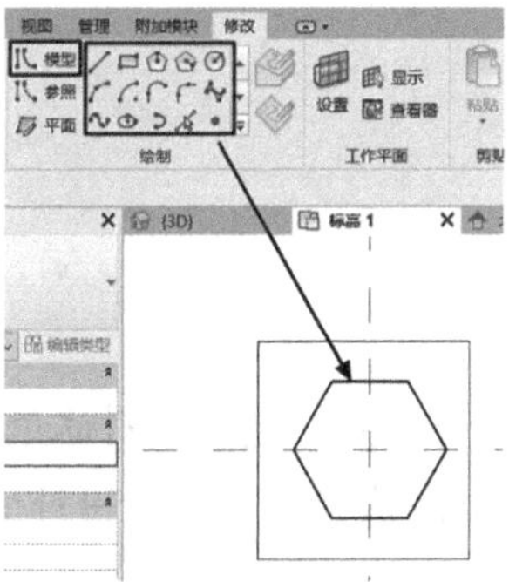

图 3-3-3　绘制融合的第二个轮廓

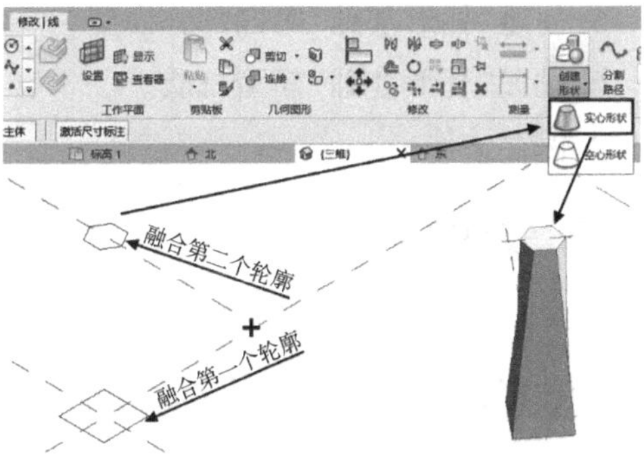

图 3-3-4　创建融合形状

四、创建形状

选择两个轮廓,单击“修改 | 线”上下文选项卡→“形状”面板→“创建形状”工具→“实心形状”或“空心形状”,这里选择实心形状,如图 3-3-4 所示。

五、融合模型调整与属性设置

选择融合模型,可以设置属性,同族融合模型属性设置一致,如图 3-3-5 所示。

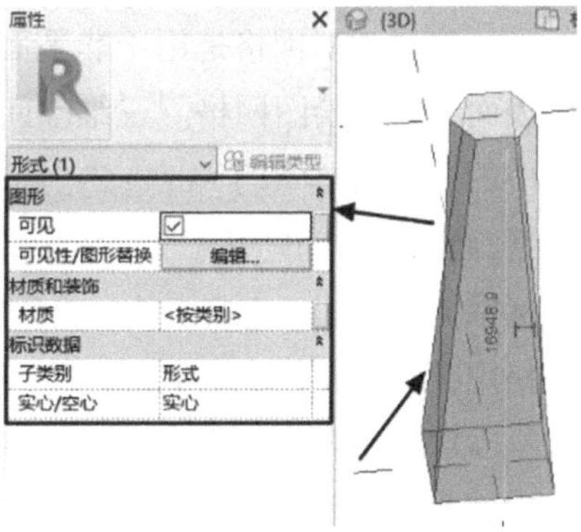

图 3-3-5　融合模型属性设置

◆ 任务实施

为了方便创建“杯形基础”模型,先将“杯形基础”模型进行分解,通过图纸分析,第一部分、第三部分用拉伸命令完成,第二部分用融合命令完成,第四部分用空心融合命令完成,四部分分解如图 3-3-6 所示。创建完模型,设置材质及保存文件。具体操作观看二维码中视频。

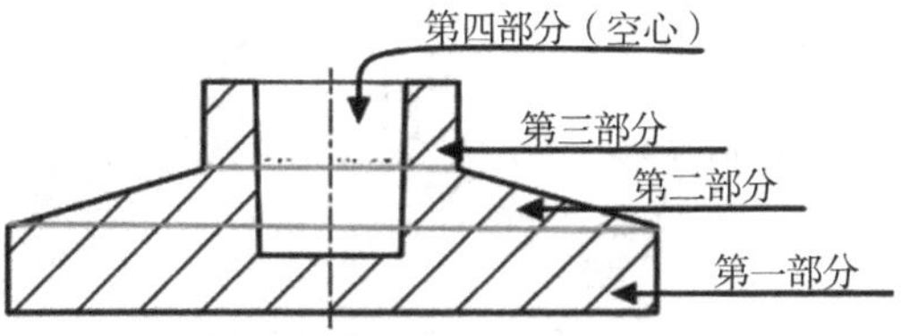

图 3-3-6　“杯形基础”分解图

绘制步骤如下：

1. 新建一个概念体量文件。
2. 创建“杯形基础”第一部分模型。
3. 创建“杯形基础”第二部分模型。
4. 创建“杯形基础”第三部分模型。
5. 创建“杯形基础”第四部分模型。
6. 设置“杯形基础”模型材质。
7. 保存文件。

◆ 知识拓展

概念体量表面有理化。通过概念体量表面有理化，可按照一定规则对体量形状表面进行分割，并可对分隔后的表面进行表面填充等操作，以达到表达概念设计的效果。

一、体量分割表面编辑

选择体量要分割的表面，单击“修改|形式”上下文选项卡→“分割”面板→“分割表面”工具，所选表面将通过 UV 网格（表面的自然网格分割）进行分割，如图 3-3-7 所示。

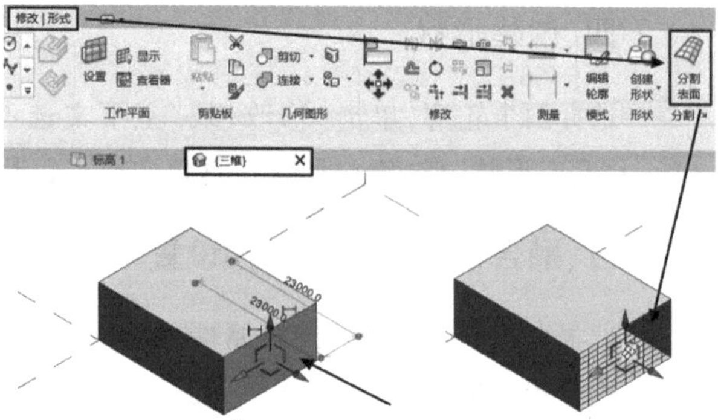

图 3-3-7　体量分割表面

注意：UV 网格是用于非平面表面的坐标绘图网格。三维空间中的绘图位置基于 X、Y、Z 坐标系，而二维空间则基于 X、Y 坐标系，由于表面不一定是平面，因此绘制位置时采用 UV 坐标系。这在图纸上表示为一个网格，针对非平面表面或形状的等高线进行调整。UV 网格用在概念设计环境中，相当于 X、Y 网格，即两个方向默认垂直交叉的网格。

UV 网格彼此独立，并且可以根据需要开启和关闭。默认情况下，最初分割表面后，U 网格和 V 网格都处于启用状态。单击“UV 网格和交点”选项卡→“U 网格”工具，将关闭横向 U 网格，再次单击将开启 U 网格，如图 3-3-8 所示，关闭、开启 V 网格操作相同。

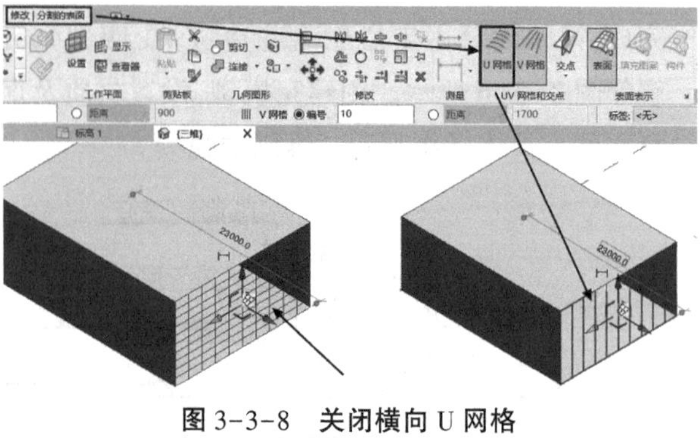

图 3-3-8　关闭横向 U 网格

系统会默认把 U 网格、V 网格以固定数量的分布方式来平分表面，可以通过选项栏或“属性”面板设置分布方式，可以把“固定数量”换成“固定距离”，在“距离”框中输入想要的长度，如 1500，可以设置“网格旋转”等，如图 3-3-9 所示。

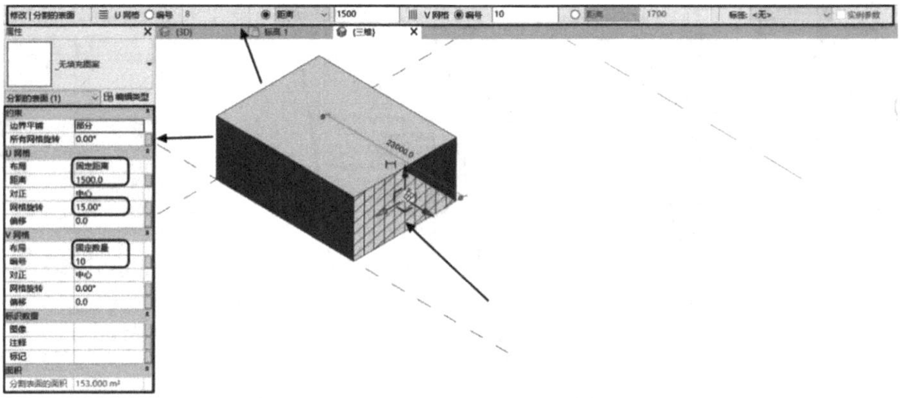

图 3-3-9　**设置网格“固定距离”“网格旋转”**

二、体量分割表面填充

完成体量形状表面分割，默认情况下表面分割应用无填充图案，如果需要填充图案，选择分割后需要填充的表面，在“属性”面板下拉列表中选择填充图案，可以为已分割的表面填充图案，下图为三角形棋盘(弯曲)效果，如图 3-3-10 所示。

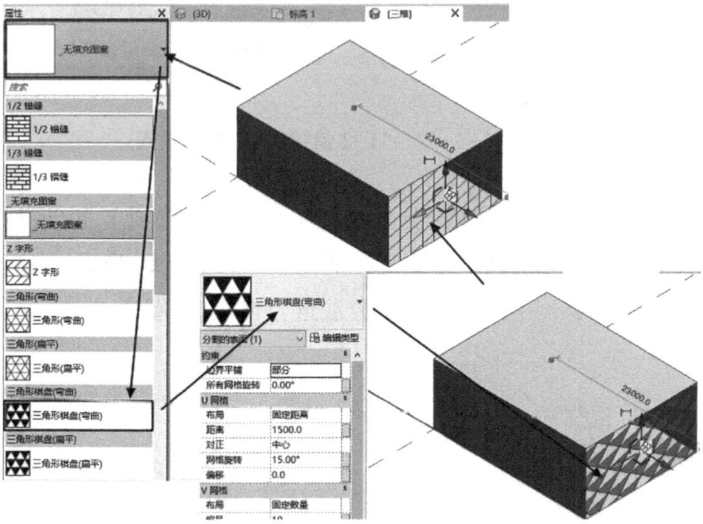

图 3-3-10　**填充图案为“三角形棋盘(弯曲)”**

单击“插入”选项卡→“从库中载入”面板→“载入族”工具，在默认的族库文件夹“建筑”中双击打开“按填充图案划分的幕墙嵌板”文件夹，载入可作为幕墙嵌板的构建族，如选择“1-2 错缝表面. rfa”，单击“打开(O)”按钮，完成族的载入选择，如图 3-3-11 所示。

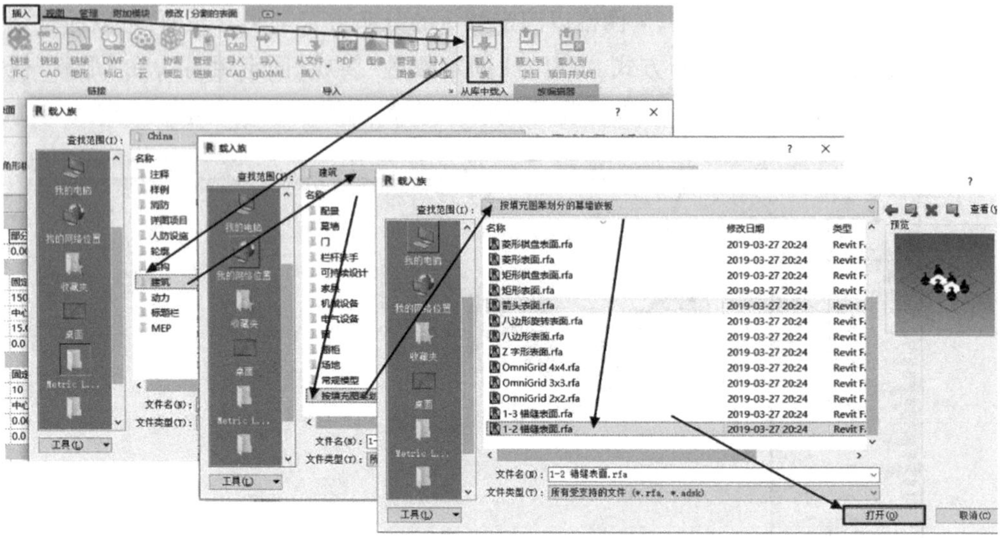

图 3-3-11　载入“1-2 错缝表面”

选择被分割的表面,单击“属性”面板,选择刚刚载入的“1-2 错缝表面”,效果如图 3-3-12 所示。

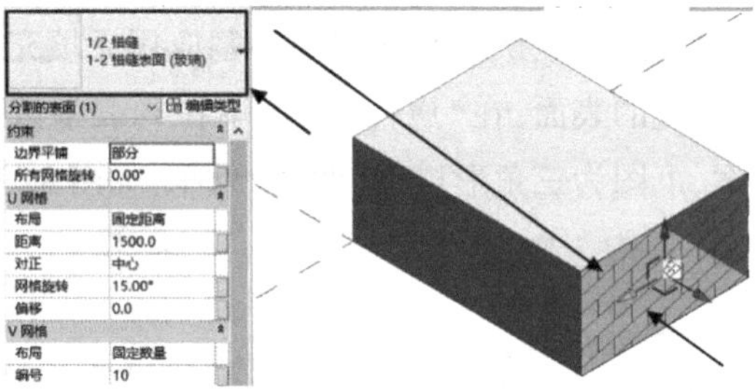

图 3-3-12　“1-2 错缝表面”填充效果

选择表面填充图案,在“修改|分割的表面”上下文选项卡下,可以对表面特定图形进行控制,如控制其可见性。单击“表面表示”后的箭头,弹出“表面表示”对话框,可对“表面”“填充图案”“构件”的表示方法进行设置,如图 3-3-13 所示。

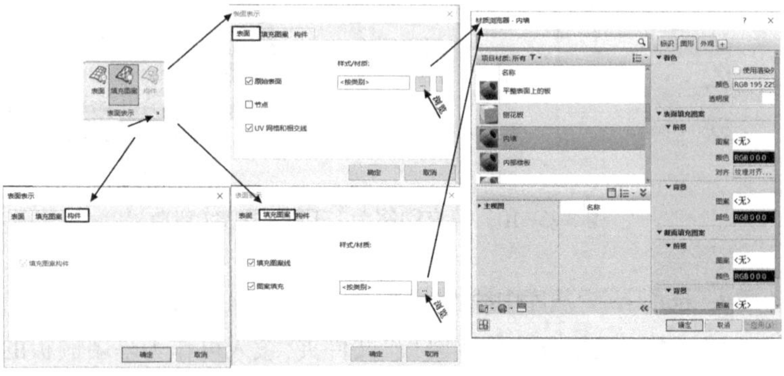

图 3-3-13　“表面表示”对话框

1.“表面”选项卡原始表面

原始表面：显示已被分割的原始表面，单击浏览已更改表面材质。

节点：显示 UV 网格交点处的节点。默认情况下，不启用节点。当选择对话框中的复选框时，表面会立即更新。

UV 网格和相交线：在分割的表面上显示 UV 网格和相交线。

2.“填充图案”选项卡

填充图案线：显示填充图案形状的轮廓。

图案填充：显示填充图案的表面填充，单击浏览，以修改表面材质。

3.“构件”选项卡

填充图案构件：显示表面应用的填充图案构件。

任务 4　创建放样体量模型

◆ 任务介绍

在概念设计环境中，放样是基于沿某个路径放置的二维轮廓创建。轮廓由线处理组成，线处理垂直于用于定义路径的一条或多条线。学生通过本任务的学习，可以根据给出的图纸熟练地进行放样体量模型的创建。

◆ 任务布置

（“1+X”2020 年第一期第一题）绘制仿交通锥，具体尺寸参照图 3-4-1 给定的投影图尺寸，创建完成后以“仿交通锥+考生姓名”为文件名保存至考生文件夹中。

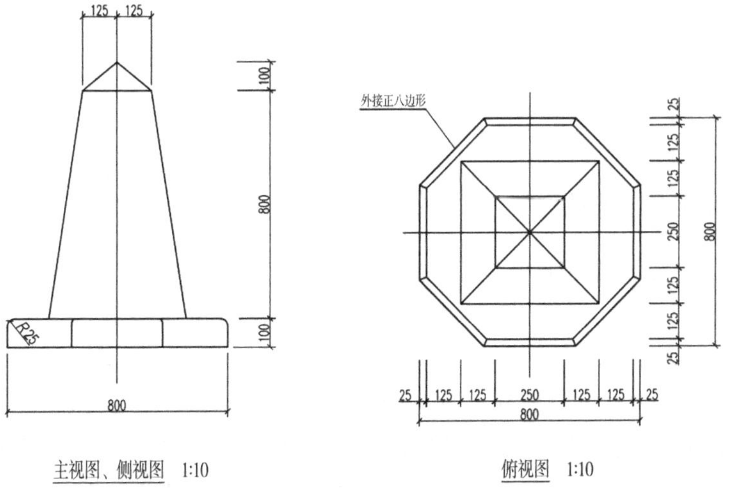

图 3-4-1　“1+X”2020 年第一期第一题

◆ 知识链接

一、设置放样路径工作平面

在“项目浏览器”面板打开相应视图作为工作平面，也可以选择“创建”或“修改”选项卡→“工作平面”面板→“设置”工具，指定相关平面作为工作平面，如图 3-1-4 所示。

二、绘制放样路径

打开设置放样路径的工作平面，在工作平面上用“绘制”面板→“模型”工具→通过点的样条曲线工具绘制出曲线路径，如图 3-4-2 所示。

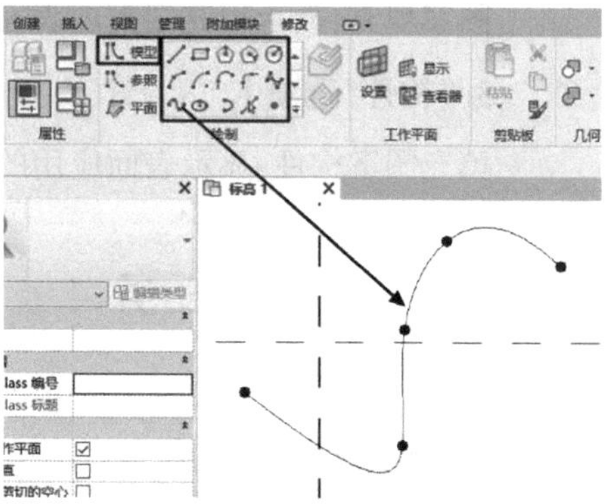

图 3-4-2　绘制放样路径

三、设置放样轮廓工作平面

点击“设置”→“工作平面”对话框→点选“拾取一个平面(P)”→“确定”→选择曲线的一端点，按“Tab”切换平面，选择垂直于曲线的平面→“转到视图”对话框→选择“三维视图：{3D}”→“打开视图”，打开的视图就是绘制轮廓的工作平面，如图 3-4-3 所示。

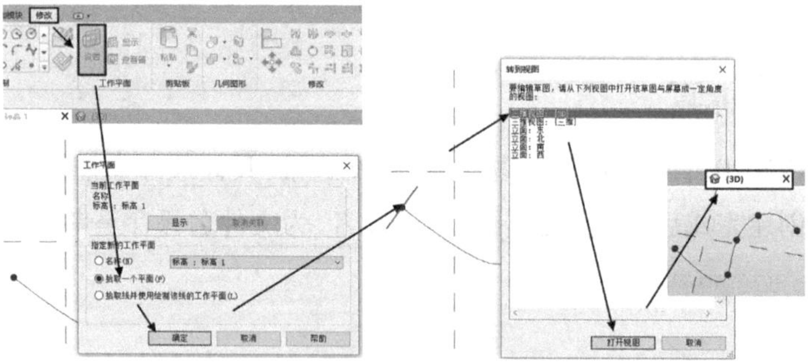

图 3-4-3　设置放样轮廓工作平面

四、绘制放样轮廓

打开设置放样轮廓的工作平面，在工作平面上用“绘制”面板→“模型”工具→圆形命令，绘制出半径 40.0 的圆，如图 3-4-4 所示。

注意：绘制的轮廓如果过大，在沿路径放样时，可能导致自相交，此时，应将轮廓缩小，以避免自相交。

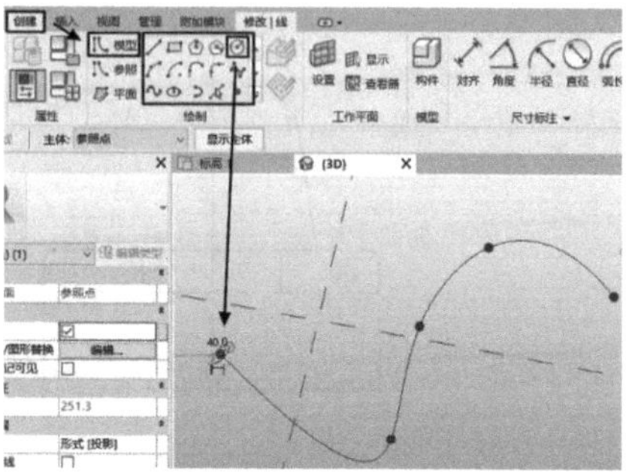

图 3-4-4　绘制放样轮廓

五、创建放样模型

选择放样路径及轮廓，单击“修改 | 线”上下文选项卡→“形状”面板→“创建形状”工具→“实心形状”或“空心形状”，这里选择“实心形状”，如图 3-4-5 所示。

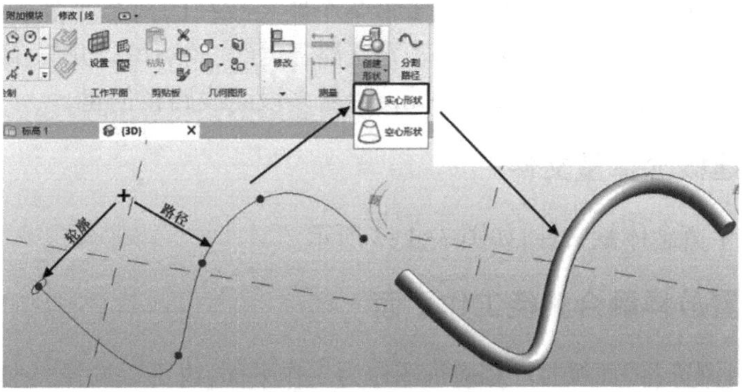

图 3-4-5 创建放样模型

六、放样模型属性设置

选择放样模型，可以设置属性，同族放样模型属性设置一致，如图 3-4-6 所示。

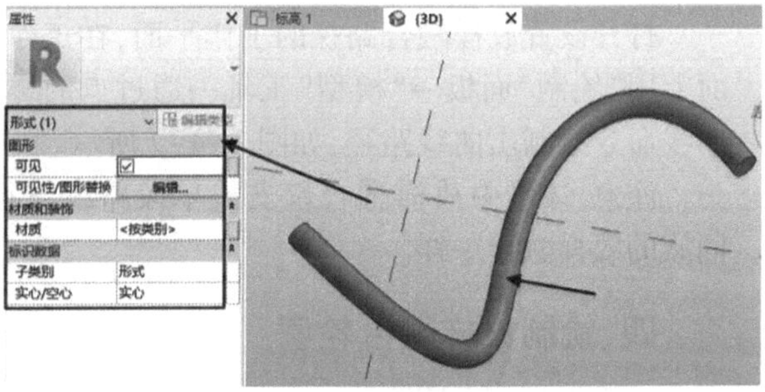

图 3-4-6 放样模型属性设置

注意：

1. 为了得到一个垂直于路径的工作平面，往往是先在路径上放置一个参照点，然后再指定该点的一个平面作为绘制轮廓时的工作平面。

2. 如果轮廓是基于闭合环生成的，可以使用多分段的路径来创建放样。如果轮廓不是闭合的，则不会沿多分段路径进行放样。如果路径是一条线构成的段，则使用开放的轮廓创建放样。

◆ 任务实施

这个任务，用族和体量都可以做，这里选择用体量做。“仿交通锥”模型，分两部分来创建，仿交通锥底座用拉伸+空心放样方式创建，先创建拉伸模型，再用空心放样来剪切拉伸的模型；仿交通锥锥身用放样来完成。创建完模型，保存文件。具体操作观看二维码中视频。

绘制步骤如下：

1. 新建一个概念体量文件；2. 绘制“仿交通锥”底座模型；3. 绘制“仿交通锥”锥身模型；4. 保存文件。

◆ 知识拓展

创建放样融合模型

在概念设计环境中，放样融合基于沿某个路径放样的两个或多个二维轮廓创建。轮廓由线处理组成，而线处理垂直用于定义路径的线，轮廓可以开放、闭合或者是两者的组合。与放样形状不同，放样融合无法沿着多段路线路径创建。

一、新建概念体量文件

新建一个概念体量文件，如图 3-1-3 所示。

二、设置放样融合路径工作平面

在"项目浏览器"面板打开相应视图作为工作平面，也可以选择"创建"或"修改"选项卡→"工作平面"面板→"设置"工具，指定相关平面作为工作平面，如图 3-1-4 所示。

三、绘制放样融合路径

打开设置放样融合路径的工作平面，在工作平面上用"绘制"面板→"模型"工具→通过点的样条曲线命令绘制出曲线路径，如图 3-4-7 所示。

注意：体量中放样融合仅支持单段路线路径，同族的放样融合一样。

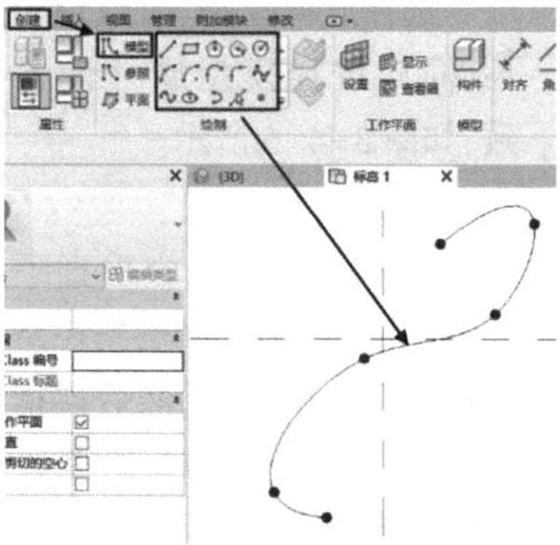

图 3-4-7　绘制放样融合的路径

四、绘制放样融合轮廓

点击"设置"工具→"工作平面"对话框→点选"拾取一个平面(P)"→"确定"→选择曲线的一端点，按"Tab"键切换平面，选择垂直于曲线的平面→"转到视图"对话框→选择"三维视图：{3D}"→"打开视图"，打开的视图就是绘制轮廓的工作平面，然后绘制轮廓，如图 3-4-8 所示。其余轮廓的工作平面设置及绘制方法与前述一致，绘制完成的轮廓如图 3-4-9 所示。

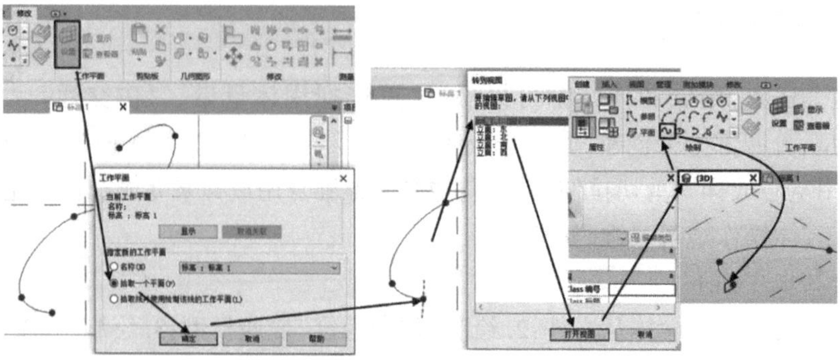

图 3-4-8　绘制放样融合的一个轮廓

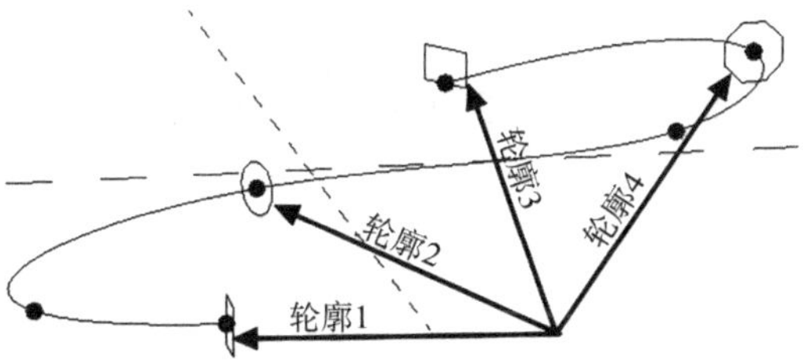

图 3-4-9　绘制放样融合轮廓

注意：由于存在开放和闭合轮廓，很容易产生自相交，所以成功生成形状的可能性相对较小。

五、创建放样融合模型

选中放样融合路径及轮廓，单击“修改|线”上下文选项卡→“形状”面板→“创建形状”工具→“实心形状”或“空心形状”，这里选择“实心形状”，如图 3-4-10 所示。

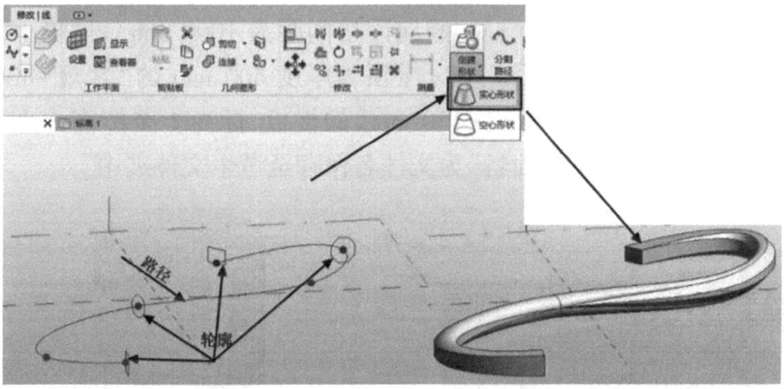

图 3-4-10　创建放样融合模型

六、设置放样融合模型属性

选择放样融合模型，可以设置属性，同族放样融合模型属性设置一致，如图 3-4-11 所示。

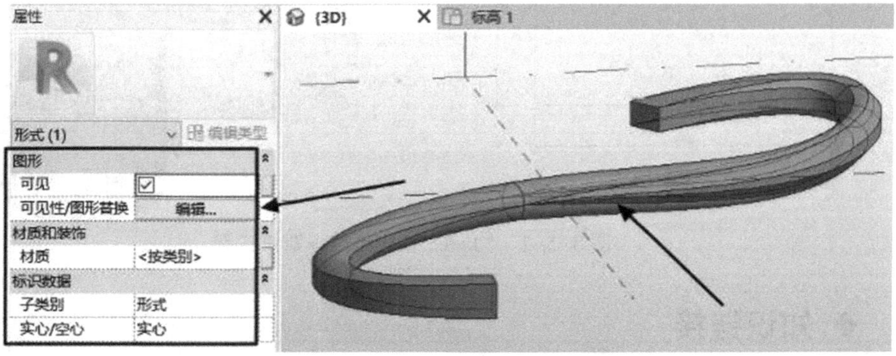

图 3-4-11　设置放样融合模型属性

任务 5　概念体量模型转换为建筑设计模型

◆ 任务介绍

将概念体量模型转换为建筑设计模型，实现由概念设计阶段到初步设计阶段的过渡。本任务讲述完成概念体量模型后，通过拾取体量模型的表面生成墙、幕墙系统、屋顶、楼板等建筑构件的操作方法。学生通过本任务的学习，可以熟练地将概念体量模型转换为需要的建筑设计模型。

◆ 任务布置

（“1+X”2019 年第一期第二题）创建如图 3-5-1 所示模型，(1)面墙为厚度 200 mm 的“常规-200 mm”厚面墙，定位线为“核心层中线”；(2)幕墙系统为网格布局 600×1000(即横向网格间距为 600 mm，竖向网格间距为 1000 mm)，网格上均设置竖梃，竖梃为“圆形竖梃：50 mm 半径”；(3)屋顶为厚度 400 mm 的“常规-400 mm”屋顶；(4)楼板为厚度 150 mm 的“常规-150 mm”的楼板，标高 1 至标高 6 上均设置楼板。请将模型以“体量楼层+考生姓名”为文件名保存至考生文件夹中。

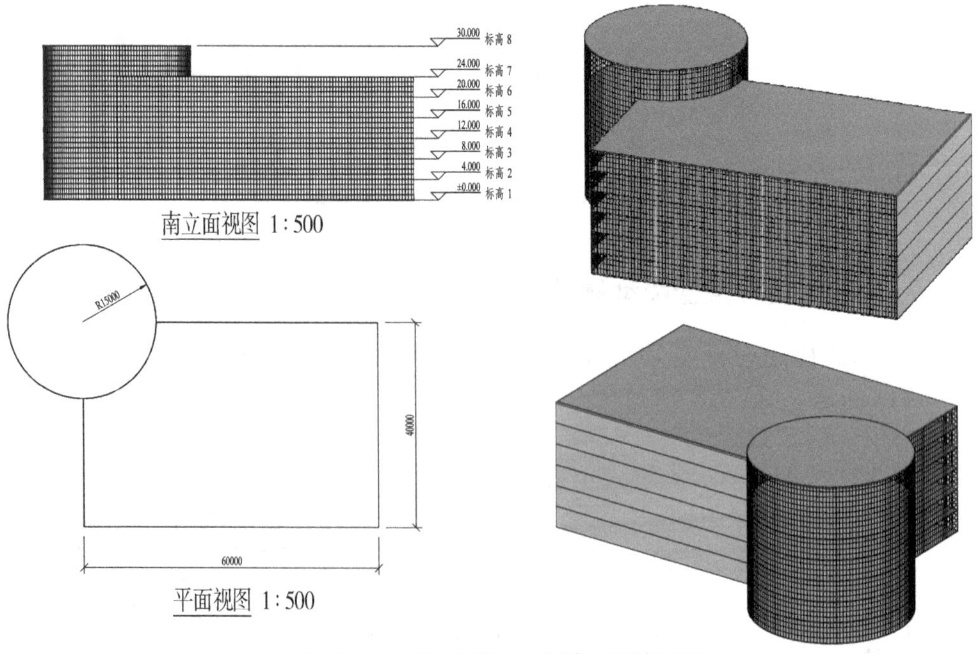

图 3-5-1　“1+X”2019 年第一期第二题

◆ 知识链接

如果需要将概念体量模型转换为建筑设计模型，可以用项目里的内建体量来创建体量模型,这样创建完成概念体量模型后,可以直接转换为建筑设计模型。如果是在概念体量族编辑器中创建的体量族,需要先将概念体量族载入到项目中,才能将其转换为建筑设计模型。

一、将概念体量族载入到项目中

1. 新建一个项目文件

打开软件,新建一个项目文件。

2. 将概念体量族. rfa 载入项目文件

将创建完成的概念体量族. rfa 载入到打开的项目文件中,如图 3-5-2 所示。

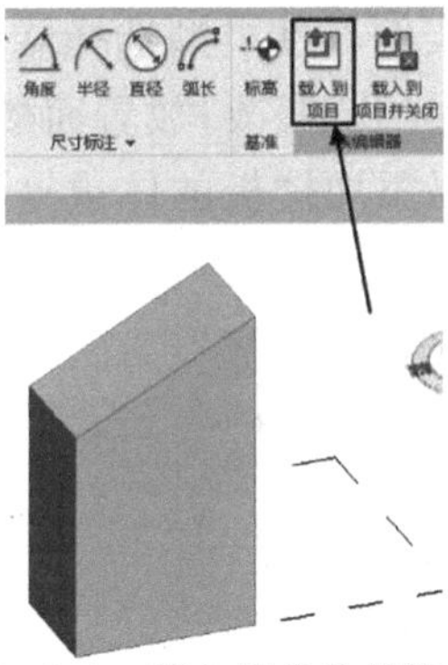

图 3-5-2　载入概念体量族. rfa

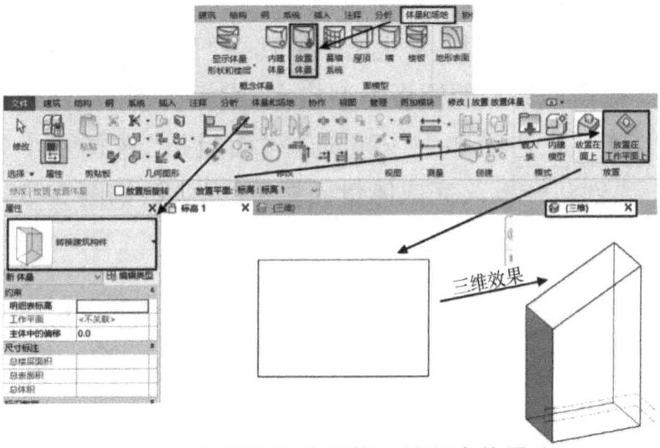

图 3-5-3　在项目中放置载入的概念体量族. rfa

3. 将载入的概念体量族. rfa 放置在项目中

打开项目文件,将视图切换至相关楼层平面,单击“体量和场地”选项卡→“概念体量”面板→“放置体量”工具,在“属性”面板选择要放置的概念体量文件,在“修改|放置 放置体量”上下文选项卡→“放置”面板→“放置在工作平面上”(可以选择“放置在工作平面上”或“放置在面上”)→在绘图区域相应位置上单击鼠标,完成体量的放置,如图 3-5-3 所示。

载入并放置在项目中的概念体量族与在项目中用内建体量创建的体量模型转换为建筑设计模型的方法一致,都是通过拾取体量模型的表面生成墙、幕墙系统、屋顶、楼板等建筑构件。

二、体量楼层的创建

在项目中放置好概念体量文件后或用内建体量创建完体量模型后,需要先将体量模型进行“体量楼层”的划分。

1. 创建项目标高

如图 3-5-4 所示创建项目标高。

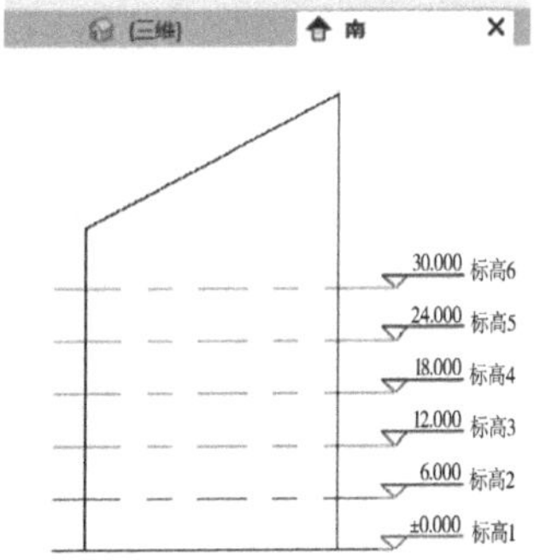

图 3-5-4　创建项目标高

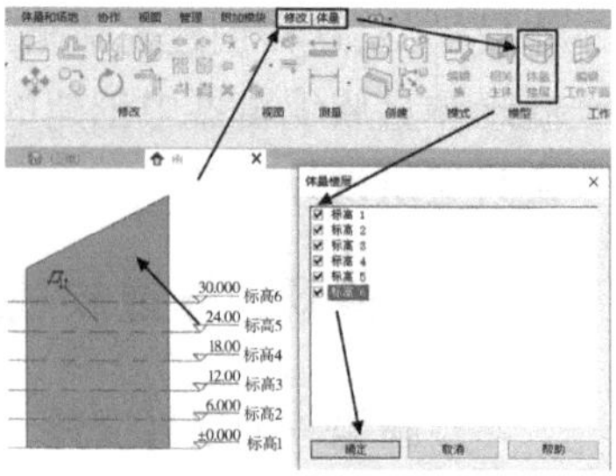

图 3-5-5　划分体量楼层

2. **划分体量楼层**

选择项目中放置或创建的体量→“修改|体量”上下文选项卡→“模型”面板→“体量楼层”工具，弹出“体量楼层”对话框，在“体量楼层”对话框中选择需要进行楼层划分的标高后，单击“确定”按钮，完成“体量楼层”的划分，如图 3-5-5 所示。

三、基于体量的楼板

“体量楼层”创建完成后，可以为“体量楼层”添加楼板。

单击“体量和场地”选项卡→“面模型”面板→“楼板”工具，或单击“建筑”选项卡→“构建”面板→“楼板”工具→“面楼板”→在“属性”面板实例属性类型选择器中选择需要添加的楼板类型或在“编辑类型”里新建一个楼板类型→“修改|放置面楼板”上下文选项卡→“多重选择”面板→“选择多个”→选择需要添加楼板的体量楼层→“创建楼板”，完成体量面楼板的生成，如图 3-5-6 所示。

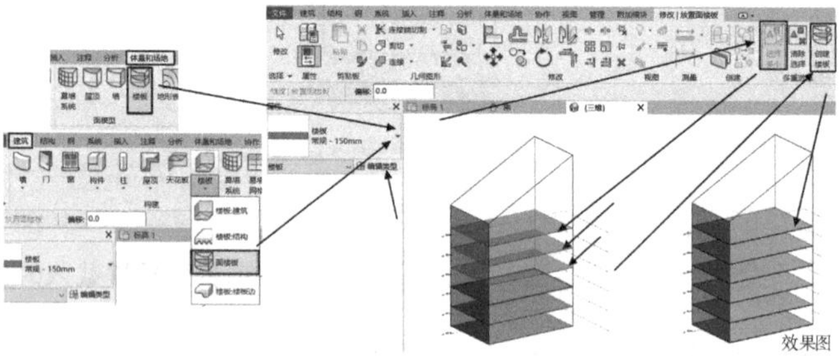

图 3-5-6　创建体量面楼板

四、基于体量的墙体

单击“体量和场地”选项卡→“面模型”面板→“墙”工具，或单击“建筑”选项卡→“构建”面板→“墙”工具→“面墙”→在“属性”面板实例属性类型选择器中选择需要添加的墙类型或在“编辑类型”里新建一个墙类型→在属性面板或选项栏里设置好相关参数，特别注意定位线设置，拾取体量相关表面即可自动生成面墙，如图 3-5-7 所示。

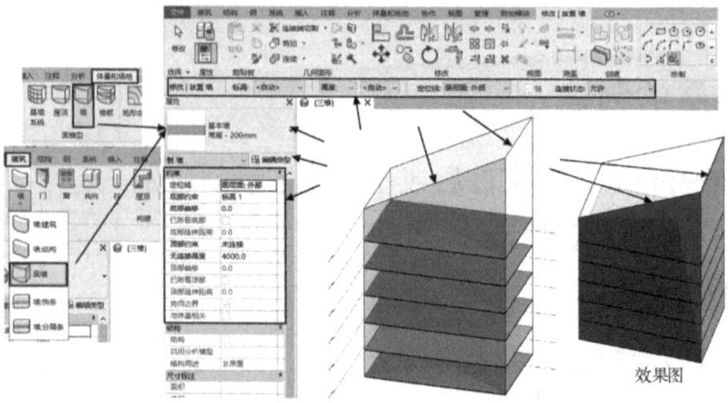

图 3-5-7　创建体量面墙

五、基于体量的幕墙系统

单击"体量和场地"选项卡→"面模型"面板→"幕墙系统"工具或单击"建筑"选项卡→"构建"面板→"幕墙系统"工具,在"属性"面板实例属性类型选择器中选择需要添加的幕墙系统类型,并在"属性"面板和"编辑类型"里设置好相关参数→"修改|放置面幕墙系统"上下文选项卡→""选择多个"工具→拾取体量相关表面→"创建系统"工具,完成幕墙系统的创建,如图 3-5-8 所示。

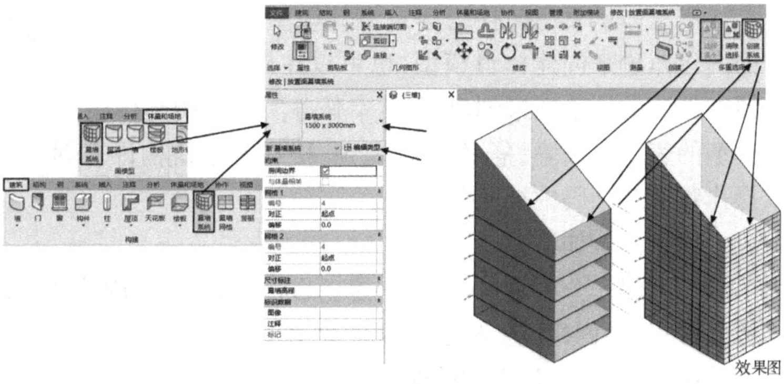

图 3-5-8　创建体量面幕墙系统

六、基于体量的屋顶

单击"体量和场地"选项卡→"面模型"面板→"屋顶"工具,或单击"建筑"选项卡→"构建"面板→"屋顶"工具→"面屋顶"→在"属性"面板实例属性类型选择器中选择需要添加的屋顶类型,并在"属性"面板和"编辑类型"里设置好相关参数,"修改|放置面屋顶"上下文选项卡→"多重选择"面板→"选择多个"工具→拾取体量相关表面→"创建屋顶"工具,完成面屋顶的创建,如图 3-5-9 所示。

注意:若不选择"选择多个"选项,则直接拾取体量相关表面即可自动生成面屋顶。

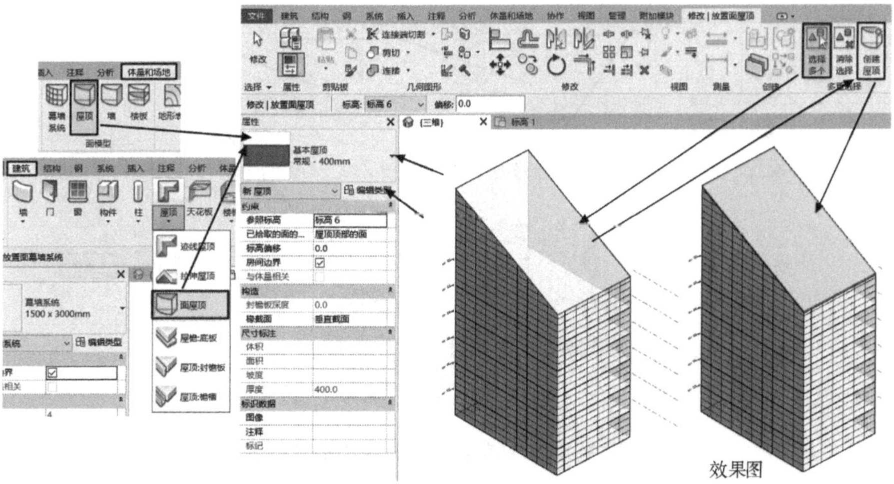

图 3-5-9　创建体量面屋顶

◆ 任务实施

概念体量模型转换为建筑设计模型，可以用项目里的内建体量来创建体量模型，也可以在概念体量族编辑器中创建的体量族来创建模型，本任务实施用内建体量创建模型，然后通过拾取体量模型的表面生成墙、幕墙系统、屋顶、楼板等建筑构件。创建完模型，保存文件。具体操作观看二维码中视频。

绘制步骤如下：

1. 新建一个项目文件；2. 创建项目标高；3. 创建内建体量模型；4. 设置体量模型的体量楼层；5. 创建体量模型的面楼板；6. 创建体量模型的面墙；7. 创建体量模型的面幕墙系统；8. 创建体量模型的面屋顶；9. 保存文件。

◆ 知识拓展

体量形体的剪切

一、实心形状与空心形状的剪切

在“创建”选项卡→“绘制”面板→“模型”工具→绘制两个矩形，为了方便观察，将视图转到“三维”视图，选择其中一个矩形→“修改 | 线”上下文选项卡→“形状”面板→“创建形状”工具→“实心形状”，再选择另一个矩形→“修改 | 线”上下文选项卡→“形状”面板→“创建形状”工具→“空心形状”，完成体量空心形状剪切实心形状，如图 3-5-10 所示。

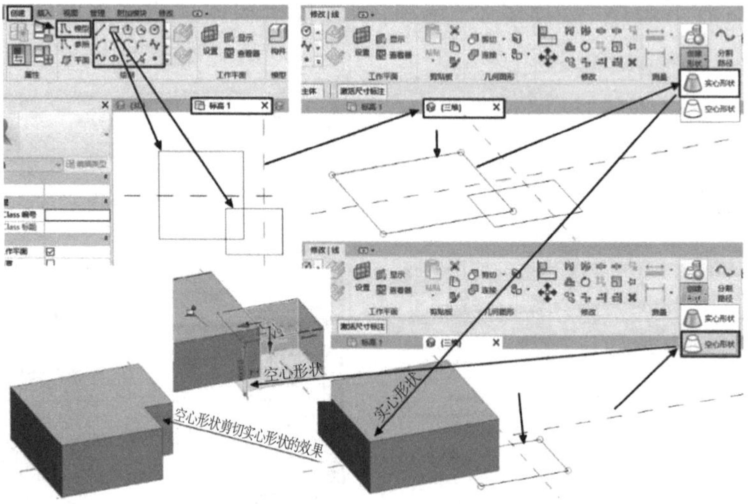

图 3-5-10　实心形状与空心形状的剪切

二、实心形状与实心形状的剪切

在使用实心剪切几何图形时，将删除重叠区域，邻接的实心形状保持不变。

在“创建”选项卡→“绘制”面板→“模型”工具→绘制两个矩形，为了方便观察，将视图转到“三维”视图，选择其中一个矩形→“修改|线”上下文选项卡→“形状”面板→“创建形状”工具→“实心形状”，再选择另一个矩形→“修改|线”上下文选项卡→“形状”面板→“创建形状”工具→“实心形状”，创建出两个实心体量模型，如图 3-5-11 所示。

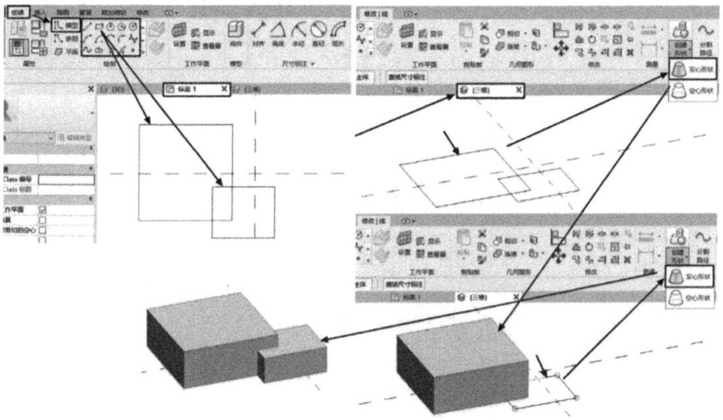

图 3-5-11　创建两个实心形状

“修改”上下文选项卡→“几何图形”面板→“剪切几何图形”工具→先选择被剪切的实心模型→再选择用来进行剪切的实心模型，如图 3-5-12 所示，完成体量实心形状与实心形状的剪切，如图 3-5-13 所示。

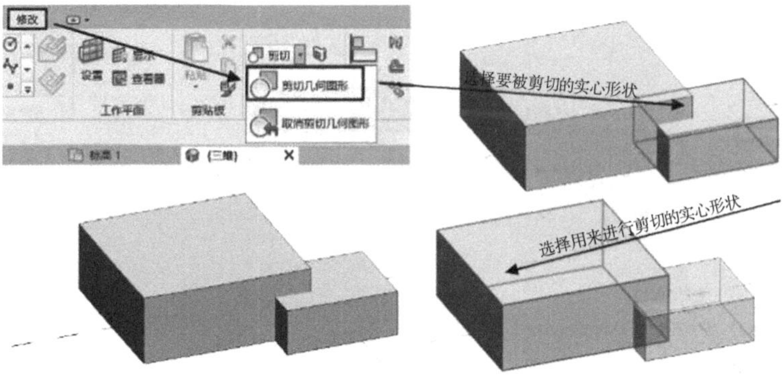

图 3-5-12　实心形状与实心形状剪切过程

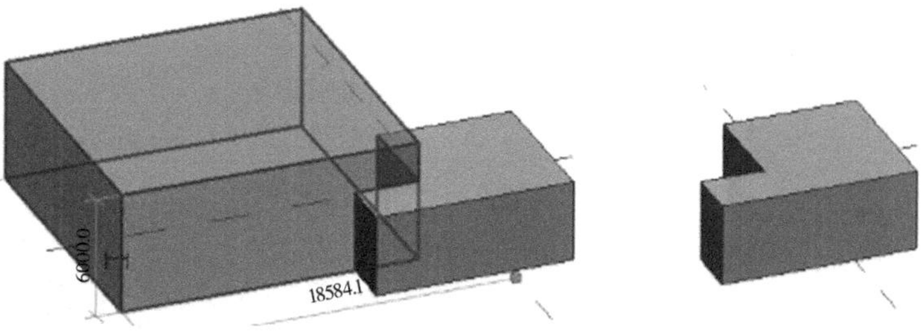

图 3-5-13　完成实心形状与实心形状的剪切

思维导图

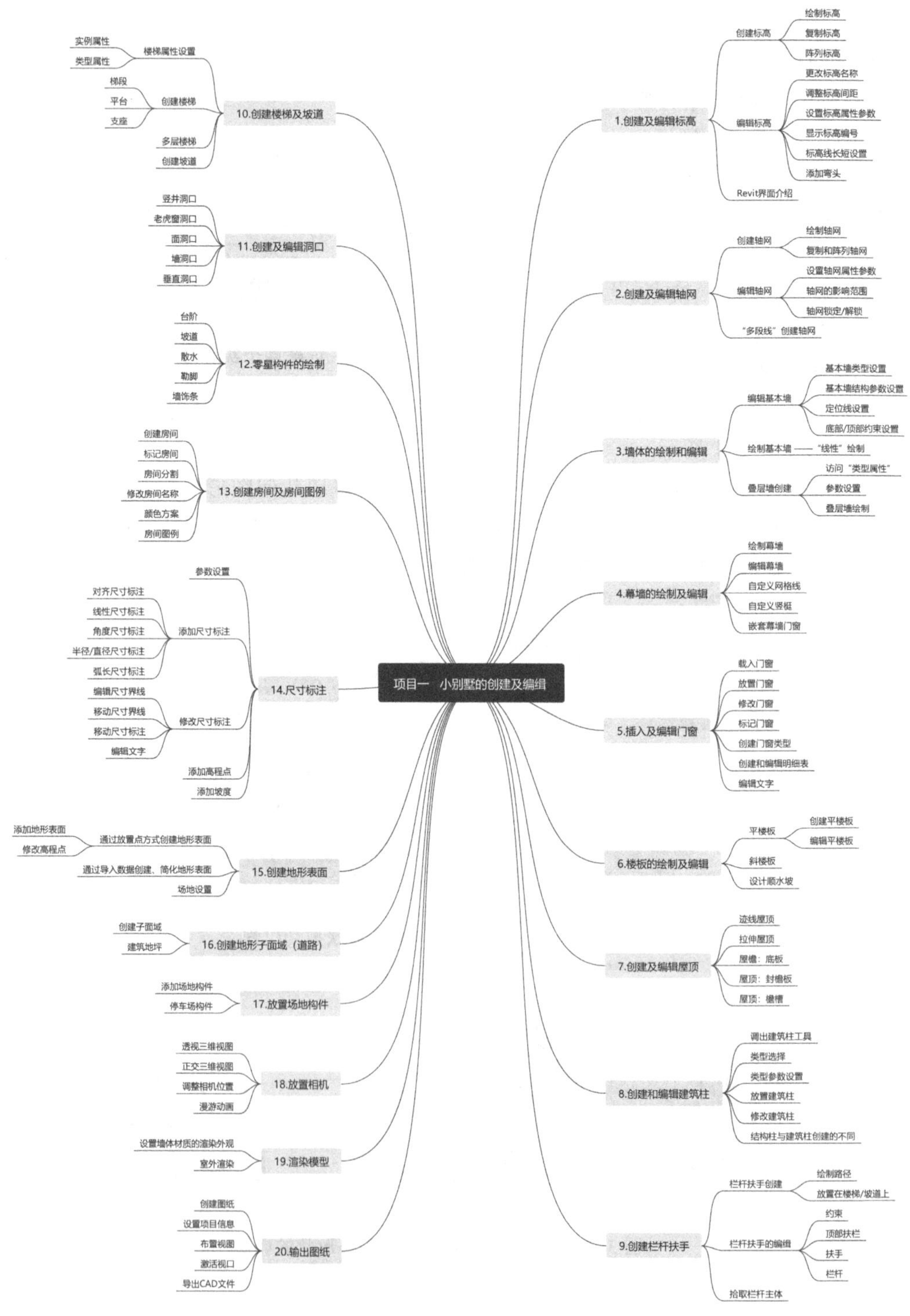
项目一 小别墅的创建及编辑
1.创建及编辑标高
创建标高
绘制标高
复制标高
阵列标高
编辑标高
更改标高名称
调整标高间距
设置标高属性参数
显示标高编号
标高线长短设置
添加弯头
Revit界面介绍
2.创建及编辑轴网
创建轴网
绘制轴网
复制和阵列轴网
编辑轴网
设置轴网属性参数
轴网的影响范围
轴网锁定/解锁
“多段线”创建轴网
3.墙体的绘制和编辑
编辑基本墙
基本墙类型设置
基本墙结构参数设置
定位线设置
底部/顶部约束设置
绘制基本墙
“线性”绘制
叠层墙创建
访问“类型属性”
参数设置
叠层墙绘制
4.幕墙的绘制及编辑
绘制幕墙
编辑幕墙
自定义网格线
自定义竖梃
嵌套幕墙门窗
5.插入及编辑门窗
载入门窗
放置门窗
修改门窗
标记门窗
创建门窗类型
创建和编辑明细表
编辑文字
6.楼板的绘制及编辑
平楼板
创建平楼板
编辑平楼板
斜楼板
设计顺水坡
7.创建及编辑屋顶
迹线屋顶
拉伸屋顶
屋檐：底板
屋顶：封檐板
屋顶：檐槽
8.创建和编辑建筑柱
调出建筑柱工具
类型选择
类型参数设置
放置建筑柱
修改建筑柱
结构柱与建筑柱创建的不同
9.创建栏杆扶手
栏杆扶手创建
绘制路径
放置在楼梯/坡道上
栏杆扶手的编辑
约束
顶部扶栏
扶手
栏杆
拾取栏杆主体
10.创建楼梯及坡道
楼梯属性设置
实例属性
类型属性
创建楼梯
梯段
平台
支座
多层楼梯
创建坡道
11.创建及编辑洞口
竖井洞口
老虎窗洞口
面洞口
墙洞口
垂直洞口
12.零星构件的绘制
台阶
坡道
散水
勒脚
墙饰条
13.创建房间及房间图例
创建房间
标记房间
房间分割
修改房间名称
颜色方案
房间图例
14.尺寸标注
参数设置
添加尺寸标注
对齐尺寸标注
线性尺寸标注
角度尺寸标注
半径/直径尺寸标注
弧长尺寸标注
修改尺寸标注
编辑尺寸界线
移动尺寸界线
移动尺寸标注
编辑文字
添加高程点
添加坡度
15.创建地形表面
通过放置点方式创建地形表面
添加地形表面
修改高程点
通过导入数据创建、简化地形表面
场地设置
16.创建地形子面域（道路）
创建子面域
建筑地坪
17.放置场地构件
添加场地构件
停车场构件
18.放置相机
透视三维视图
正交三维视图
调整相机位置
漫游动画
19.渲染模型
设置墙体材质的渲染外观
室外渲染
20.输出图纸
创建图纸
设置项目信息
布置视图
激活视口
导出CAD文件

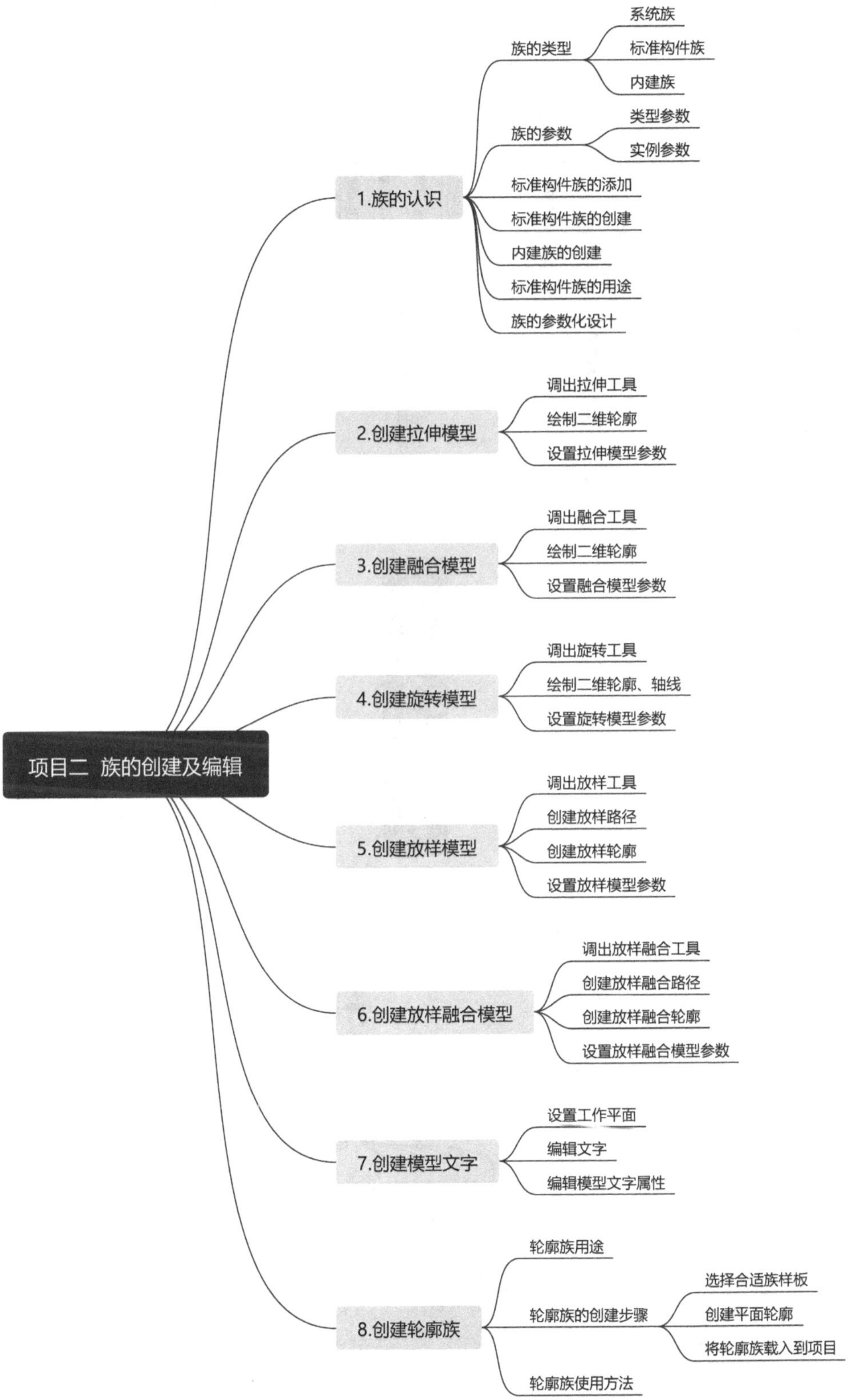
项目二 族的创建及编辑
1.族的认识
族的类型
系统族
标准构件族
内建族
族的参数
类型参数
实例参数
标准构件族的添加
标准构件族的创建
内建族的创建
标准构件族的用途
族的参数化设计
2.创建拉伸模型
调出拉伸工具
绘制二维轮廓
设置拉伸模型参数
3.创建融合模型
调出融合工具
绘制二维轮廓
设置融合模型参数
4.创建旋转模型
调出旋转工具
绘制二维轮廓、轴线
设置旋转模型参数
5.创建放样模型
调出放样工具
创建放样路径
创建放样轮廓
设置放样模型参数
6.创建放样融合模型
调出放样融合工具
创建放样融合路径
创建放样融合轮廓
设置放样融合模型参数
7.创建模型文字
设置工作平面
编辑文字
编辑模型文字属性
8.创建轮廓族
轮廓族用途
轮廓族的创建步骤
选择合适族样板
创建平面轮廓
将轮廓族载入到项目
轮廓族使用方法

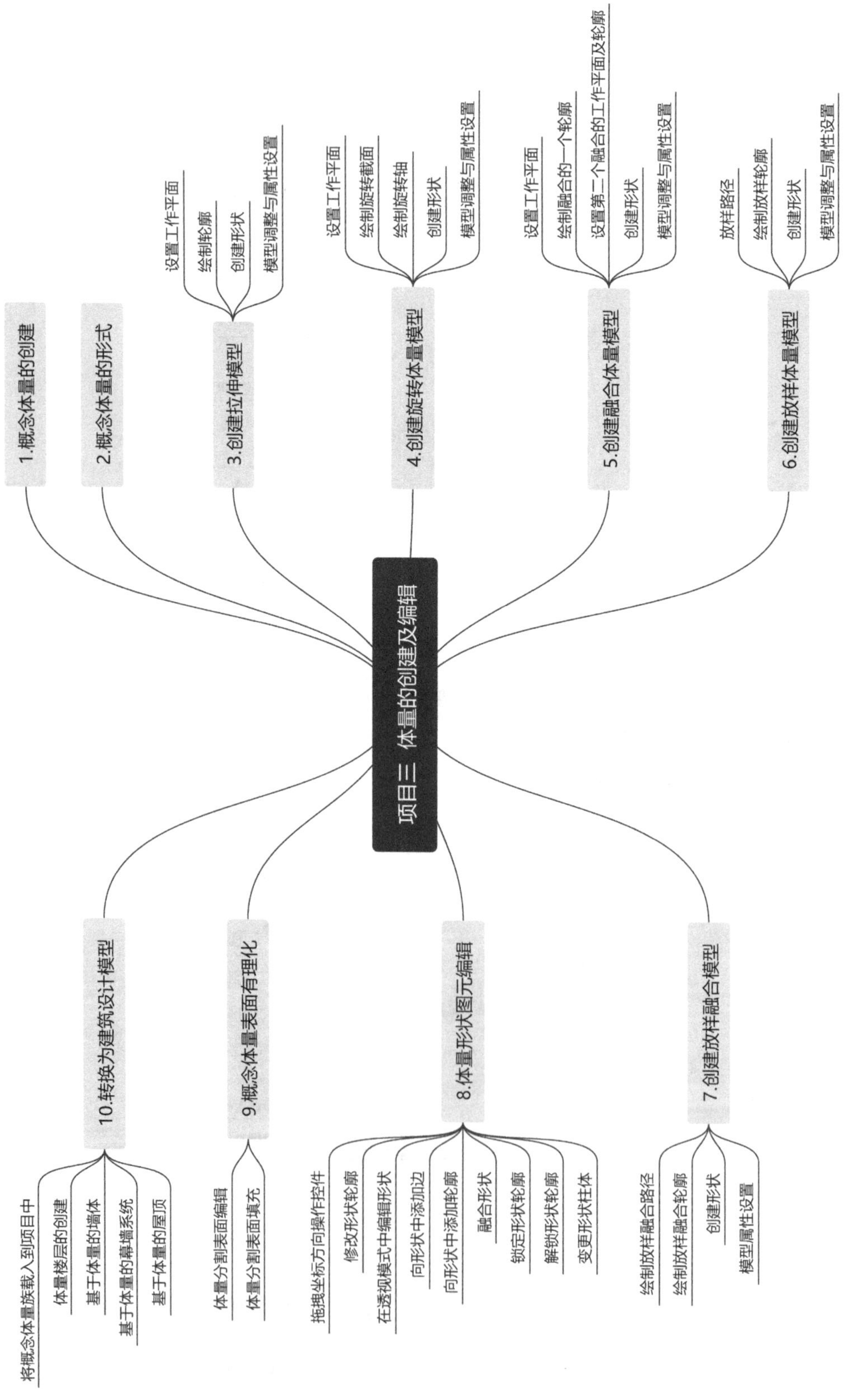
项目三 体量的创建及编辑
1.概念体量的创建
2.概念体量的形式
3.创建拉伸模型
设置工作平面
绘制轮廓
创建形状
模型调整与属性设置
4.创建旋转体量模型
设置工作平面
绘制旋转截面
绘制旋转轴
创建形状
模型调整与属性设置
5.创建融合体量模型
设置工作平面
绘制融合的一个轮廓
设置第二个融合的工作平面及轮廓
创建形状
模型调整与属性设置
6.创建放样体量模型
放样路径
绘制放样轮廓
创建形状
模型调整与属性设置
7.创建放样融合模型
绘制放样融合路径
绘制放样融合轮廓
创建形状
模型属性设置
8.体量形状图元编辑
拖拽坐标方向操作控件
修改形状轮廓
在透视模式中编辑形状
向形状中添加边
向形状中添加轮廓
融合形状
锁定形状轮廓
解锁形状轮廓
变更形状柱体
9.概念体量表面有理化
体量分割表面编辑
体量分割表面填充
10.转换为建筑设计模型
将概念体量族载入到项目中
体量楼层的创建
基于体量的墙体
基于体量的幕墙系统
基于体量的屋顶

参考文献

[1]廖小烽,王君峰. Revit 2013/2014 建筑设计火星课堂[M]. 北京:人民邮电出版社,2013.

[2]杨新新,王金成. 全国 BIM 技能一级考试・Revit 教程[M]. 北京:中国电力出版社,2017.

[3]ACAA 教育,肖春红. Autodesk Revit Architecture 2015 中文版实操实练权威授权版[M]. 北京:电子工业出版社,2015.

[4]张玉琢,马洁,陈慧铭. BIM 应用与建模基础[M]. 大连:大连理工大学出版社,2019.

[5]王鑫,董羽. Revit 建模案例教程[M]. 北京:中国建筑工业出版社,2019.

[6]王帅. BIM 应用与建模技巧. 初级篇[M]. 天津:天津大学出版社,2018.

[7]范旺辉. Revit 2017 建筑建模[M]. 南昌:江西美术出版社,2017.

[8]吕桂林,孙永庆,张超. 建筑设计与 BIM 建模[M]. 成都:电子科技大学出版社,2020.